高等学校计算机应用规划教材

计算机基础教程
(Windows XP+Office 2003)

马玉洁 王春霞 任竞颖 编著

清华大学出版社

北 京

内容简介

作为一本计算机基础课程的教材，本书由浅入深、循序渐进地介绍了计算机基础知识和常用的计算机软件。全书共分9章，主要内容包括信息技术概述、计算机基础知识及系统组成、Windows XP 操作基础、Word 2003 文字处理软件、Excel 2003 电子表格处理软件、PowerPoint 2003 演示文稿制作软件、网络基础与局域网应用、Internet 应用、计算机安全与维护等。各章后面附有大量习题，全书后面附有上机实验指导。

本书可作为高等院校计算机应用基础课程的教材，也可作为其他各类计算机基础教学的培训教材和自学参考书。

图书在版编目(CIP)数据

计算机基础教程(Windows XP+Office 2003)/马玉洁　王春霞　任竞颖 编著.
—北京：清华大学出版社，2009.3
(高等学校计算机应用规划教材)
ISBN 978-7-302-19469-9

Ⅰ. 计…　Ⅱ. ①马…　②王…　③任…　Ⅲ. ①窗口软件，Windows XP—高等学校—教材 ②办公室—自动化—应用软件，Office 2003—高等学校—教材　Ⅳ. TP316.7　TP317.1

中国版本图书馆 CIP 数据核字(2009)第 013974 号

责任编辑：王　定　刘金喜
装帧设计：孔祥丰
责任校对：胡雁翎
责任印制：何　芊
出版发行：清华大学出版社　　　　　　　　　　地　　　址：北京清华大学学研大厦 A 座
　　　　　http://www.tup.com.cn　　　　　　邮　　　编：100084
　　　社　总　机：010-62770175　　　　　　邮　　　购：010-62786544
　　　投稿与读者服务：010-62776969，c-service@tup.tsinghua.edu.cn
　　　质量反馈：010-62772015，zhiliang@tup.tsinghua.edu.cn
印　刷　者：北京密云胶印厂
装　订　者：三河市兴旺装订有限公司
经　　销：全国新华书店
开　　本：185×260　印　张：21.5　字　数：496 千字
版　　次：2009 年 3 月第 1 版　　印　　次：2009 年 3 月第 1 次印刷
印　　数：1~5000
定　　价：33.00 元

前　言

信息技术作为 20 世纪科学技术最卓越的成就之一，它的应用、普及和发展对人类的生活方式、工作方式、社会经济结构以及教育模式等，都产生了极其深刻的影响。今天，人类已经进入一个全新的信息社会，从根本上讲，信息化的核心就是人的信息化。因此，信息的获取、分析、处理和应用能力已经成为目前高校学生的基本能力，也是其文化水平的一个重要体现。

计算机文化的普及、计算机应用技术的推广，使得人们掌握新知识、新技能的渴望也在不断增强。在当今社会，掌握计算机的基本知识和常用操作方法不仅是人们立足社会的必要条件，更是人们工作、学习和娱乐中不可或缺的技能。

本书是为高校学生学习计算机应用基础课程专门编写的教材，介绍了计算机基础知识和常用的计算机应用软件。全书内容由浅入深、循序渐进，遵循教学规律，优先注重内容的实用性，兼顾整体理论的系统性。在内容编排上充分考虑到初学者的实际阅读需求，通过大量实用的操作指导和有代表性的实例，让读者能够直观、迅速地掌握计算机的基础知识和基本操作，实现"学"与"用"的真正统一。

本书共分 9 章。第 1 章主要讲述了信息技术的基本概念；第 2 章介绍了计算机基础知识及系统组成原理；第 3 章介绍了 Windows XP 操作系统的常用操作和使用技巧；第 4～6 章深入细致地讲解了中文版 Word 2003、Excel 2003、PowerPoint 2003 在办公环境中的应用；第 7 章从实用的角度出发，介绍了网络基础以及局域网的配置、管理和维护；第 8 章介绍了 Internet 提供的主要服务以及常用网络软件的应用；第 9 章介绍了计算机安全与维护方面的内容。此外，本书的最后附加了针对性和操作性很强的 10 个上机实验。通过各章学习，读者应能够更高效地利用计算机来完成各项日常工作。

本书是集体智慧的结晶，除封面署名的作者马玉洁、王春霞、任竞颖外，参加本书编写的人员还有陈丽娜、陈涛、郑晓月、康鲲鹏、黄艳峰等人(按姓氏笔画排序)。在编写本书的过程中，得到了张庆政、陈树平、刘鸿基、管典兵的大力支持，在此表示衷心的感谢。此外，还要感谢在本书编写过程中对我们提出建议的朋友们，你们的理解就是我们认真工作的动力。

由于编者水平有限，加之创作时间仓促，本书不足之处在所难免，欢迎广大读者批评指正。

编　者
2008.12.1

目 录

第1章　信息技术概述

信息时代的来临，给人们的生活带来了前所未有的变革。在现代社会中，信息是一种与物质和能源同样重要的资源，以开发和利用信息资源为目的的信息技术已成为促进经济增长、维护国家利益和实现社会可持续发展的最重要手段，信息技术已成为衡量一个国家综合国力和国家竞争实力的关键因素。

本章要点：

- 数据和信息的关系
- 信息的分类
- 信息技术的发展历史
- 信息技术的发展规律
- 信息技术的研究热点
- 信息技术和信息社会

1.1　信息的基本概念

由于信息系统学科理论基础的不断发展和深化，使得信息系统课程的学习面临许多问题和困惑，学生容易产生混淆。为此，有必要首先学习和掌握信息系统的基本概念，以便为信息和信息技术的学习打下基础。

1.1.1　数据与信息

数据是对客观事物的性质、状态以及相互关系等进行记载的物理符号，或是这些物理符号的组合，它是可识别的、抽象的符号。信息与数据的概念是不相同的，但两者之间又有着密切的联系。信息是经过加工以后，对客观世界产生影响的数据。

1. 数据

数据(Data)是指存储在某种媒体上可以加以鉴别的符号资料。数据的概念包括两个方面：一方面数据内容是对事物特性的反映或描述；另一方面数据是存储在某一媒体上的符号的集合。

数据是描述、记录现实世界客体的本质、特征以及运动规律的基本量化单元。描述事物特性必须借助一定的符号，这些符号就是数据形式，它们是多种多样的。数据在数据处理领域中的概念与在科学计算领域中的概念相比已大大拓宽。所谓"符号"不仅仅指数字、文字、字母和其他特殊字符，而且还包括图形、图像、动画、影像及声音等多媒体数据。

2. 信息

从不同的角度和不同的层次出发，对信息的概念有许多不同的理解。正是由于信息概念十分广泛，所以不同学科对其有不同的解释。而且，信息是一个动态的概念，现代"信息"的概念已经与微电子技术、计算机技术、通信技术、网络技术、多媒体技术、信息服务业、信息产业、信息经济、信息化社会、信息管理及信息论等含义紧密地联系在一起。信息作为物质世界的三大组成要素之一，其定义的适用范围是非常广泛的。作为与物质、能量同一层次的信息，它的定义可表述为"信息是事物运动的状态与(状态改变的)方式"。这个定义具有普遍性，不仅能涵盖各种其他的信息定义，而且通过引入约束条件可以转换为几乎所有其他的信息定义。

3. 数据和信息的关系

数据与信息是信息技术中常用的两个术语，它们常常被混淆，但是它们之间还是有差别的。信息是有用的、经过加工的数据。数据是描述客观事实、概念的一组文字、数字或符号等，它是信息的素材，是信息的载体和表达形式。信息是从数据中加工、提炼出来的，用于帮助人们正确决策的有用数据，它的表达形式是数据。根据不同的目的，可以从原始数据中得到不同的信息。虽然信息都是从数据中提取的，但并非一切数据都能产生信息。我们可以认为，数据是处理过程的输入，而信息是输出，如图1-1所示。

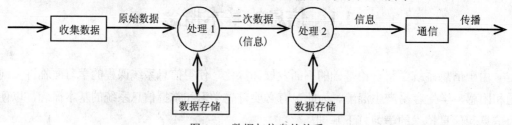

图 1-1   数据与信息的关系

1.1.2   信息的分类

信息的分类准则和方法不同，分类结果也不同。

- 依据信息的性质不同，分为：语法信息、语义信息和语用信息。
- 依据观察的过程不同，分为：实在信息、先验信息和实得信息。
- 依据信息的地位不同，分为：客观信息(包括观察对象的初始信息、经过观察者干预之后的效果信息、环境信息等)、主观信息(包括决策信息、指令信息、控制信息、目标信息等)。
- 依据信息的作用不同，分为：有用信息、无用信息和干扰信息。
- 依据信息的逻辑意义不同，分为：真实信息、虚假信息和不定信息。
- 依据信息的传递方向不同，分为：前馈信息和反馈信息。
- 依据信息的生成领域不同，分为：宇宙信息、自然信息、社会信息和思维信息等。

- 依据信息的应用部门不同，分为：工业信息、农业信息、军事信息、政治信息、科技信息、文化信息、经济信息、市场信息和管理信息等。
- 依据信息来源的性质不同，分为：语声信息、图像信息、文字信息、数据信息和计算信息等。
- 依据信息的载体性质不同，分为：电子信息、光学信息和生物信息等。
- 依据携带信息的信号的形式不同，分为：连续信息、离散信息和半连续信息等。

1.1.3　信息的性质

信息是事物运动的状态与(状态改变的)方式，主要包含以下几种性质。

1. 普遍性和无限性

信息是普遍存在的。信息是事物运动的状态与方式，由于宇宙间一切事物都在运动，都有一定的运动状态和状态改变的方式，因而一切事物都在产生信息。无论是无机界还是有机界，无论是宏观的宇宙天体还是微观的基本粒子，无论是单细胞生物还是结构复杂的人体，无论是自然界还是人类社会，任何物质都是信息的母体。信息是无处不在、无时不在的。

信息是无限的。信息不是客观事物本身，而是事物运动状态和客观事物的表征。浩瀚的宇宙太空中，物质是无限的，绵绵无尽的时间长河中，物质的更替和生物的代谢也是无穷无尽的，因而信息也是无限的。即使在有限的时空中，由于物质的多样性和物质运动的连续性，信息也是无限的。

2. 客观性和相对性

信息是客观存在的，它不是虚无缥缈的东西，也不是可以随意想象和"创造"的事物，信息是现实世界中各种事物运动的状态与方式，是客观事物的属性，它可以被感知、被处理、被存储、被传递和被利用。

信息又是相对的。这是由于人们的认识能力、认识目的及其所储备的经验信息各不相同，因而从同一事物中可能获取到的信息及信息量也不相同。信息的相对性告诉我们，要想从客体中获取更多的信息，认识主体必须具有明确的目的性和丰富的信息储备。

3. 时效性和异步性

信息具有时效性。信息所反映的总是特定时刻事物运动的状态和方式，当人们将该时刻的信息提取出来之后，事物仍在不停地运动，这样，已脱离源物质的信息就会渐渐失去效用，最终只能充作一种历史记录。因此，信息只有及时、新颖，才能发挥巨大的作用，才有价值。

信息具有异步性。异步性是时效性的延伸，一般包括滞后性和超前性两个方面。一方面，信息脱离源物质后需要经过输入、处理、传递和输出等过程才能为人们理解和掌握，而由于此时的源物质已发生新的变化，这些信息就成为"过时"的信息；另一方面，人们在掌握大量信息的基础上，又可以通过计划、预测等方式规划展示未来，超前于现实，因而信息又具有超前性。

4. 依附性和抽象性

信息具有依附性。信息是事物运动的状态和方式而不是事物的本身，因此它不能独立存在，必须借助某种载体(如语言、文字、图像、声波、电磁波、纸张、磁带、胶片、软盘及光盘)才能表现出来，才能为人们交流和共识。信息正是因为有了这些载体才变为一种广泛的信息资源和信息财富。

人们能够看得见摸得着的只是信息载体而非信息内容，同时信息有可能在不同的载体之间转化和传递，使得信息具有抽象性。信息的抽象性增加了信息认识和利用的难度，从而对人类提出了更高的要求。对于认识主体而言，获取信息和利用信息都需要具备抽象能力，正是这种能力决定着人类的智力和创造力。

5. 可变换性和可转化性

信息的存在形式是可变换的。信息是事物的运动状态与方式，它可能依附于一切可能的物质载体。同样的信息，可以用语言文字表达，也可以用声波来载荷，还可以用电磁波和光波来表示。信息的可变换性还体现在对信息可进行压缩方面，可以用不同的信息量来描述同一事物，用尽可能少的信息量描述一件事物的主要特征。

信息是可转化的。信息在一定的条件下可以转化为物质、能量、时间、金钱、效益、质量和其他物质。换句话说，正确而有效地利用信息，可以在同样的条件下创造更多更好的物质财富，可以开发或节约更多的能量，节省更多的时间。当然，信息不会真的变为物质与能量，其功效在于实现合理而高效的决策，利用物质与能量获取更高的回报。

6. 可传递性和可共享性

信息是可传递的。信息的传递是与物质和能量的传递同时进行的。如通过语言、表情、动作、报刊、书籍、广播、电视、电话及计算机网络等可以进行信息传递。信息的可传递性表现在空间和时间两个方面。信息在空间的传递称为通信，在时间上的传递称为信息存储。信息需要传递，如果不能传递，其存在就失去意义。

信息是可共享的。信息能够在时间和空间中传递，所以它也能够为人类共享。信息能够共享是信息不同于物质和能量的最重要的特征。如果说物质不灭、能量守恒是物质与能量的运动规律，那么信息共享可视为信息的运动规律。由于信息可以共享，当信息从传递者转移到接受者时，传递者不会因此丢失信息。

1.1.4　信息处理和信息系统

在电报时代就已经有了信息的概念，但当时人们更关心的是信息的有效传输。随着社会的进步和发展，人们对信息的开发利用不断深入，信息量骤增，信息间的关联也日益复杂。因此对信息的处理就显得越来越重要，而对大容量信息进行高速处理的计算机的出现，使得信息的有效处理成为可能。

计算机是一种最强大的信息处理工具，信息处理实质上就是由计算机进行数据处理的过程，即通过数据的采集和输入，有效地把数据组织到计算机中，由计算机系统对数据进行一系列存储、加工和输出等操作。

在信息处理过程中，"输入"就是接受由输入设备提供的数据；"处理"就是对数据进行操作，按一定方式对它们进行转换和加工；"输出"就是在输出设备上输出数据、显示操作处理的结果；"存储"就是存储处理结果供以后使用。

信息系统(Information System，IS)是指由人员、设备、程序和数据集合构成的统一体，其目的是实现对各种数据的采集、处理和传播，最后产生决策信息，以实现预期的目标。

信息系统一般分为事物处理系统(Transaction Processing System，TPS)、管理信息系统(Managent Information System，MIS)和决策支持系统(Decision Support System，DSS)。事物处理系统是用来记录完成商业交易的人员、过程、数据和设备的人机系统；管理信息系统是一个以人为主导，利用计算机硬件、软件、网络通信设备以及其他办公设备进行数据的收集、传输、加工、储存、更新和维护，以提高企业效益和效率为目的，支持企业高层决策、中层控制和基层运作的集成化的人机系统；决策支持系统是一种以计算机为工具，应用决策科学及有关学科的理论与方法，以人机交互方式辅助决策者解决各种问题的信息系统。

1.2　信息技术简述

人类在认识环境、适应环境与改造环境的过程中，为了应付日趋复杂的环境变化，需要不断地增强自己的信息处理能力，即扩展信息器官的功能，主要包括感觉器官、神经系统、思维器官和效应器官的功能。

1.2.1　信息技术

由于人类的信息活动愈来愈高级、广泛和复杂，人类信息器官的天然功能也就愈来愈难以适应需要。例如，在复杂的环境或任务中，人的肉眼既看不见微观的粒子，也看不到遥远的天体，人体神经系统传递信息的速度、人脑的运算速度、记忆长度、控制精度以及人体对外界刺激的反应速度等均显得力不从心，不能满足快速多变的环境要求。人类创立和发展起来的信息技术，就是不断扩展人类信息器官功能的一类技术的总称。人类信息器官的功能及其扩展技术如表 1-1 所示。

表 1-1　人类信息器官的功能及其扩展技术

人体的信息器官	人体信息器官的功能	扩展信息器官功能的信息技术
感觉器官	获取信息	感测技术
神经器官	传递信息	通信技术
思维器官	加工/再生产信息	智能技术
效应器官	使用信息	控制技术

通常情况下，凡是涉及到信息的产生、获取、检测、识别、变换、传递、处理、存储、显示、控制、利用和反馈等与信息活动有关的、以增强人类信息功能为目的的技术都可以叫做信息技术(Information Technology，IT)。信息技术中比较典型的代表，就是智能技术、感测技术、通信技术和控制技术，它们大体上相当于人的思维器官、感觉器官、神经系统和效应器官。

未来最重要的技术趋势，就是要求以现代计算机技术为核心的智能技术与通信技术、感测技术和控制技术融合在一起，形成具有信息化、智能化和综合化特征的智能信息环境系统，以有效地扩展人类的信息功能。信息技术的形成与发展过程，正是人类认识世界和改造世界的信息实践过程。人类从外界事物获取客观信息来认识世界，通过加工处理再生出新的主观信息，并反作用于外部事物来改造客观世界。在人类认识、改造世界的信息实践活动中，有许多技术相互联系相互影响，一起构成了实现人类所需要的信息功能和信息技术群。

与其他技术一样，信息技术的发展也是分层次的。按人类信息器官功能来划分的信息技术(即智能技术、感测技术、通信技术和控制技术)是信息技术群的主体，它们是人类信息功能的直接扩展。而微电子技术、激光技术、生物技术及机械技术等是信息技术群的支持性技术，它们是实现各项信息技术功能的必要手段。新材料、新能量技术则是信息技术群的基础性技术，它们的开发和应用是发展和改进一切新的更优秀的支持技术的前提。在信息技术主体上，针对各种实用目的繁衍出来的丰富多彩的具体技术就是信息技术群的应用性技术，包括工业、农业、国防、交通运输、商业贸易、科学研究、文化教育、医疗卫生、体育运动、休闲娱乐、家庭劳作、行政管理和社会服务等一切人类活动领域的应用。这样广泛而普遍的实际应用，体现了信息技术强大的生命力和渗透力，体现了它与人类社会各个领域密切而牢固的联系。

1.2.2 信息技术的发展历史

信息技术的研究与开发，极大地提高了人类信息应用能力，使信息成为人类生存和发展不可缺少的一种资源。在第二次世界大战以及随后冷战时期的军备竞赛中，美国充分认识到信息技术的优势能够带来军事与政治战略的有效实施，因此加速了对信息技术的研究开发，取得了一系列突破性的进展，使信息技术从 20 世纪 50 年代开始进入一个飞速发展的时期。

根据信息技术研究开发和应用的发展历史，可以将它分为 3 个阶段。

1. 信息技术研究开发时期

从 20 世纪 50 年代初至 20 世纪 70 年代中期，信息技术在计算机、通信和控制领域有了突破，可以简称为 3C 时期。在计算机技术领域，随着半导体技术和微电子技术等基础技术和支撑技术的发展，计算机已经开始成为信息处理的工具，软件技术也从最初的操作系统发展到应用软件的开发；在通信领域，大规模使用同轴电缆和程控交换机，使通信能力有了较大提高；在控制方面，单片机的开发和内置芯片的自动机械开始应用于生产过程。

2. 信息技术全面应用时期

从 20 世纪 70 年代中期至 20 世纪 80 年代末期，信息技术在办公自动化、工厂自动化和家庭自动化领域有了很大的发展，可以简称为 3A 时期。由于集成软件的开发，计算机性能、通信能力的提高，特别是计算机和通信技术的结合，由此构成的计算机信息系统已全面应用到生产、工作和日常生活中，大量的组织开始根据自身的业务特点建立不同的计算机网络，如事业机构和管理机构建立了基于内部事务处理的局域网(LAN)、广域网(WAN)或城域网(CAN)；工厂企业为提高劳动生产率和产品质量开始使用计算机网络系统，实现工厂自动化；智能化电器和信息设备大量进入家庭，家庭自动化水平迅速提高，使人们在日常生活中获取信息的能力大大增强，而且更快捷方便。

3. 数字信息技术发展时期

从 20 世纪 80 年代末至今，这个时期主要以互联网技术的开发和应用、数字信息技术为重点，其特点是互联网在全球得到飞速发展，特别是以美国为首的国家在 20 世纪 90 年代初发起的基于互联网络技术的信息基础设施的建设，在全球引发了信息基础设施(也称为信息高速公路)建设的热潮，由此带动了信息技术全面的研究开发和信息技术应用的热潮。在这个热潮中，信息技术在数字化通信、数字化交换及数字化处理技术领域有了重大突破，可以简称为 3D 时期。这种技术是解决在网络环境下对不同形式的信息进行压缩、处理、存储、传输和利用的关键，是提高人类信息利用能力质的飞跃。

1.2.3　信息技术的发展规律

纵观信息技术的发展历史，信息技术的产生和发展离不开人类社会实践活动的需要，离不开社会为发展信息技术所提供的资源和环境条件。人类社会信息技术的发展大致有如下的规律。

1. 辅人律——以满足人类需要为中心

人类之所以会创造出信息技术，之所以需要信息技术，就是因为信息技术能够扩展人类信息器官的固有功能，帮助人类克服信息资源开发利用活动中的障碍和困难，增强人类认识环境和改造环境的本领，使其能够不断取得更好的生存与发展机会，争得更大的解放与自由。为了满足社会实践活动的需要，人类不但创造了各种各样的信息技术，而且在不断地发展和创新信息技术以适应社会需要的发展变化。信息技术的这种性质可以归纳为一条重要法则，称为"信息技术辅人律"。

信息技术是用来辅助人类的。倘若不是这样，信息技术就不会被人类创造出来，就不会得到这样长足的发展。辅人律表明了信息技术的目的、性质、任务、功能以及它存在和发展的基本价值。信息技术在围绕人类需要这个中心发展时，不是齐头并进，而是先在某种信息技术上取得突破，使人类某一方面的信息能力大大增强。这时，由于其他信息技术显得相对落后，人类的信息能力出现了非均衡状态，因而要求这些方面的信息技术有新的突破才能满足其需要。辅人律不仅能够证明信息技术的起源和历史，也能说明它的现在和将来。只要信息技术还存在，辅人律就会继续起作用。

2. 共生律——以人类信息运动规律为依据

通过模拟并扩展人体信息器官的功能来达到辅助人类信息活动的作用，是信息技术发展的必经之路。人类的生存和发展需要信息技术的帮助，这是问题的一个方面；另一方面，信息技术的发展更需要人类的指导，人与信息技术的功能是互补的。在信息技术的发展过程中，必须根据人类信息运动的客观规律求得人与信息技术的和谐统一，实现人机共生。这就是信息技术共生律。信息技术的本质是辅人的，它的发展模式是扩展人的信息能力，这种发展的结果则是人机共生。为了有效地应付越来越复杂的问题，客观上就要求人处理信息的能力与信息技术互相结合，互相补偿。例如，用计算机的高速度、高精度来弥补人脑运算速度与精度的不足，用人的智慧来补偿计算机智能的缺陷。这便是人机共生的客观需要和基础。当然，在这种共生关系上，人与信息技术的地位并不是对等的，人始终处于主导的地位。在人的智慧和计算机的速度这两者之间，是人的智慧驾驭计算机的速度，而不是相反。信息技术使人的总体信息能力得到了进一步的增强。

按照人类处理信息能力的发展前景，信息技术将模拟人类越来越多的信息功能，甚至包括部分的智力功能；人类也将把越来越多的智慧转化为信息技术，使信息技术具有越来越高的智能水平。信息技术的功能越是强大，由这种信息技术所辅助的人类总体信息能力也就越强。

3. 倍增律——以摩尔定律为标志

现代信息技术的发展速度是如此令人吃惊，以至于谁也无法否认摩尔定律迄今为止的正确性。1965 年，美国仙童(Birchild)半导体公司的一位工程师戈登·摩尔(Gordon Moore)指出："工艺技术的不断进步会使计算机保持几何级数增长。先是 lKB 随机存取存储器，然后是 4KB、l6KB……大约过 12 个月，芯片上的晶体管数就会翻一番，但价格依旧；用另一种方式说，就是每隔一年，既定成本下的计算能力就翻一番。"摩尔在 1975 年又把翻番速度由 1 年修正为 2 年，后来人们又修正为 18 个月。虽然时间的精确计算总有些出入，但摩尔定律的重要意义是把信息技术的发展归纳为遵循指数增长规律，从而给人们以积极的预见性。摩尔定律作为一种观念统治信息技术界已经 40 多年。从 1968 年摩尔和诺伊斯(Robert Noyc)、格罗夫(Andy Grove)创办 Intel 公司，1971 年推出首枚内含 2300 个晶体管、时钟频率为 1024kHz 的 4 位微处理器 4004，到 1998 年 Intel 研制出包含 750 万个晶体管、时钟频率为 450MHz 的 32 位微处理器 Pentium Ⅱ，芯片速度提高了 233 000 倍。2001 年又把集成 1.7 亿个晶体管、时钟频率为 1.7GHz 的 64 位微处理器投放市场。信息技术的发展已证明这一貌似朴素的定律中所代表的深刻内涵和正确性。如果没有摩尔定律所揭示的革命性力量，信息技术的发展不会如此之快，现代社会的进步将不会如此丰富多彩。

1.2.4　管理信息

管理信息(Management Information)是组织在管理活动过程中采集到的、经过加工处理后对管理决策产生影响的各种数据的总称。

1. 管理信息的作用

管理信息的作用主要体现在以下方面：

- 管理信息是组织进行管理工作的基础和核心。组织的存在和发展离不开构成一个组织所必需的硬件，如人、财、物等，更离不开信息。全面、准确的管理信息能够提高管理决策的科学性和正确性，减少管理和决策的盲目性和风险性。任何管理活动都以管理信息的获取、加工和转换为基本内容，以管理信息的及时、正确处理为核心。
- 管理信息是组织控制管理活动的重要手段，是联系各个管理环节的纽带。组织之所以能够运转，需要通过各种方式对管理信息进行采集、加工处理、传输和利用，对组织的各种活动控制在预定的目标范围内，使得各个管理层次和管理环节有机地联系起来，为组织的目标服务。人们有时感到在一些问题的处理过程中出现相互推诿或者踢皮球的现象，往往与管理信息能否得到合理利用有关。
- 管理信息是提高组织管理效益的关键。“管理出效益”，合理利用管理信息就能够为组织带来巨大的经济效益和社会效益。

2. 管理信息的特征

管理信息是信息的一种，除具备信息的基本属性外，还有本身的特征，体现在以下方面：

- 离散性。管理信息通常不是连续的，是根据管理工作的实际需要，选定合理的时间点，获取组织在选定时间的状况，以反映组织的运转状况。事实上，由于获取信息需要成本，也就没有必要获取连续信息。
- 层次性。管理具有层次性，不同层次的管理者有不同的职责，处理问题的类型和决策所需的信息是不同的，对应于管理的层次，管理信息分为战略信息、战术信息和作业信息。不同层次的管理信息在来源、内容、精度、寿命和使用频率上都不相同。
- 系统性。组织管理活动的情况通过管理信息来反映，因此管理信息是一个整体，信息与信息之间存在着内在的逻辑联系，需要对管理信息进行科学分析和利用。
- 目的性。组织中的管理信息具有很强的目的性，通过对管理信息的科学分析和利用，为实现组织的目标对组织中各种管理活动进行控制。

3. 管理信息的表现形式

管理信息的表现形式多种多样，除了通常的报告、报表、单据、进度图、计划书、协议、标准、定额等以外，还有许多人们在管理过程中使用的行之有效的其他形式。管理信息形式的多样性为信息系统提供了更好的服务形式，但同时对信息的采集、加工处理、传输和利用提出了更高的要求，需要采取多种手段对各种信息进行转换。

4. 管理信息与信息之间的关系

　　信息的范围很广、种类很多，管理信息只是信息集中的一个子集。也就是说，管理信息只是构成信息的一个组成部分。信息除了包括管理信息以外，按照其领域分类，它还包含政治、经济、文化、军事、地理等方面的信息。管理信息与信息之间的关系如图 1-2所示。

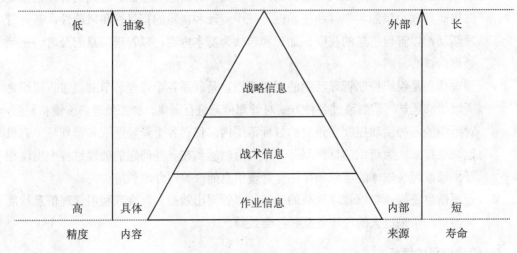

图1-2　管理信息与信息之间的关系

1.3　信息技术的研究热点

　　随着信息技术、计算机技术以及网络技术的不断发展，对信息技术的研究也开始从多个方面进行，出现了许多研究热点，如人工智能技术、多媒体技术及通信技术等。

1.3.1　人工智能技术

　　计算机是人类大脑的延伸，习惯上人们常把计算机称为电脑，并期待它能像人脑一样聪明。但就目前而言，计算机解决问题主要还是依靠人们事先编制好的程序。可以说，在获取、处理和利用信息的智能方面，计算机与人脑还相差甚远。人工智能技术(Artificial Intelligence，AI)的研究目的就是要使计算机逐步具有类似人脑的某些智能，即能理解外部环境，提出概念，建立方法，进行演绎、归纳和推理，做出科学的判断和决策，具备自学习、自适应功能等。可以说，AI 技术代表着未来信息处理技术的发展方向。

　　实现人工智能有两种途径：一是以传统计算机硬件技术为基础，在一些知识比较完备且可以形式化表达的领域里，通过软件在一定程度上实现类似人脑智能活动的效果，即面向功能模拟的专家系统，这是比较现实的方法；二是采用全新的硬件技术和软件方法研制具有类似于人脑结构、能像人脑一样思维的计算机，即面向结构模拟的神经计算机。

1. 专家系统

所谓专家系统(Expert System)，是指能在特定领域内以人类专家水平去解决困难问题的计算机程序。在 20 世纪 60 年代，AI 科学家曾试图通过发现解决各类问题的一般方法来模拟复杂的思维过程，他们把这些方法运用于通用问题求解程序中。利用这样的策略尽管取得了一些有趣的进展，但并未产生任何突破。事实上，开发通用的问题求解程序是非常困难的，而且最终证明是毫无结果的。一个单一程序能够处理的问题种类越多，对每一个别问题所能做的就越少。因为在求解实际问题时需要大量的知识，而知识的获取以及把知识表示成适于计算机利用的形式往往是非常困难的，计算机通过搜索方法来求解问题还常常遇到"组合爆炸"问题。为了缓解这种困难，人们提出了专家系统的概念来取代以前的"全智全能"系统，使所需要的知识面收缩。这种由通用向专用的转变，促成了一大批专家系统的问世。

专家系统是一种能在某些狭窄的问题领域具有与人类专家同等程度解题能力的专用计算机程序，主要是依靠大量知识来发挥功能的，因此有时也将其称为知识库系统。构造专家系统的过程通常称为知识工程。知识工程是设计和建造专家系统及其知识库程度的技术，这一过程通常包括被称为知识工程师的专家系统构造者与在某一问题领域中一个或多个人类专家之间的某种形式的合作。知识工程师从人类专家那里"抽取"他们求解问题的策略和规则，并把这些知识植入专家系统中。作为智能的基础，知识受到广泛的重视。如今专家系统已基本成熟，AI 研究也有了新的转折点，即从获取智能的基于能力的策略，变成了基于知识的方法研究。

2. 神经计算机

从专家系统的应用中，人们发现专家系统只能缓解困难，并没有真正解决 AI 系统的困难。人们进一步发现，计算机 AI 系统最本质的困难之一来源于计算机本身——传统的冯·诺依曼计算机的串行工作机制以及中央处理器与存储器之间的瓶颈。具有 AI 特征的神经计算机与传统的冯·诺依曼计算机有着重大的区别，它不仅能处理信息，而且要能处理知识；不仅要有计算能力及一定的演绎推理能力，而且要在一定程度上能进行创造性思维。例如，类比推理、科学发现等。人们通过对神经网络的研究，发明了一种能够仿效人脑信息处理模式的智能计算机——神经计算机。

神经网络研究始于 19 世纪末西班牙解剖家卡杰尔(Cajal)创立的神经元学说。1943 年，美国心理学家麦卡罗赫(W.S.Mdulloch)和数学家匹茨(W.A.Pitts)提出了第一个神经网络模型，即 M-P 模型。从此开始了将数理科学与认知科学相结合，探索人脑奥秘的过程。在经历了几十年的曲折发展之后，到了 1982 年，美国加州理工学院生物物理学家霍普菲尔德(J.Hopfield)提出了以他自己的名字命名的 Hopfield 神经网络模型，使神经网络研究取得了突破性的进展，模仿生物神经计算机功能的人工神经网络(Artificial Neural Networks，ANN)终于有可能实现。ANN 具有模拟人类部分形象思维的能力，是发展 AI 技术的一条重要途径。由于人脑是物理平面和认知平面的统一体，ANN 的研究目的一方面是要通过揭示物理平面与认知平面之间的映射，了解它们相互联系、相互作用的机理，从而揭示思维的本质，探索智能的本源；另一方面是要争取构造出尽可能与人脑具有相似功能的计算机，即神经计算机。

如果说 ANN 是类似生物脑或数据系统的网络模型，它的硬件实现便是神经计算机。神经计算机是以高度并行式分布处理技术、新的强有力的学习算法和多层 ANN 模型为基础，用超大规模集成电路技术或者集成光学技术、分子生物学技术实现的计算系统。它具有通常的数字计算机难以比拟的优势，如自组织性、自适应性、自学习能力、联想能力和模糊推理能力等，将在模式识别、智能信息检索、语言理解与机器翻译、组合优化和决策支持系统等方面取得传统计算机所难以达到的效果。

1.3.2　多媒体技术

多媒体技术就是将文字、声音、图形、静态图像和动态图像等信息媒体与计算集成在一起，使计算机应用由单纯的文字处理进入文、图、声和影集成处理的技术，其核心特性是信息媒体的多样性、集成性和交互性。它去除了传统计算机那种令人难以接近和使用的冷冰冰的形象，使人们能够以语言和图像等多种媒体形式同计算机进行交流，大大缩短了人与计算机之间的距离。

多媒体技术要对声音、图像等多媒体信息进行操作、存储、处理和传送，涉及的信息类型复杂，数据量大。以声音和视频图像数据为例，对于双声道立体声而言，信息量为每秒 l75KB 或每分钟 10MB 以上；对于视频图像，屏幕分辨率(X 方向像素数×Y 方向像素数)为 640×480、每一像素的信息量(通常用二进制位数来表示)为 24 字节、帧刷新频率为 30 帧/秒 的 VGA 图像的信息量则高达 200MB 以上。因此，多媒体技术的主要研究内容有多媒体信息处理与压缩、多媒体信息特性与建模、多媒体信息组织与管理、多媒体信息表现与交互等。其中的关键技术是多媒体信息压缩技术、多媒体计算机系统技术、多媒体数据库技术和多媒体数据通信技术。由于多媒体技术提供了更多的交互手段，给人类交流信息以更多的方便，所以它有着极其广阔的应用前景，如可视电话、电视会议、商业宣传、电子出版、多媒体教学和电子游戏等。

从技术的角度来说，虚拟现实(Virtual Reality)将是多媒体技术极具影响力的应用发展方向。虚拟现实是采用多媒体计算机技术来生成一个逼真的三维空间甚至四维时空感觉环境，并使人类可用自然的视觉、听觉、嗅觉、触觉等感官机能和效应器官进行实时参与和实时交互。由于这种信息交流方式与真实情境十分接近，因而很容易产生学习的迁移，人们接收信息的时间将大大缩短。虚拟现实实际上也是一种高级用户界面工具，它使用户不仅可以进行信息交互，而且可以从外到内或从内到外地观察信息空间的属性和特征。目前的虚拟现实技术需要在多媒体计算机的基础上，再利用一些经过特别设计的外部配件和技术，如数字头盔(Deadmount Display)、数据手套(Data Glove)、座舱、全方位监视器或计算机辅助虚拟现实环境(CAVE)等，为使用者构建一个感觉上真实，但实际上并不存在的环境。这种技术一旦达到可以广为应用的阶段，又会对多媒体技术的各个应用领域产生革命性的影响。虚拟现实以其更加高级的集成性和交互性，将给使用者带来更加生动、形象和逼真的体验，可广泛运用于科学可视化、模拟训练和游戏娱乐等领域。例如，在上物理课时，教师可建立一个虚拟物理实验室，控制一些现实中无法改变的参数(如重力)，帮助学生树立正确的物理概念。在飞行员训练时，利用飞行环境模拟器模拟真实的飞行环境，不仅为飞行员的实习飞行创造了安全、良好的条件，而且能够节省培训经费，在较短的时间内使飞行员熟练地掌握飞行技能。

1.3.3　光缆技术

20 世纪 60 年代以来，由于光源——激光器和光通信介质——光纤两方面的研究开发不断取得了重大的突破，光通信这一传统通信方式又展现出了崭新的姿态。

1960 年，红宝石固体激光器问世，发明人是美国 Hughes 飞机公司的梅曼(T.H.Maman)。激光器与普通光源非常不同，它可以发出具有单色性、高亮度、强方向性且具有良好的相干性的激光，是进行光通信的理想光源。1966 年，英国电信实验室的华裔科学家高辊(K.C.Kao)等人提出，只要去除玻璃材料中的杂质，用纯石英玻璃制成衰减低于 20dB/km 的光导纤维，就可以应用于实际的激光通信。1970 年，美国康宁(Coming)玻璃公司根据高氏理论制造出了衰减为 20dB/km 的低损耗光纤。同年，美国贝尔实验室研制成功可在室温下连续震荡的半导体激光器。从此，光纤通信迈入了实用化的高速发展阶段。1987 年美国投入使用的 1.7Gb/s 光纤通信系统，使得一对光纤能同时传输 24 192 路电话。目前跨越大西洋和太平洋的海底光缆已投入使用，许多发达国家已经开始把光缆铺设到公路旁、住宅前，为实现"光纤入户"做准备。

1.3.4　卫星通信

卫星通信是 20 世纪 60 年代微波中继通信技术和空间技术相结合的产物。它除了兼有微波通信频带宽、容量大的长处以外，还有通信距离不受限制、组网灵活及费用节省的优势，且能满足陆、海、空移动通信的需要。由于具有这些得天独厚的优点，卫星通信随着空间技术的进步得到了飞速的发展，现已成为无线通信的最重要方式。卫星通信以空间轨道中运行的通信卫星作为中继站，地球站作为终端站，实现两个或多个地球站之间的长距离、大容量的区域性通信及全球性通信。

现在的同步通信卫星一般在地球赤道上空 35 800km 的轨道上从西向东移动，方向和速度与地球自转同步，圆形轨道平面与赤道平面重合，这时的卫星从地面上来看是相对静止不动的，所以又称同步静止卫星。由于一颗通信卫星可俯视地球三分之一的面积，所以利用在同步静止轨道上等距离分布的三颗卫星，就能组成全球通信网。一颗卫星有几十个转发器，可同时提供数万路电话线路或转发几十路电视节目。1965 年成立的国际卫星通信组织将三组卫星分别定点在太平洋、印度洋和大西洋的赤道上空，建立了全球卫星通信系统。INTELSAT 现已发射了七代通信卫星，承担着世界上全部电视转播业务和 2/3 的越洋电信业务。

1.3.5　电子商务

随着信息技术在国际贸易和商业领域中的广泛应用，利用计算机技术、网络通信技术和 Internet 实现商务活动，成为国际市场上出现和发展起来的新兴贸易方式。借助 Internet，使信息网络、金融网络实现国际化、信息化和无纸化，这已经成为各国商务发展的一大趋势。电子商务则适应这种以全球网络把事务活动和贸易活动中发生关系的各方有机联系起来的要求，使得信息流、资金流、实物流迅速流动，极大地方便和促进了各种事务活动和贸易活动。

1. 电子商务环境

电子商务已经成为全球经济发展的趋势，伴随着相关技术和设施的逐步成熟，电子商务发展到目前，越来越突出的问题不再局限于技术领域，已扩展到企业管理、经济体制、政府参与、公众意识更新等更加广泛复杂的层面。也就是说，逐步建立起协调发展的电子商务社会环境成为电子商务健康发展所面临的严峻挑战。实现电子商务的关键因素不只是技术，还有电子商务的运作管理环境。电子商务环境主要包括电子商务的社会环境、法律环境、税务环境等。

电子商务的社会环境主要取决于以下几个方面：

- 企业管理水平和企业内部信息化程度。
- 政府的角色定位。
- 网络基础设施。
- 网络支付。
- 物流配送。

在法律方面电子商务也会带来许多冲击。电子商务的显著特点是全球性，它将改变全球经济，并通过让更多资源为更多人所用而改善人们的生活，改变人们的思维方式。但是，也正是因为它的这种全球性，从诞生之日起，电子商务就面临着一系列不可避免的问题，包括安全性问题、国际民事诉讼问题、知识产权问题、网络互联与互操作性问题、言论自由和隐私权的冲突以及电子合同等电子文件的有效性问题……这些问题都对建立新的法律环境提出了迫切要求：

- 电子商务中的合同及其履行。
- 知识产权的保护。
- 隐私问题。

在财税方面电子商务更多地触动各国的海关关税，同时对各个国家内部的税收制度也带来新的挑战。一方面，信息技术使得海关和税收管理部门能够更加及时准确地完成有关数据、信息的交换，从而提高工作效率，改善服务质量。另一方面，由于商家对商家的电子商务交易从贸易伙伴的联络、询价议价、签订电子合同，一直到发货运输、货款支付都可以通过网络实现，整个交易过程是无形的。这势必为海关统计、税务征收等工作带来一系列问题。

- 关税征收困难。
- 交易地点难以确定。
- 税收部门难以全面准确地获得有关交易信息、证明文件。

2. 电子商务的形式

按照从事网络交易对象的不同和内容的不同，电子商务可以分为 5 种形式：第一种为"企业对客户"型的电子商务，简称 B2C(B-TO-C，其中 B 代表 Business，C 代表 Customer)；第二种为"企业对企业"型的电子商务，简称 B2B；第三种为"企业对政府"型的电子商务，简称 B2G(其中 G 代表 Government)；第四种为"客户对客户"型的电子商务，简称 C2C；第五种为"客户对企业"型的电子商务，简称为 C2B。

- B2C 电子商务最常见的是"网上商店"。例如，当当网上的图书音像城、8848 在线购物等。生产厂家的网络直销也属于 B2C 电子商务，这种电子商务以最终消费者通过网络向企业购买货品为特征。
- B2B 电子商务是在上下游企业之间进行的网络商务活动，典型的特征是从上游商家采购原材料和零配件，向下游商家售货和分销。
- B2G 电子商务涵盖了政府与企业之间的各项事务，包括政府采购、税收、商检、管理条例的发布等。政府在这里既是电子商务的使用者，进行购买活动，属商业行为，又是电子商务的宏观管理者，对电子商务起着扶持和规范的作用。
- C2C 电子商务是最终客户之间的网络交易活动，可能没有企业的参与，如网上二手货交易。
- C2B 电子商务是以最终客户群体向商家进行的集体购买行为，目的是通过批量购买获得较低的价格。

3. 电子商务的发展趋势

经过几年的充分发展，电子商务的概念已经被人们认同，同时此项技术的发展也开始呈现出许多新的特点和发展趋势，主要体现在以下几个方面。

- 基于传输网络的全球性和开放性趋势。全球信息基础设施的开放性和广泛的连通性能够方便地实现异种网络之间的充分关联。标准的技术可以降低网络的建设成本，而开放性又可以提高网络建设投资的利用率。电子商务建筑在全球化、开放性的信息基础设施上，能够获得经济上的可行性和传输效率上的优势。
- 向 Web 技术的易用、统一化的操作平台靠拢。近年来兴起的 Web 技术已经得到了飞速的发展，其成功应该归功于其技术的简捷性和用户使用的简便统一性。利用 Web 技术多年发展的经验，有利于电子商务技术的推广和普及，减少开发的风险。
- 商务功能的集成化。新的电子商务概念将涵盖常规商务过程的各个方面，它将传统的商品市场、服务市场和资金市场融为一体，各生产要素将在这个统一的大市场中根据瞬息万变的市场需求进行灵活配置，实现世界范围内全方位的贸易合作，能够为参与各方带来更高的劳动生产率。
- 产品之间的兼容性和标准化。标准化是技术发展的必要阶段，通过对技术的标准化可减少技术发展中的重复劳动，降低系统开发的成本，并且有效地实现不同厂家产品之间的兼容。电子商务技术也是一样，主要涉及底层的网络传输、加密和认证等技术以及高层的应用技术，因此标准化也在这两个层次上展开。

- 未来的电子商务。未来的电子商务绝对不是一个简单的前台交易系统，它会与企业自身的信息管理系统结合起来，形成一套完整的商业运作方案。例如，
  - 网上电子招标：依托企业电子商务系统的网上招标，是针对企业实施网上采购和销售的电子商务运作方式，结合企业电子商务系统基础平台，包括安全平台、会员管理、支付平台、新闻中心、电子商务智能等功能企业的电子商务。
  - 电子招标需求的自动处理：在网上实施电子招标过程自动化处理，主要包括电子招标需求的生成、电子标书的维护、收取过程，基于安全用户角色的审批过程、开标过程、招标合同的自动维护及询价处理等过程。
  - 网上谈判系统：为加入企业电子商务系统的所有会员提供能进行网上议价、商务往来的虚拟场所。

1.3.6　决策支持系统

决策支持系统(DSS)是由管理决策系统(Management Decision Systems，MDS)演化而来的。DSS 是以管理科学、运筹学、控制论和行为科学为基础，以计算机技术、模拟技术和信息技术为手段，面对半结构化的决策问题，支持决策活动的具有智能作用的人机计算机系统。它能为决策者提供决策所需要的数据、信息和背景资料，帮助明确决策目标和进行问题的识别，建立或修改决策模型，提供各种备选方案，并对各种方案进行评价和优选，通过人机对话进行分析、比较和判断，为正确决策提供有益帮助。

为了达到这一目的，通常认为 DSS 必须具有如下特点。

- 面向上层管理人员经常面临的结构化程度不高、说明不够充分的问题。
- 把模型或分析技术与传统的数据存储技术及检索技术结合起来。
- 易于为非计算机专业人员以交互会话的方式使用。
- 强调对环境及用户决策方法改变的灵活性及适应性。
- 支持但不是代替高层决策者制定决策。

DSS 所追求的目标是：不断地研究和吸收信息处理其他领域的发展成果，研究决策分析和决策制定过程中所特有的某些问题，并不断将其形式化、规范化，逐步用系统来取代人的部分工作，以全面支持人进行更高层次的研究和更进一步的决策。在这里，通过系统支持人进行研究和决策工作效率的提高是 DSS 所追求的主要目标。

DSS 的建造主旨在于，它代表着信息系统对半结构化和非结构化决策提供辅助的一种不同的方法。它绝不是找出决策的结构并使之完全自动化，而是对各种半结构化决策的过程进行辅助。这将对设计和使用这类系统产生如下影响：

- DSS 的设计者与结构化的作业系统设计者所使用的技术方法是截然不同的。决策支持系统的设计者除了要懂得技术之外，还要有观察、理解和深入到决策者中间去的能力。
- DSS 所需要的技术是能进行灵活存取。可靠的通信网络、可用的终端及独立式的个人计算机要比大型数据处理中心更为重要。

- 其侧重点是那些容易理解和实现的小型简单模型，而不是复杂的综合模型。现在出现一种好的发展趋势，那就是使用供特别分析用的计划模型生成程序来代替复杂的集成式(费用昂贵)的公司计划模型。
- DSS 的开发是一个不断发展的过程，它要求端点用户(即决策制定者)能广泛地参加工作。原型系统随着使用而变动的情况在开发工作中时有发生，因此决策支持系统必须能适应这种变动。

决策支持系统强调的关键因素是响应性，即能力(指 DSS 回答重要问题的程度)、可能性(指及时提供信息的程度)以及灵活性(即适应环境变化的程度)。

1.4　信息技术和信息社会

计算机技术和网络通信技术的飞速发展将人类带入了信息社会。信息社会就是信息成为比物资或能源更为重要的资源，以信息价值的生产为中心促使社会和经济发展的社会。

1.4.1　信息社会及其特征

目前，关于信息社会的特征说法不一。日本未来学家、经济学家松田米津认为：信息社会发展的核心技术是计算机，计算机的发展带来了信息革命，产生大量系统化的信息、科学技术和知识；由信息网络和数据库组成的信息公用事业，是信息社会的基本结构。信息社会的主导工业是智力工业，其发展的最高阶段是大量生产知识和个人计算机化。

1. 信息化的高度发展

高度信息化是信息社会最突出、最本质的特征，主要表现在以下两个方面。

- 信息传播的全球化。由于现代电子技术、通信技术和多媒体技术等的迅猛发展，使得信息更新快速，知识陈旧周期迅速缩短。人机对话的技术为人们传递信息创造了便利的条件，社会活动的数字化和网络化，使其突破了传统的活动空间，进入到媒体世界，出现了种种网络虚拟的社会实体、社会组织等，从而改变了人们的文化思想，改变了人们的学习、生活和交流等方式。
- 信息产业成为现代社会的主导产业。信息产业是指那些从事信息生产、传播、处理、储存、流通和服务的生产部门，由信息技术设备制造业和信息服务业构成。以信息技术为核心的新技术革命所导致的产业结构的重大变革，不仅表现为一批新的信息生产与加工产业的出现和传统工业部门的衰退，而且还表现在信息产业自身正在从以计算机技术为核心发展成为以网络技术为核心了。

2. 劳动的智力化

随着信息产业的兴起和信息技术在传统工业、农业和服务业的高度渗透，现代生产正在由“资本密集型”向着“技术密集型”、“知识密集型”方向发展。体力劳动和资源的投入相对减少，脑力劳动和科学技术投入相对增大，劳动者不再只是直接处理劳动对象，而且还要处理有关生产过程的不断变化的信息，因而现代产业对劳动者的文化程度、智力水平，特别是信息素养提出了更高的要求。

3. 以人力资源为依托

在信息化高度发展的现代社会，人力资源作为知识与信息的直接创造者，具有越来越重要的意义。现代人力资本理论的兴起更深刻地反映了现代社会以人力资源为依托的本质特征。在经济发展过程中，虽然物质资本和人力资本都对经济起着生产性的作用，但人力资本理论的研究成果显示，人力资本对经济发展的促进作用大于物质资本；在对经济增长的贡献中，人力资本收益份额不仅正在迅速地超过物质资本和自然资源，而且还出现了另一种发展趋势，即高质量的劳动者与低素质的劳动者的生产率差距以及收入差距都在迅速扩大。

1.4.2　信息技术对当今社会的负面影响

虽然信息可以给人类带来利益和财富，但由于信息的过度增长，会对社会产生一定的负面影响。例如，信息失真和信息污染，对知识产权的侵害等。

1. 信息过度增长，导致信息爆炸

信息的日益累积，构成了庞大的信息源，一方面为社会发展提供了巨大的信息动力，另一方面却使人们身处信息的汪洋大海，却找不到自己所需要的信息，导致社会信息吸收率反而下降，信息利用量与信息生产量之间的差距越拉越大。过量的信息流使人们处于一种信息超载的状态，也使人们越来越忙碌，越来越浮躁。

2. 信息失真和信息污染

社会信息流中混杂着虚假错误、荒诞离奇、淫秽迷信和暴力凶杀等信息，这种信息失真、信息噪音乃至信息污染现象，使传统的文化道德、文化准则和价值观念受到冲击，伦理法规容易被弱化。

3. 知识产权受到侵害

信息技术完全突破了传统的信息获取方式，拷贝技术的发展，使信息极易被多次复制和扩散，为大规模侵权提供了方便，容易产生知识产权纠纷，使知识生产者和数据库生产者的利益受到威胁和侵害。

4. 对国家主权和利益的冲击

信息社会中信息技术已成为构成国家实力的重要战略武器，掌握最先进的信息技术的国家在世界舞台上处于有利的支配地位。在信息社会中维护国家安全不仅要靠先进而强大的军事力量，对数据库的占用和在核心信息技术上的领先与控制同样成为国家实力和国家安全的重要组成部分。如果失去了对信息资源的支配和控制，就等于对国家安全构成了威

胁。因此维护国家主权和利益已从军事领域扩展到信息领域。同时，国和国之间的信息差距问题，造成了"马太效应"，即信息技术基础好的国家发展更快，信息技术基础弱的国家发展更慢。这使得国与国之间信息资源的分布、流通和获取极不平衡。

另外，信息社会的发展还带来电子犯罪问题、信息经济利益分配问题、个人隐私问题和人际交流问题等。

1.4.3　信息社会与信息素质

在信息社会中，信息技术的应用已遍及到我们的工作、学习和生活等各个角落，它给人们传统的交往方式、思维方式、工作方式、生活方式以及学习方式等带来了猛烈的冲击和震撼，人类的生活正在经历前所未有的巨大变化。

信息技术的发展及其对社会各个领域的广泛渗透，一方面已经成为新世纪人类不断前进的巨大推动力，另一方面也使社会面临着新的挑战。各种传统行业知识更新加快，各种高新技术产业包括信息产业，对从业人员的知识结构有更高的要求。因此，信息素质已成为 21 世纪人才素质的基本要素之一。

信息素质(Information Literacy)最早由美国信息产业协会主席 Panl Zurkow Ski 于 1974年提出，它指在各种信息交叉渗透、技术发展的社会中，人们所应具备的信息处理实际技能和对信息进行筛选、鉴别和使用的能力。

1.5　习　　题

一、填空题

1. 数据是_____的基本量化单元。

2. 数据的概念包括两个方面：一方面_____；另一方面_____。

3. 信息是_____，通过对信息的深入分析，信息主要包含_____、_____、_____、_____、_____、_____ 6 种性质。

4. 信息系统一般分为_____系统、_____系统和_____系统。

5. 信息技术的发展大致有 3 种规律：_____、_____、_____。

6. 管理信息是_____的总称。

7. 管理信息是信息的一种，除具备信息的基本属性外还有本身的特征，主要体现在_____、_____、_____、_____ 4 个方面。

8. 电子商务可以分为五种形式：第一种为_____型的电子商务，简称为 B2C；第二种为_____型的电子商务，简称为 B2B；第三种为_____型的电子商务，简称为 B2G；第四种为_____型的电子商务，简称为 C2C；最后一种为_____型的电子商务，简称为 C2B。

9. 信息技术的研究热点包括_____、_____、_____、_____、_____、_____ 6 个方面。

二、问答题

1. 什么是信息？什么是信息技术？
2. 数据与信息的关系如何？
3. 电子商务的社会环境主要取决于哪几个方面？
4. 信息技术的社会作用是什么？

第2章　计算机基础知识及系统组成

随着计算机技术的发展，计算机的应用已渗透到人们工作和生活的各个角落，而且这种渗透趋势还会越来越强。现代社会是信息的社会，而绝大多数信息的处理都离不开计算机。为了更好地使用计算机，很有必要了解计算机的发展和应用、计算机的进制和信息的表示、微型计算机的构成和工作原理等计算机基础知识，为以后学习和使用计算机打下良好的基础。

本章要点：

- 计算机的发展
- 计算机的分类
- 计算机的进制和信息表示
- 进制之间的转换
- 微型计算机的系统基本组成
- 计算机操作系统
- 计算机的工作原理和性能指标

2.1　计算机的发展与应用

电子计算机的产生和发展是当代科学技术最伟大的成就之一。自 1946 年美国研制的第一台电子计算机 ENIAC 问世以来，在半个多世纪的时间里，计算机的发展取得了令人瞩目的成就。计算机的出现有力地推动了科学技术的应用。计算机在科学研究、工农业生产、国防建设以及在社会各个领域都得到越来越广泛的应用。随着计算机技术的发展，计算机将在信息交流及新技术革命中发挥关键作用，并推动人类社会更快地向前发展。

2.1.1　计算机的发展

1946 年 2 月 14 日，美国宾夕法尼亚大学的物理学家毛彻莱(J.W.Mauchly)和电子工程师埃科特(J.P.Eckert)在海军部的支持下，以冯·纽曼的设计思想为指导，研制出一台电子真空管计算机，称为 ENIAC(Electronic Numerical Integrator And Calculator，电子数字积分计算机，读作"埃尼克")，被后人称为是世界上第一台电子数字计算机。

这台计算机共用了 19 000 个电子真空管(每个电子管都像小灯泡那么大，如图 2-1 所示)，总耗电 175KW，重量大约 30T，占地面积约 167m^2，计算速度大约为每秒钟 5000 次。这台计算机开始主要用于大炮的弹道计算，后来也用于核武器研究方面的计算和天气预报，被公认为世界上第一台通用电子数字计算机，开创了第一代电子计算机的先河。这台计算机一直运行到 1955 年 10 月才宣布退役。

图 2-2 所示为第一台商用电子数字计算机 UNIVAC(UNIVersal Automatic Computer)，同样是由埃科特和毛彻莱设计的。该机使用了 5000 个电子管，占空间体积约 27m³，重 8T，耗电 100KW，被许多政府和商业机构采用，自 1951 年至 1957 年全球共销售出 48 台。

图 2-1　五十年代的电子真空管　　　　　图 2-2　UNIVAC 电子管计算机

电子计算机的发展阶段通常以构成计算机的电子器件来划分，至今已经历了四代，目前正在向第五代过渡。每一个发展阶段在技术上都是一次新的突破，在性能上都是一次质的飞跃。

1. 第一代——电子管计算机(1946—1957 年)

第一代计算机采用的主要元件是电子管，称为电子管计算机。它们的主要特征如下：

- 采用电子管元件，体积庞大，耗电量高，可靠性差，维护困难。
- 计算速度慢，一般为每秒钟运算 1 千次到 1 万次。
- 使用机器语言，几乎没有系统软件。
- 采用磁鼓、小磁芯作为存储器，存储空间有限。
- 输入输出设备简单，采用穿孔纸带或卡片。
- 主要用于科学计算。

2. 第二代——晶体管计算机(1958—1964 年)

晶体管的发明给计算机技术带来了革命性的变化，第二代计算机采用的主要元件是晶体管，称为晶体管计算机。它们的主要特征如下：

- 采用晶体管元件，体积大大缩小，可靠性增强，寿命延长。
- 计算速度加快，达到每秒运算几万次到几十万次。
- 提出了操作系统的概念，开始出现了汇编语言，产生了如 FORTRAN 和 COBOL 等高级程序设计语言和批处理系统。
- 普遍采用磁芯作为内存储器，磁盘、磁带作为外存储器，容量大大提高。
- 计算机的应用领域扩大，除科学计算外，还用于数据处理和实时过程控制。

3. 第三代——集成电路计算机(1965—1969 年)

20 世纪 60 年代中期，随着半导体工艺的发展，已制造出了集成电路元件。集成电路可以在几平方毫米的单晶硅片上集成十几个甚至几百个电子元件。计算机开始采用中小规模的集成电路元件，它们的主要特征如下：

- 采用中小规模集成电路元件，体积进一步缩小，寿命更长。
- 计算速度加快，每秒可运算几百万次。
- 高级语言进一步发展。操作系统的出现，使计算机功能更强，计算机开始广泛应用在各个领域。
- 普遍采用半导体存储器，存储容量进一步提高，而体积更小，价格更低。
- 计算机应用范围扩大到企业管理和辅助设计等领域。

4. 第四代——大规模、超大规模集成电路计算机(1971 年至今)

随着 20 世纪 70 年代初集成电路制造技术的飞速发展，产生了大规模集成电路元件，使计算机进入了一个新的时代，即大规模和超大规模集成电路计算机时代。它们的主要特征如下：

- 采用大规模(Large Scale Integration，LSI)和超大规模集成电路(Very Large Scale Integration，VLSI)元件，体积与第三代相比进一步缩小。在硅半导体上集成了几十万甚至上百万个电子元器件，可靠性更好，寿命更长。
- 计算速度加快，每秒运算几千万次到几十亿次。
- 软件配置丰富，软件系统工程化、理论化，程序设计部分自动化。
- 发展了并行处理技术和多机系统，微型计算机大量进入家庭，产品更新速度加快。
- 计算机在办公自动化、数据库管理、图像处理、语言识别和专家系统等各个领域大显身手，计算机的发展进入了以计算机网络为特征的时代。

5. 新一代计算机

进入 20 世纪 90 年代以来，计算机技术发展十分迅速，产品不断升级换代，美国和日本等工业发达国家正在投入大量的人力和物力，积极研究支持逻辑推理和知识库的智能计算机、神经网络计算机和生物计算机等新一代计算机。

随着科学技术的高速发展，现有的各种计算机系统将无法满足日益扩大的多样化应用要求，因此，人们在不断地采用新设想、新技术和新工艺，使计算机的功能更完善，应用范围更广泛，还要使计算机不仅可以重复执行人的命令，而且可以提供逻辑推理和知识学习的能力。因此，新一代计算机主要是把信息采集、存储、处理、通信和人工智能结合在一起的智能计算机，它将突破当前计算机的结构模式，更加注重逻辑推理或模拟的"智能"，即具有对知识进行处理和模拟功能。总之，未来的计算机将向巨型化、微型化、网络化、智能化和多媒体方向发展。

2.1.2　计算机的特点

计算机是一种可以进行自动控制、具有记忆功能的现代化计算工具和信息处理工具。它主要有以下 5 个方面的特点。

1. 运行速度快

计算机最显著的特点是能以很高的速度进行运算。现在的计算机运算速度(MIPS，每秒可执行多少百万条指令)已达到每秒几百万次到上千万次，计算机的高速运算能力常应用于天气预报和地质勘测等尖端科技中。

2. 计算精度高

计算机具有很高的计算精度，一般可达十几位、几十位，甚至几百位以上的有效数字精度。计算机的计算高精度性使它可运用于航空航天、核物理等方面的数值计算中。

3. 存储功能强

计算机的存储器类似于人脑。计算机能够把数据和指令等信息存储起来，在需要这些信息时再将它们调出。

4. 具有逻辑判断能力

计算机在执行过程中，会根据上一步的执行结果，运用逻辑判断方法自动确定下一步的执行命令。正因为计算机具有这种逻辑判断能力，使得计算机不仅能解决数值计算问题，而且能解决非数值计算问题，如信息检索和图像识别等。

5. 可靠性高、通用性强

由于采用了大规模和超大规模集成电路，现在的计算机具有非常高的可靠性。现代计算机不仅可以用于数据计算，还可以用于数据处理、工业控制、辅助设计、辅助制造和办公自动化等，具有很强的通用性。

可以说，计算机以上几个方面的特点是促使计算机迅速发展并获得广泛应用的最根本原因。

2.1.3　计算机的分类

从总体上讲，电子计算机可分为模拟计算机和数字计算机两大类。数字计算机又可分为通用机和专用机两类。通用计算机能够解决各种类型的问题，具有较强的通用性。专用计算机是为了解决某些特定问题而专门设计的计算机。一般所讲的计算机，指的是通用机。

根据计算机的性能指标，如机器规模的大小、运算速度的高低、主存储器容量的大小、指令系统性能的强弱以及机器的价格等，将计算机分为巨型机、大型机、中型机、小型机、微型机和工作站。

- 巨型机：是指运算速度在每秒亿次以上的计算机。巨型机目前在国内还不多，我国研制的"银河"计算机就属于巨型机。目前，美国研制出的巨型机的运算速度已达到每秒 100 亿次以上。

- 大、中型机：是指运算速度在每秒几千万次左右的计算机。通常用在国家级科研机构以及重点理、工科类院校。
- 小型机：运算速度在每秒几百万次左右，通常用在一般的科研与设计机构以及普通高校等。
- 微型机：也称为个人计算机(PC)，是目前应用最广泛的机型。
- 工作站：是一台比较简单的计算机，通常与服务器一起组成一个局域网，利用服务器的资源(如计算能力和存储空间等)来完成特定的工作。

2.1.4　计算机的应用领域

由于计算机的快速性、通用性、准确性和逻辑性等特点，使它不但具有高速运算能力，而且还具有逻辑分析和逻辑判断能力。这不仅可以帮助人们提高工作效率，而且可以部分替代人的脑力劳动，所以其应用领域非常广泛，几乎各行各业都能使用计算机帮助人们完成一定的工作。例如，从工业生产的计划到过程控制，从医学自动生化分析到自动问诊、提出治疗方案和开处方，以及从儿童玩具自动化到家庭生活计划管理等。

根据应用领域，计算机应用可以归纳为以下 5 个方面。

1. 科学计算

计算机刚出现时，它的主要任务就是用于科学计算。随着计算机技术的发展，人工计算已无法解决的计算问题可由计算机完成。计算机甚至可以对不同的计算方案进行比较，以选出最佳方案。例如：火箭运行轨迹、天气预报、高能物理以及地质勘探等许多尖端科技的计算等。"数值仿真"则是在此基础上发展起来的应用，例如，可以使用计算机仿真原子弹的爆炸，避免过多的实弹试验，以减少不必要的浪费并加快实验的进程。

2. 信息处理

主要是指对大量的信息进行分析、合并、分类和统计等的加工处理。通常用在办公自动化、企业管理、物资管理、信息情报检索以及报表统计等领域。现代社会是一个信息化社会，信息处理无疑是一个十分突出的问题。应用计算机可实现信息管理的自动化，目前信息处理已成为计算机应用的一个重要方面。

3. 自动控制与人工智能

计算机不但计算速度快，而且具有逻辑判断能力，所以可广泛用于自动控制，即可以利用计算机及时采集数据，将数据处理后，按最佳值迅速地对控制对象进行控制。如对生产和实验设备及其过程进行控制，可大大提高自动化水平，减轻劳动强度，节省生产和实验周期，提高产品的质量和数量，特别是在现代国防及航空航天等领域，可以说计算机起着决定性作用。另外，随着智能机器人的研制成功，可以代替人完成不宜由人来进行的工作，预计 21 世纪，人工智能的研究目标是计算机更好地模拟人的思维活动，完成更复杂的控制任务。

4. 辅助功能

目前常见的计算机辅助功能有计算机辅助设计(CAD)、计算机辅助制造(CAM)、计算机辅助教学(CAI)和计算机辅助测试(CAT)等。

- 计算机辅助设计：是指利用计算机来帮助人们进行工程设计，以提高设计工作的自动化程度。它在机械、建筑、服装以及电路等的设计中都有着广泛的应用。利用 CAD，不但降低了设计人员的工作量，提高了设计速度，更重要的是提高了设计质量。
- 计算机辅助制造：是指利用计算机进行生产设备的管理、控制与操作。利用 CAM 可提高产品质量，降低成本，降低劳动强度。
- 计算机辅助教学：是指将教学内容、教学方法以及学生的学习情况等存储在计算机中，帮助学生轻松地学习所需要的知识。
- 计算机辅助测试：是指利用计算机来完成大量复杂的测试工作。

近年来多媒体技术和网络技术的发展，推动了 CAI 及 CAI 技术的发展。目前多媒体教学、网上教学和远程教学已经蓬勃发展，通过多媒体技术丰富的媒介表现形式及交互式的教学，不仅提高了教学质量，计算机还可以使学生在学校里就能体验计算机的应用。

除了以上所介绍的计算机辅助功能之外，计算机还有其他的辅助功能。例如，辅助生产、辅助绘图和辅助排版等。

5. 通信与网络

随着社会信息化的发展，通信业也迅速发展，计算机在通信领域的作用越来越大，特别是计算机网络的迅速发展。目前全球最大的网络，即 Internet(国际互联网)已把全球的大多数国家联系在了一起。

除此之外，计算机在信息高速公路和电子商务等领域也得到了快速发展。信息高速公路是在 1991 年提出的。其含义是将美国所有的信息资源连接成一个全国性的大网络，让各种形态的信息(如文字、数据、声音和图像等)都能在这个网络里交互传输。该计划引起了世界各国的响应，我国也不例外，信息产业的发展目前已摆在了国民经济的突出地位。

2.2　计算机的进制和信息表示

数据是计算机处理的对象。在计算机内部，各种信息都必须经过数字化编码，然后才能被传送、存储和处理，而在计算机中采用什么进制，如何表示数的正负和大小，是学习计算机首先遇到的一个重要问题。

计算机内部一律采用二进制，而人们在编程中经常使用十进制，有时为了方便还采用八进制和十六进制。因此，搞清不同进制及其相互转换是很重要的。

2.2.1　计算机采用二进制数的原因

二进制并不符合人们的习惯，但是计算机内部却采用二进制表示信息，其主要原因有以下4点。

- 电路简单：计算机是由逻辑电路组成的，逻辑电路通常只有两个状态。例如，开关的接通与断开，电压电平的高与低等。这两种状态正好用二进制的 0 和 1 来表示。若采用十进制，则要求处理 10 种电路状态，相对于两种状态的电路来说，是很复杂的。
- 工作可靠：两个状态代表两个数据，数字传输和处理不容易出错，因而电路更加可靠。
- 简化运算：二进制运算法则简单。例如，求和法则有 3 个，求积法则有 3 个。
- 逻辑性强：计算机工作原理是建立在逻辑运算基础上的，逻辑代数是逻辑运算的理论依据。二进制只有两个数码，正好代表逻辑代数中的"真"与"假"。

2.2.2　计算机中的进制表示

在计算机中必须采用某一方式来对数据进行存储或表示，这种方式就是计算机中的数制。数制，即进位计数制，是人们利用数字符号按进位原则进行数据大小计算的方法。通常是以十进制来进行计算的。另外，还有二进制、八进制和十六进制等。

在计算机的数制中，有数码、基数和位权这 3 个概念必须掌握。下面简单地介绍这 3 个概念。

- 数码：一个数制中表示基本数值大小的不同数字符号。例如，十进制有 10 个数码，即 0、1、2、3、4、5、6、7、8、9。
- 基数：一个数值所使用数码的个数。例如，二进制的基数为 2，十进制的基数为 10。
- 位权：一个数值中某一位上的 1 所表示数值的大小。例如，十进制的 123，1 的位权是 100，2 的位权是 10，3 的位权是 1。

1. 十进制(Decimal notation)

十进制的特点如下：

- 有 10 个数码，即 0、1、2、3、4、5、6、7、8、9。
- 基数为 10。
- 逢十进一(加法运算)，借一当十(减法运算)。
- 按权展开式。对于任意一个 n 位整数和 m 位小数的十进制数 D，均可按权展开为：

$$D = D_{n-1} \cdot 10^{n-1} + D_{n-2} \cdot 10^{n-2} + \cdots + D_1 \cdot 10^{-1} + D_0 \cdot 10^0 + D_{-1} \cdot 10^{-1} + \cdots + D_{-m} \cdot 10^{-m}$$

例：将十进制数 314.16 写成按权展开式形式。

解：$314.16 = 3 \times 10^2 + 1 \times 10^1 + 4 \times 10^0 + 1 \times 10^{-1} + 6 \times 10^{-2}$

2. 二进制(Binary notation)

二进制的特点如下:

- 有两个数码, 即 0、1。
- 基数为 2。
- 逢二进一(加法运算), 借一当二(减法运算)。
- 按权展开式。对于任意一个 n 位整数和 m 位小数的二进制数 D, 均可按权展开为:

$$D = B_{n-1} \cdot 2^{n-1} + B_{n-2} \cdot 2^{n-2} + \cdots + B_1 \cdot 2^1 + B_0 \cdot 2^0 + B_{-1} \cdot 2^{-1} + \cdots + B_{-m} \cdot 2^{-m}$$

例: 把 $(1102.01)_2$ 写成展开式, 并写出它表示的十进制数。

解: $1 \times 2^3 + 1 \times 2^2 + 0 \times 2^1 + 1 \times 2^0 + 0 \times 2^{-1} + 1 \times 2^{-2} = (13.25)_{10}$

3. 八进制(Octal notation)

八进制的特点如下:

- 有 8 个数, 即 0、1、2、3、4、5、6、7。
- 基数为 8。
- 逢八进一(加法运算), 借一当八(减法运算)。
- 按权展开式。对于任意一个 n 位整数和 m 位小数的八进制数 D, 均可按权展开为:

$$D = O_{n-1} \cdot 8^{n-1} + \cdots + O_1 \cdot 8^1 + O_0 \cdot 8^0 + O_{-1} \cdot 8^{-1} + \cdots + O_{-m} \cdot 8^{-m}$$

例: 将八进制数 $(317)_8$ 转换为十进制数。
解: $3 \times 8^2 + 1 \times 8^1 + 7 \times 8^0 = (207)_{10}$

4. 十六进制(Hexadecimal notation)

十六进制的特点如下:

- 有 16 个数码, 即 0、1、2、3、4、5、6、7、8、9、A、B、C、D、E、F。
- 基数为 16。
- 逢十六进一(加法运算), 减一当十六(减法运算)。
- 按权展开式。对于任意一个 n 位整数和 m 位小数的十六进制数 D, 均可按权展开为:

$$D = H_{n-1} \cdot 16^{n-1} + \cdots + H_1 \cdot 16^1 + H_0 \cdot 16^0 + H_1 \cdot 16^{-1} + \cdots + H_m \cdot 16^{-m}$$

提示:

在 16 个数码中, A、B、C、D、E、F 这 6 个数码分别代表十进制的 10、11、12、13、14、15, 这是国际上通用的表示法。

例: 将十六进制数 $(3C4)_{16}$ 转换为十进制数。
解: $3 \times 16^2 + 12 \times 16^1 + 4 \times 16^0 = (964)_{10}$

二进制数与其他数之间的对应关系如表 2-1 所示。

表 2-1　二进制数与其他数之间的对应关系

二　进　制	十　进　制	八　进　制	十　六　进　制
0	0	0	0
1	1	1	1
10	2	2	2
11	3	3	3
100	4	4	4
101	5	5	5
110	6	6	6
111	7	7	7
1000	8	10	8
1001	9	11	9
1010	10	12	A
1011	11	13	B
1100	12	14	C
1101	13	15	D
1110	14	16	E
1111	15	17	F
10000	16	20	10

2.2.3　进制之间的转换

不同进制之间进行转换时应遵循转换原则。其转换原则是：两个有理数如果相等，则有理数的整数部分和分数部分一定分别相等。也就是说，若转换前两数相等，则转换后仍必须相等。

1. 二进制数转换成十进制数

将二进制数转换成十进制数，只要将二进制数用计数制通用形式表示出来，计算出结果，便得到相应的十进制数。

例：$(100110.101)_2 = 1 \times 2^5 + 1 \times 2^2 + 1 \times 2^1 + 1 \times 2^{-1} + 1 \times 2^{-3}$

$$= 32 + 4 + 2 + 0.5 + 0.125$$

$$= (38.625)_{10}$$

2. 十进制数转换成二进制数

整数部分和小数部分分别用不同的方法进行转换。

整数部分的转换采用的是除 2 取余法。其转换原则是：将该十进制数除以 2，得到一个商和余数(K_0)，再将商除以 2，又得到一个新的商和余数(K_1)，如此反复，直到商是 0 时得到余数(K_{n-1})，然后将所得到的各次余数，以最后余数为最高位，最初余数为最低位依次排列，即 $K_{n-1} K_{n-2} \cdots K_1 K_0$。这就是该十进制数对应的二进制数。这种方法又称为"倒序法"。

例：将 $(123)_{10}$ 转换成二进制数。

$$(123)_{10} = K_6 K_5 K_4 K_3 K_2 K_1 K_0 = (1111011)_2$$

3. 小数部分的转换

小数部分的转换采用的是乘 2 取整法。其转换原则是：将十进制数的小数乘 2，取乘积中的整数部分作为相应二进制数小数点后最高位 K_{-1}，反复乘 2，逐次得到 K_{-2}、K_{-3}、…… K_{-m}，直到乘积的小数部分为 0 或位数达到精确度要求为止。然后把每次乘积的整数部分由上而下依次排列起来($K_{-1} K_{-2} \cdots K_{-m}$)，即是所求的二进制数。这种方法又称为"顺序法"。

例：将十进制数 0.3125 转换成相应的二进制数。

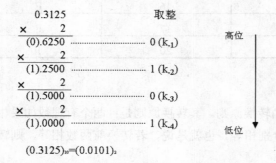

$$(0.3125)_{10} = (0.0101)_2$$

例：将 $(25.25)_{10}$ 转换成二进制数。

分析：对于这种既有整数又有小数部分的十进制数，可将其整数和小数部分分别转换成二进制数，然后再把两者连接起来。

$$(25)_{10} = (11001)_2 \qquad (0.25)_{10} = (0.01)_2$$

$$(25.25)_{10} = (11002.01)_2$$

十进制数与其他进制数的相互转换方法与十进制数与二进制数的相互转换方法一样，不同之处是具体数制的进位基数不同。

2.2.4　二进制数的算术运算

同十进制数的运算类似，二进制数的算术运算包括加法、减法、乘法和除法。

1. 二进制数的加法运算

二进制数的加法运算法则是:

  0+0=0

  0+1=1+0=1

  1+1=0(向高位进位)

例如,$(1101)_2+(1011)_2$ 的算式如下。

```
   被加数  1101
    加数  1011
+)  进位   111
    和数 11000
```

从执行加法的过程可知,两个二进制数相加时,每一位是 3 个数相加,即本位被加数、加数和来自低位的进位(进位可能是 0,也可能是 1)。

2. 二进制数的减法运算

二进制数的减法运算法则是:

  $0-0=1-1=0$

  $1-0=1$

  $0-1=1$(向高位借位)

例如,$(11000011)_2-(00101101)_2$ 的算式如下:

```
  被减数  11000011
   减数  00101101
-) 借位   1111
   差数  10010110
```

从减法的过程可知,两数相减时,有的位会发生不够减的情况,这时要向相临的高位借位,借 1 当 2。所以,做减法时,除了每位相减外,还要考虑借位情况,实际上每位也是 3 个数参加运算。

3. 二进制数的乘法运算

二进制数的乘法运算法则是:

  $0×0=0$

  $0×1=1×0=0$

  $1×1=1$

例如,$(1110)_2×(1101)_2$ 的算式为:

```
被乘数  1110
 乘数  1101
        1110
部分积 0000
       1110
      1110
乘积 10110110
```

由乘法运算过程可知，两数相乘时，每个部分积都取决于乘数。乘数的相应位为 1 时，该次的部分积等于被乘数；为 0 时，部分积为 0。每次的部分积依次左移一位，将各部分积累加起来，就得到了最终乘积。

4．二进制数的除法运算

二进制数的除法运算法则是：

0÷0=0

0÷1=0 (1÷0 无意义)

1÷1=1

例如，$(100110)_2 \div (110)_2$ 得商$(110)_2$ 和余数$(10)_2$ 的运算算式为：

```
                110  —— 商
除数——110 / 100110  —— 被除数
            110
            111
            110  —— 余数
           0010
```

在计算机内部，二进制的加法是基本运算，利用加法可以实现二进制数据的减法、乘法和除法运算。其原理主要是应用了"补码"运算。

2.2.5　二进制数的逻辑运算

逻辑变量之间的运算称为逻辑运算，它是逻辑代数的研究内容，也是计算机需要的基本操作。二进制数 1 和 0 在逻辑上可代表"真"与"假"、"是"与"否"、"有"与"无"。这种具有逻辑属性的变量就称为逻辑变量。由此可见，逻辑运算是以二进制数为基础的。

计算机的逻辑运算区别于算术运算的主要特点是：逻辑运算是按位进行的，位与位之间不像加减运算那样有进位或借位的关系。

逻辑运算主要包括 3 种基本运算：逻辑加法(又称"或"运算)、逻辑乘法(又称"与"运算)和逻辑否定(又称"非"运算)。此外，"异或"运算也很有用。

1．逻辑加法("或"运算)

逻辑加法通常用符号"+"或"∨"来表示。例如，逻辑变量 A、B、C，它们的逻辑加运算关系为：

A+B=C 或 A∨B=C

逻辑加法运算规则如下：

0+0=0，0∨0=0

0+1=1，0∨1=1

1+0=1，1∨0=1

1+1=1，1∨1=1

从上式可见，逻辑加法有"或"的意义。也就是说，在给定的逻辑变量中，A 或 B 只要有一个为 1，其逻辑加的结果为 1；两者都为 1，则逻辑加为 1。

这种逻辑"或"的运算在实际生活中有许多应用，例如，房间里有一盏灯，装了两个开关，这两个开关是并联的。这样，任何一个开关接通或两个开关同时接通，都可以开启电灯，使其发亮。

逻辑加法的运算规则和算术加法的运算规则不完全相同。要特别注意：1+1=1。

2. 逻辑乘法("与"运算)

逻辑乘法常用符号"×"、"∧"或"·"来表示。例如，逻辑变量 A、B、C，它们的逻辑乘运算关系为：

A×B=C

A∧B=C

A·B=C 或者 AB=C

逻辑加法运算规则如下：

0×0=0，　0∧0=0　0·0=0

0×1=0，　0∧1=0　0·1=0

1×0=0，　1∧0=0　1·0=0

1×1=1，　1∧1=1　1·1=1

从上式可见，逻辑乘法有"与"的意义。它表示只有当参与运算的逻辑变量都取值为 1 时，其逻辑乘积才等于 1。

这种逻辑"或"的运算在实际生活中有许多应用，例如，计算机的电源要想接通，必须把实验室的电源总闸、UPS 电源开关以及计算机机箱的电源开关全部接通才行。这些开关是串在一起的，它们按照"与"逻辑接通。

为了书写方便，逻辑乘的符号在不致于发生混淆的情况下可以略去不写，即 A×B=A∧B=AB。

3. 逻辑否定(非运算)

逻辑非运算又称逻辑否运算。其运算规则为：

$\bar{0}=1$　非 0 等于 1

$\bar{1}=0$　非 1 等于 0

因为不是 0，则唯一的可能性就是 1；反之亦然。

4．异或逻辑运算(半加运算)

异或运算通常用符号"+"表示，其运算规则为：

0+0=0　0 同 0 异或，结果为 0

0+1=1　0 同 1 异或，结果为 1

1+0=1　1 同 0 异或，结果为 1

1+1=0　1 同 1 异或，结果为 0

可见，在给定的两个逻辑变量中，只要两个逻辑变量取值相同，异或运算的结果就为 0；只有相异时，结果才为 1。

当两个变量之间进行逻辑运算时，只在对应位之间按上述规律进行逻辑运算，不同位之间没有任何关系，当然，也就不存在算术运算中的进位或借位问题。

2.3　计算机中的数据

数据是指能够输入计算机并被计算机处理的数字、字母和符号的集合。平常我们所看到的景象和听到的事实，都可以用数据来描述。通常经过收集、整理和组织起来的数据，就能成为有用的信息。

2.3.1　计算机中数的单位

在计算机内部，数据都是以二进制的形式存储和运算的。计算机数据的表示经常使用到以下几个概念。

* 位：位(bit)简写为 b，音译为比特，是计算机存储数据的最小单位，是二进制数据中的一个位，一个二进制位只能表示 0 或 1 两种状态，要表示更多的信息，就得把多个位组合成一个整体，每增加一位，所能表示的信息量就增加一倍。
* 字节：字节(Byte)简写为 B，规定一个字节为 8 位，即 1B＝8b。字节是计算机数据处理的基本单位，并主要以字节为单位解释信息。每个字节由 8 个二进制位组成。通常，一个字节可存放一个 ASCII 码，两个字节存放一个汉字国际码。
* 字：字(Word)是计算机进行数据处理时，一次存取、加工和传送的数据长度。一个字通常由一个或若干个字节组成，由于字长是计算机一次所能处理信息的实际位数，所以，它决定了计算机数据处理的速度，是衡量计算机性能的一个重要标识，字长越长，性能越好。

　　计算机型号不同，其字长是不同的，常用的字长有 8 位、16 位、32 位和 64 位。

　　计算机存储器的容量以字节数来度量，经常使用的度量单位有 KB、MB 和 GB，其中 B 代表字节。各度量单位可用字节表示为：

$$1KB = 2^{10}B = 1024B$$
$$1MB = 2^{10} \times 2^{10}B = 1024 \times 1024B$$
$$1GB = 2^{10} \times 2^{10} \times 2^{10}B = 1024MB = 1024 \times 1024KB = 1024 \times 1024 \times 1024B$$

2.3.2　计算机中数的表示

　　在计算机内部，任何信息都以二进制代码表示(即 0 与 1 的组合来表示)。一个数在计算机中的表示形式称为机器数。机器数所对应的原来数值称为真值，由于采用二进制，必须要把符号数字化，通常是用机器数的最高位作为符号位，仅用来表示数符。若该位为 0，则表示正数；若该位为 1，则表示负数。机器数也有不同的表示法，常用的有 3 种：原码、补码和反码。下面以字长 8 位为例，介绍计算机中数的原码表示法，其他表示法可参考其他资料。

　　原码表示法即用机器数的最高位代表符号(若为 0，则代表正数；若为 1，则代表负数)，数值部分为真值的绝对值的一种表示方法，示例如表 2-2 所示。

表 2-2　计算机中正负值表示示例

十进制	+73	−73	+127	−127	+0	−0
二进制(真值)	+1001001	−1001001	+1111111	−1111111	+0000000	−0000000
原码	01001001	11001001	01111111	1111111	0000000	10000000

　　用原码表示时，数的真值及其用原码表示的机器数之间的对应关系简单，相互转换方便。

2.4　计算机中常用的编码

　　字符又称为符号数据，包括字母和符号等。计算机除处理数值信息外，还大量处理字符信息。例如，将高级语言编写的程序输入到计算机时，人与计算机通信时所用的语言就不再是一种纯数字语言而是字符语言。由于计算机中只能存储二进制数，这就需要对字符进行编码，建立字符数据与二进制字串之间的对应关系，以便计算机识别、存储和处理。

2.4.1　ASCII 码

　　目前，国际上使用的字母、数字和符号的信息、编码系统种类很多，但使用最广泛的是 ASCII 码(American Standard Code for Interchange)。该码开始时是美国国家信息交换标准字符码，后来被采纳为一种国际通用的信息交换标准代码。

　　ASCII 码总共有 128 个元素，其中包括 32 个通用控制字符、10 个十进制数码、52 个英文大小写字母和 34 个专用符号。因为 ASCII 码总共为 128 个元素，故用二进制编码表示需用 7 位。任意一个元素由 7 位二进制数 $D_6D_5D_4D_3D_2D_1D_0$ 表示，从 0000000 到 1111111 共有 128 种编码，可用来表示 128 个不同的字符。ASCII 码是 7 位的编码，但由于字节(8 位)是计算机中常用单位，故仍以 1 字节来存放一个 ASCII 字符，每个字节中多余的最高位取为 0。表 2-3 所示为 7 位 ASCII 编码表。

表 2-3　7 位 ASCII 编码表

$D_3D_2D_1D_0$	$D_6D_5D_4$							
	000	001	010	011	100	101	110	111
0000	NUL	DEL	SP	0	@	P	、	p
0001	SOH	DC1	!	1	A	Q	a	q
0010	STX	DC2	″	2	B	R	b	r
0011	ETX	DC3	#	3	C	S	c	s
0100	EOT	DC4	$	4	D	T	d	t
0101	ENQ	NAK	%	5	E	U	e	u
0110	ACK	SYN	&	6	F	V	f	v
0111	BEL	ETB	,	7	G	W	g	w
1000	BS	CAN	(	8	H	X	h	x
1001	HT	EM	)	9	I	Y	i	y
1010	LF	SUB	*	:	J	Z	j	z
1011	VT	ESC	+	;	K	[	k	{
1100	FF	FS	'	<	L	\	l	|
1101	CR	GS	-	=	M	]	m	}
1110	SD	RS	·	>	N	^	n	~
1111	SI	US	/	?	O	_	o	DEL

　　要确定某个字符的 ASCII 码，在表中可先查到它的位置，然后确定它所在位置相应的列和行，最后根据列确定高位码($D_6D_5D_4$)，根据行确定低位码($D_3D_2 D_1D_0$)，把高位码与低位码合在一起就是该字符的 ASCII 码。例如，字母 A 的 ASCII 码是 1000001，符号"＋"的 ASCII 码是 0101011，其特点如下。

- 编码值 0～31(0000000～0011111)不对应任何可印刷字符，通常为控制符，用于计算机通信中的通信控制或对设备的功能控制，编码值为 32(0100000)是空格字符，编码值为 127(1111111)是删除控制 DEL 码，其余 94 个字符称为可印刷字符。
- 字符 0～9 这 10 个数字字符的高 3 位编码($D_6D_5D_4$)为 011，低 4 位为 0000～1011。当去掉高 3 位的值时，低 4 位正好是二进制形式的 0～9。这既满足正常的排序关系，又有利于完成 ASCII 码与二进制码之间的转换。
- 英文字母的编码是正常的字母排序关系，且大、小写英文字母编码的对应关系相当简单，差别仅表现在 D_5 位的值为 0 或 1，有利于大小写字母之间的编码转换。

2.4.2　汉字的存储与编码

汉字的存储有两个方面的含义：一是字型码的存储，一是汉字内码的存储。

为了能显示和打印汉字，必须存储汉字的字型。目前普遍使用的汉字字型码是用点阵方式表示的，称为"点阵字模码"。所谓"点阵字模码"，就是将汉字像图像一样置于网状方格上，每格是存储器中的一个位，16×16 点阵是在纵向 16 点、横向 16 点的网状方格上写一个汉字，有笔划的格对应 1，无笔划的格对应 0。这种用点阵形式存储的汉字字型信息的集合称为汉字字模库，简称汉字字库。

在 16×16 点阵字库中的每一个汉字以 32 个字节存放，存储一、二级汉字及符号共 8836 个，需要 282.5KB 磁盘空间。而用户的文档假定有 10 万个汉字，却只需要 200KB 的磁盘空间，这是因为用户文档中存储的只是每个汉字(符号)在汉字库中的地址(内码)。

一个汉字用两个字节的内码表示，计算机显示一个汉字的过程首先是根据其内码找到该汉字字库中的地址，然后将该汉字的点阵字型在屏幕上输出。汉字是我国表示信息的主要手段，常用汉字有 3000～5000 个，汉字通常用两个字节编码。为了与 ASCII 码相区别，规定汉字编码的两个字节最高位为 1。采用双 7 位汉字编码，最多可表示 128×128＝16 384 个汉字。

国标码(GB 码)即中华人民共和国国家标准信息交换汉字编码，代号为 GB2312－80。国标码中有 6763 个汉字和 628 个其他基本图形字符，共计 7445 个字符。其中一级汉字 3775 个，二级汉字 3008 个，图形符号 682 个。国标码是一种机器内部编码，主要用于统一不同系统之间所用的不同编码，将不同系统使用的不同编码统一转换成国标码，以实现不同系统之间的汉字信息交换。

国标(GB2312－80)规定，所有的国际汉字和符号组成一个 94×94 的矩阵。在该矩阵中，每一行称为一个"区"，每一列称为一个"位"。这样，就形成了 94 个区号(01～94)和 94 个位号(01～94)的汉字字符集。一个汉字所在的区号与位号简单地组合在一起就构成了该汉字的"区位码"。汉字区位码中，高两位为区号，低两位为位号。因此，区位码与汉字或图形符号之间是一一对应的。

注意:

除了 GB 码外，还有 BIG5 码和 GBK 码。BIG5 码即大五码，是我国港台地区广泛使用的汉字编码。GBK 码是汉字扩展内码规范，它与 GB 码体系标准完全兼容，是当前收录汉字最全面的编码标准，涵盖了经过国际化的 20 902 个汉字，对于解决古籍整理、医药名称、法律文献和百科全书编纂等行业的用字问题起到了极大的作用。

汉字编码分为内码和外码两个概念。汉字内码是指计算机内部表示汉字的编码，它是在汉字区位码的基础上演变而来的，即汉字内码由两个字节组成，分别称为"高字节内码(高位内码)"与"低字节内码(低位内码)"。这两个字节与区位码有以下关系：

高字节内码=区号+20H+80H

低字节内码=位号+20H+80H

20H 与 80H 是两个十六进制数。其中，加 20H 使内码避开了基本 ASCII 码的控制符号，而加 80H 用于将字节最高位置成 1，变成扩充 ASCII 码，以便与基本 ASCII 码相区别。

汉字外码是针对不同汉字输入法而言的。通过键盘按某种输入法进行汉字输入时，人与计算机进行信息交换所用的编码称为"汉字外码"。对于同一汉字而言，输入法不同，其外码也是不同的。例如，对于汉字"啊"，在区位码输入法中的外码是 1601，在拼音输入中的外码是 a，而在五笔字型输入法中的外码是 KBSK。

2.5　微型计算机的硬件系统

微型计算机简称为 PC 机，经过几十年的不断发展，已成为现代信息社会的一个重要角色。伴随着电子技术和集成电路技术的不断进步，计算机从最早的 IBM-PC 机发展到今天的酷睿 2(Core 2 Duo)双核系列，其性能指标、存储容量和运行速度已大大提高。

PC 机与传统的计算机并无本质区别，它也是由运算器、控制器、存储器、输入和输出设备等部件组成。其不同之处在于，PC 机是把运算器和控制器集成在一片或几片大规模或超大规模集成电路中，并称之为微处理器(或微处理机、中央处理器)。计算机硬件系统采用总线结构，各个部件之间通过总线相连构成一个统一的整体。

从计算机的外观看，它由主机和外设(显示器、键盘和鼠标等)组成，如图 2-3 所示。

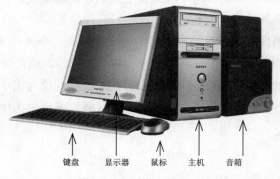

键盘　　显示器　　鼠标　　主机　　音箱

图 2-3　计算机基本组成

2.5.1　主机

主机从外观上分为卧式和立式两种，主要由机箱、电源、主板、CPU、内存、硬盘驱动器、CD-ROM 驱动器、软盘驱动器、显示适配器(显卡)、音频适配器(声卡)等部分组成。

通常在主机箱正面，都有电源开关和 Reset 按钮。Reset 按钮可以在计算机系统不能正常关闭的情况下重新启动计算机。在主机箱的正面都有一个软盘驱动器插口和光盘驱动器托盘，用来插入软盘存取数据，或者读取光盘上的信息。

1. 主板

一般情况下，主板上集成了软盘接口、IDE 硬盘接口(或 SATA 串口)、并行接口、串行接口、USB(Universal Serial Bus，通用串行总线)接口、AGP(Accelerated Graphics Port，加速图形接口)总线(如今大部分为 PCI-E 总线)、PCI 总线、ISA 总线和键盘接口等，如图 2-4 所示。它是计算机内最大的一块集成电路板，它决定着计算机的品质和质量，是计算机的核心部件之一。

图 2-4　主板结构图

2. 中央处理器

中央处理器(CPU)是整台计算机的核心部件，如图 2-5 所示。它主要由控制器和运算器等组成，并采用大规模集成电路工艺制成的芯片，又称为微处理器芯片。

图 2-5　几款 CPU

运算器又称为算术逻辑单元 Arithmetic Logic Unit(ALU)。它是计算机加工处理数据的部件，包括算术运算(加、减、乘、除等)和逻辑运算(与、或、非、异或、比较等)。

控制器负责从存储器中取出指令，对指令进行译码，并根据指令的要求，按时间的先后顺序，从部件发出控制信号，保证各部件协调一致地工作，一步一步地完成各种操作。控制器主要由指令寄存器、译码器、程序计数器和操作控制器等组成。

计算机的所有工作都要通过 CPU 来协调处理，而 CPU 芯片的型号直接决定着计算机档次的高低。现在生产 CPU 芯片的厂家主要有 Intel 和 AMD，目前常见的 CPU 类型有：Intel 公司生产的高端产品为酷睿(Core Duo)双核系列和酷睿 2(Core 2 Duo)双核系列，低端产品为 Celeron D 系列；AMD 公司生产的高端产品为 Athlon 64 双核系列，低端产品为 Phenom(羿龙)系列，它们是目前市场的主流。

2.5.2　存储器

计算机之所以能够快速、自动地进行各种复杂的运算，是因为人们事先已把解题程序和数据存储在存储器中了。在运算过程中，由存储器按事先编好的程序，快速地提供给微处理器进行处理，这就是程序存储工作方式。根据存储器的性能和特点，可将存储器分为内存储器和外存储器。

1．内存储器

内存储器简称内存，它是计算机的记忆中心，用来存放当前计算机运行所需要的程序和数据。内存容量的大小是衡量计算机性能的主要指标之一，如图 2-6 所示。

图 2-6　内存条

目前，计算机的内存储器是由半导体器件构成的。从使用功能上分为随机存储器(Random Access Memory，RAM，又称为读写存储器)和只读存储器(Read Only Memory，ROM)。

- 随机存储器(RAM)：RAM 上的数据可以被读出和写入，读出时并不损坏原来存储的内容，只有写入时才修改原来所存储的内容。RAM 可分为动态(Dynamic RAM)和静态(Static RAM)两大类。DRAM 的特点是集成度高，主要用于大容量内存储器；SRAM 的特点是存取速度快，主要用于高速缓冲存储器。
- 只读存储器(ROM)：只读存储器的特点是只能读出原有的内容，不能由用户再写入新内容。原来存储的内容是采用掩膜技术由厂家一次性写入，并永久保存下来的。它一般用来存放专用的固定程序和数据。目前常用的 ROM 有可编程只读存储器、可擦除可编程只读存储器和可用电擦除的可编程只读存储器。

2．外存储器

在一个计算机系统中，除了内存储器(也叫主存储器)外，一般还有外存储器(也叫辅助存储器)。内存储器最突出的特点是存取速度快，但是容量小、价格贵；外存储器的特点是容量大、价格低，但是存取速度慢。内存储器用于存放那些立即要用的程序和数据；外存储器用于存放暂时不用的程序和数据。内存储器和外存储器之间常常频繁地交换信息。

外存储器主要有磁盘存储器(软盘、U 盘、硬盘)、磁带存储器和光盘存储器。和内存一样，存储容量也是以字节为基本单位的。

- 软盘：软盘是用柔软的聚酯材料制成圆形底片，在两个表面涂有磁性材料。常用软盘的直径为 3.5 英寸，存储容量为 1.44MB，如图 2-7 所示。软盘通过软盘驱动器来读取数据，图 2-8 所示的即为一个标准 3.5 英寸的软盘驱动器。

图 2-7　3.5 英寸软磁盘存储器　　　　　图 2-8　标准 3.5 英寸的软盘驱动器

- U 盘：U 盘也称为"闪盘"，可以通过计算机的 USB(Universal Serial Bus，通用串行总线)口存储数据。与软盘相比，由于 U 盘的体积小、存储量大、携带方便等诸多优点，U 盘正在取代软盘的地位。通常情况下，U 盘根据容量可分为 1G、2G、4G、8G 等，如图 2-9 所示。

图 2-9　两款 U 盘

- 硬盘：硬盘是由涂有磁性材料的铝合金圆盘组成的，每个硬盘都由若干个磁性圆盘组成，如图 2-10 所示。硬盘的两个主要性能指标是硬盘的平均寻道时间和内部传输速率。家用的普通硬盘的转速一般有 5400rpm、7200rpm 两种，对于笔记本用户则以 4200rpm、5400rpm 为主，虽然已经有公司发布了 7200rpm 的笔记本硬盘，但在市场中还较为少见；服务器用户对硬盘性能要求最高，服务器中使用的 SCSI 硬盘转速基本都采用 10 000rpm，甚至还有 15 000rpm 的，性能要超出家用产品很多。目前常见的硬盘生产公司有昆腾、希捷和 IBM 等。

图 2-10　硬磁盘存储器

- 磁带存储器：磁带也称为顺序存取存储器 Sequential Access Memory(SAM)。它存储容量很大，但查找速度很慢，一般仅用作数据后备存储。计算机系统使用的磁带机有 3 种类型：盘式磁带机、数据流磁带机、螺旋扫描磁带机。
- 光盘存储器：光盘(Optical Disk)指的是利用光学方式进行信息存储的圆盘。它应用了光存储技术，即使用激光在某种介质上写入信息，然后再利用激光读出信息。目前光盘存储器可分为 CD-ROM、CD-R、CD-RW 和 DVD-ROM 等。

2.5.3　输入设备

输入设备指的是将外界信息(数据、程序、命令及各种信号)送入计算机的设置。计算机常用的输入设备为键盘和鼠标等。

1. 键盘

键盘是人们向计算机输入信息的最主要设备,各种程序和数据都可以通过键盘输入到计算机中。键盘由一组排列成阵列形式的按键开关组成,每按下一个键,则产生一个相应的扫描码,通过键盘中的单片机将扫描码送到主机,再由主机将键盘扫描码转换成ASCII 码。

目前,计算机上常用的键盘有 101 键和 104 键。新型的 104 键的键盘布局和常见的 101键键盘相近,但它的左右 Alt 键旁各多出一个 Start 键,按一下即可打开 Start 开始菜单,另外右边还多出一个 Application 键,如图 2-11 所示。

图 2-11　键盘

标准的键盘分为功能键区、打字键区、编辑控制键区和副键盘区,另外,在键盘的右上方还有 3 个指示灯。

2. 鼠标

鼠标是计算机不可缺少的标准输入设备,如图 2-12 所示。随着 Windows 图形操作界面的流行,很多命令和要求已基本上不需再用键盘输入,只要操作鼠标的左键或右键即可。鼠标移动方便,定位准确,人们使用它操作计算机更加轻松自如。

滚轮鼠标　　　　　　光电鼠标　　　　　　无线鼠标

图 2-12　几款不同类型的鼠标

为了能够更好地使用鼠标,读者首先需要对鼠标的一些基本操作有所了解。

- **移动**：是指握住鼠标在桌子上来回移动，这时屏幕上的鼠标指针会跟着来回移动。
- **单击**：是指按一下鼠标上的左键，再立即释放。左键是指用右手握住鼠标时食指所按的键，即鼠标上左边的键。
- **双击**：是指快速地按两下鼠标的左键。
- **拖动**：是指按住鼠标的左键不放，并同时移动鼠标。
- **右击**：按一下鼠标的右键再释放，一般用于打开快捷菜单。

2.5.4　输出设备

所谓输出设备是指计算机处理和计算后所得的结果，以人们便于识别的形式(如字符、数值和图表等)记录、显示或打印出来的设备。常用的设备有显示器和打印机等。

1. 显示器

显示器是计算机不可缺少的输出设备，用户通过它可以很方便地查看送入计算机的程序、数据和图形等信息，及经过计算机处理后的中间结果、最后结果，它是人机对话的主要工具，如图 2-13 所示。

图 2-13　液晶显示器和 CRT 显示器

目前，显示器主要由两种显示管构成，它们是 CRT(Cathode Ray Tube，阴极显示管)和 LCD(Liquid Crystal Display，液晶显示器)。在微型机中，LCD 显示器目前已经是大多数用户装机的第一选择。

衡量显示器的主要性能指标有点距和分辨率，分辨率是指显示设备所能表示的像素个数，像素越密，分辨率越高，图像越清晰。例如，某显示器的分辨率为 1024×768，就表明该显示器在水平方向能显示 1024 个像素，在垂直方向能显示 768 个像素，即整屏能显示 1024×768 个像素。点距一般是指显示器相邻两个像素点之间的距离，在相同分辨率下，点距越小，图像就越清晰。

2. 打印机

打印机与显示器一样，也是一种常用的输出设备，如图 2-14 所示，它用于把文字或图形在纸上输出，以方便阅读和保存。它通过一根并口电缆与主机后面的并行口相连。

图 2-14　激光打印机、针式打印机和彩色喷墨打印机

打印机的种类、品牌较多，常见的分类方法是以最后成像原理和技术来区分的，可分为针式打印机、喷墨打印机、激光打印机等。目前喷墨打印机和激光打印机已经成为市场的主流产品。

2.6　微型计算机的软件系统

计算机软件由程序和有关的文档组成。程序是指令序列的符号表示，文档是软件开发过程中建立的技术资料。程序是软件的主体，一般保存在存储介质，如软盘、硬盘或光盘中，以便在计算机上使用。文档对于使用和维护软件尤其重要，随软件产品发布的文档主要是使用手册，其中包含了该软件产品的功能介绍、运行环境要求、安装方法、操作说明和错误信息说明等。计算机软件按用途可分为系统软件和应用软件。

2.6.1　系统软件

系统软件是管理、监控和维护计算机资源的软件，是用来扩大计算机的功能、提高计算机的工作效率、方便用户使用计算机的软件，人们借助于软件来使用计算机。系统软件是计算机正常运转不可缺少的，一般由计算机生产厂家或专门的软件开发公司研制，出厂时写入 ROM 芯片或存入磁盘(供用户选购)，任何用户都要用到系统软件，其他程序都要在系统软件支持下运行。

系统软件又可分为 4 类：操作系统、语言处理系统、数据库管理系统和软件工具。

1. 操作系统

系统软件的核心是操作系统。操作系统是由指挥与管理计算机系统运行的程序模板和数据结构组成的一种大型软件系统，其功能是管理计算机的硬件资源、软件资源及数据资源，为用户提供高效、周到的服务。正是由于操作系统的飞速发展，才使计算机的使用从高度专业化的技术人员手中，走向了广大普通用户手中，得以广泛的应用。

操作系统是管理计算机软硬件资源的一个平台，没有它，任何计算机都无法正常运行。在个人计算机发展史上，出现过许多不同的操作系统，其中最为常用的操作系统有 DOS、Windows、Linux、UNIX/Xenix 和 OS/2。

2. 语言处理系统

语言处理系统包括机器语言、汇编语言和高级语言。这些语言处理程序除个别常驻在ROM 中可以独立运行外，都必须在操作系统支持下运行。

机器语言是指机器能直接认识的语言，它是由 1 和 0 组成的一组代码指令。例如，01001001，作为机器语言指令，可能表示将某两个数相加。由于机器语言难记，所以基本上不用来编写程序。

汇编语言是由一组与机器语言指令一一对应的符号指令和简单语法组成的。例如，ADD A，B 可能表示将 A 与 D 相加后存入 B 中，它可能与上例机器语言指令 01001001 直接对应。汇编语言程序要由一种"翻译"程序来将它翻译为机器语言程序，这种翻译程序称为汇编程序。任何一种计算机都配有只适用于自己的汇编程序。汇编语言适用于编写直接控制机器操作的低层程序，它与机器密切相关，一般人也很难使用。

高级语言比较接近日常用语，对机器依赖性低，是适用于各种机器的计算机语言。目前高级语言已发明出数十种，常用的有 BASIC 语言、FORTRAN 语言、C 语言和 Java 语言等。

3. 数据库管理系统

数据库是以一定的组织方式存储起来的、具有相关性的数据的集合。数据库管理系统就是在具体计算机上实现数据库技术的系统软件，由它来实现用户对数据库的建立、管理、维护和使用等功能。目前在计算机上流行的数据库管理系统软件有 SQL Server、PowerBuilder 等。

4. 软件工具

软件工具是软件开发、实施和维护过程中使用的程序。众多的软件工具组成了"工具箱"，它可提高软件开发的工作效率并改进软件产品的质量。例如：杀毒工具瑞星、金山毒霸，磁盘维护工具 Norton，聊天工具 QQ、MSN 等。

2.6.2　应用软件

为解决计算机的各类应用问题而编写的程序称为应用软件。它又可分为应用软件包与用户程序。应用软件随着计算机应用领域的不断扩展而与日俱增。

1. 用户程序

用户程序是用户为了解决特定的具体问题而开发的软件。编制用户程序应充分利用计算机系统的种种现成软件，在系统软件和应用软件包的支持下可以更加方便、有效地研制用户专用程序。例如，人事管理部门的人事管理系统和财务部门的财务管理系统等。

2. 应用软件包

应用软件包是为实现某种特殊功能，而经过精心设计、结构严密的独立系统，是一套满足同类应用的许多用户所需要的软件。例如 Microsoft 公司生产的 Office 2003 应用软件包，包含 Word 2003(文字处理)、Excel 2003(电子表格)、PowerPoint 2003(幻灯片)、Access 2003(数据库管理)等，是实现办公自动化的很好的应用软件包。

2.7　计算机操作系统

操作系统(Operating System，OS)是为计算机配置的一种必不可少的系统软件，用来管理计算机的硬件资源、软件资源和数据资源，因此，操作系统是所有应用软件运行的平台，只有在操作系统的支撑下，整个计算机系统才能正常运行。

2.7.1　操作系统的功能

操作系统的功能概括起来有以下几个方面。

- 作业管理：所谓作业是指每个用户请求计算机系统完成的一个独立任务。一个作业包括程序、数据及解决问题的控制步骤。作业管理为用户提供用于书写控制作业执行操作的"作业控制语言"，同时还提供用于操作员与终端用户对话的"命令语言"。作业管理包括作业调度和作业控制两个功能。
- 存储管理：存储管理主要是指对内存储器的管理，是对内存储器中用户区域的管理。具体来说，包括存储分配、存储共享、存储扩充、存储保护和地址映射等。
- 设备管理：操作系统还能对外部设备(即外部存储设备和输入/输出设备)进行全面的管理，实现对设备的分配，启动指定的设备进行实际的输入/输出操作，以及操作完毕进行善后处理。
- 文件管理：计算机系统中，操作系统把程序和数据等各种信息以及外部设备都当作文件来管理。文件管理功能包括：文件目录管理、文件存储空间分配和文件存取管理等。
- 处理器管理：操作系统应能合理有效地管理、调度和使用中央处理器，使其发挥最大的功能。

2.7.2　操作系统的分类

操作系统按照功能的不同，大致可分为 7 类，即单用户操作系统、多用户操作系统、批处理操作系统、分时操作系统、实时操作系统、网络操作系统和分布式操作系统。

单用户操作系统是微型计算机中广泛使用的操作系统。这类操作系统最主要的特点是在同一段时间仅能为一个用户提供服务，它又分为单任务和多任务两类。例如，DOS 属于单用户单任务操作系统，Windows 属于单用户多任务操作系统。与单用户操作系统相反，多用户操作系统同时面向多个用户，使系统资源同时为多个用户共享。UNIX 操作系统就是多用户操作系统。

1. DOS 操作系统

从 1981 年问世至今，DOS 经历了 7 次大的版本升级，从 1.0 版到现在的 7.0 版，不断地改进和完善。但是，DOS 系统的单用户、单任务、字符界面和 16 位的大格局没有变化，因此，它对于内存的管理也局限在 640KB 的范围内。

DOS 操作系统的一个最大优势是它支持众多的通用软件，如各种语言处理程序、数据库管理系统、文字处理软件和电子表格等。很多应用软件系统也是围绕 DOS 开发的，如财务、人事、统计、交通和医院等各种管理系统。鉴于这个原因，尽管 DOS 已经不能适应 32 位的硬件系统，但是仍广泛流行，而且在未来的几年内也不会很快被淘汰。特别是在安装系统时，通常都是在 DOS 环境下进行硬盘的分区和格式化。

2. Windows 操作系统

Windows 是 Microsoft 公司在 1985 年发布的第一代窗口式多任务操作系统，它使 PC 机开始进入了所谓的图形用户界面 Graphic User Interface(GUI)时代。在图形用户界面中，每一种应用软件(即由 Windows 支持的软件)都用一个图标(Icon)表示，用户只需把鼠标指针移到某个图标上，双击该图标即可进入该软件应用窗口，这种界面方式为用户提供了很大的方便，把计算机的使用提高到了一个新的阶段。

Windows 操作系统从诞生到发展的 20 多年间，经历了多次升级，如 Windows 3.2、Windows 95、Windows 98、Windows NT、Windows 2000、Windows XP、Windows 2003 和 Windows Vista 等。目前，在个人计算机上用得最多的是 Windows XP。Windows XP 操作系统具有如下特点：

- 操作简单，界面友好。
- 具有强大的内存管理功能，是一个 32 位操作系统。
- 提供了大量的 Windows 应用软件，满足用户多方面的需求。
- 集成了网络功能和即插即用功能，系统安装非常方便。
- 集成了 Internet Explorer 浏览器技术，使得访问 Internet 资源更方便。
- 具有可靠的稳定性、安全性和可管理性。

3. Linux 操作系统

Linux 最初由芬兰人 Linus Torvalds 开发，其源程序在因特网上公开发布，由此引发了全球计算机爱好者的开发热情，许多人下载该源程序并按自己的意愿完善某一方面的功能，再发回网上，Linux 也因此被雕琢成一个全球最稳定的、最有发展前景的操作系统。目前较为流行的 Linux 版本有 Red Hat Linux 和红旗 Linux 等。

Linux 操作系统具有以下特点：

- 完全免费，用户可以自由安装并任意修改软件的源代码。
- 与主流的 UNIX 系统兼容，这使得它一出现就有了一个很大的用户群。
- 支持几乎所有的硬件平台，包括 Intel 系列、Alpha 系列和 MIPS 系列等，并广泛支持各种外围设备。

4. UNIX 系统

UNIX 操作系统于 1969 年问世，最初运行在中小型计算机上。最早移植到 80286 计算机上的 UNIX 系统称为 Xenix。Xenix 系统的特点是短小精干、系统开销小、运行速度快。经过多年的发展，Xenix 已成为一个十分成熟的系统。

UNIX 是一个多用户系统，一般要求配有 64MB 以上的内存和较大容量的硬盘。

5. OS/2 系统

1987 年，IBM 公司在激烈的市场竞争中推出了 PS/2(Personal System/2)个人计算机。PS/2 系列计算机大幅度突破了现行 PC 的体系，采用了与其他总线互不兼容的微通道总线 MCA。

OS/2 系统是为 PS/2 系列机开发的一种新型多任务操作系统。OS/2 克服了 DOS 系统 640KB 主存的限制，具有多任务功能。OS/2 也采用图形界面，它本身是一个 32 位系统，不仅可以处理 32 位 OS/2 系统的应用软件，也可以运行 16 位 DOS 和 Windows 软件。

2.8   计算机的工作原理和性能指标

为了更好地了解和使用计算机，除熟悉计算机的组成及软硬件系统之外，还应对计算机的工作原理和性能指标有所了解，以便于今后的实际操作。

2.8.1   计算机的基本工作原理

计算机的基本工作原理是存储程序和程序控制。预先把指挥计算机如何进行操作的指令序列(称为程序)和原始数据输入到计算机内存中。每一条指令明确规定了计算机从哪个地址取数，进行什么操作，然后送到什么地方等步骤。计算机在运行时，先从内存中取出第 1 条指令，通过控制器的译码器接受指令的要求，从存储器中取出数据进行指定的运算和逻辑操作等加工，然后再按地址把结果送到内存中；接下来，取出第 2 条指令，在控制器指挥下完成规定操作，依次进行下去，直到遇到停止指令。工作原理如图 2-15 所示。

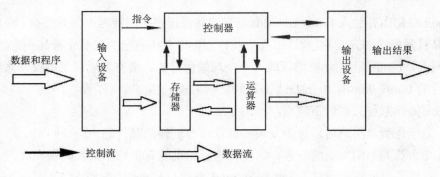

图 2-15   计算机的工作原理图

程序与数据一样存储，按照程序编排的顺序，一步一步地取出命令，自动地完成指令规定的操作是计算机最基本的工作原理。这一原理最初是由美籍匈牙利数学家冯·诺依曼于 1945 年提出来的，故称为冯·诺依曼原理。

从图 2-15 可以看出，计算机中基本上有两种信息在流动。一种是数据，在图中是用空心箭头表示的，即各种原始数据、中间结果和程序等。原始数据和程序要由输入设备输入并经运算器存于存储器中，最后结果由运算器通过输出设备输出。在运行过程中，数据从存储器读入运算器进行运算，中间结果也要存入存储器中。人们用机器自身所具有的指令编排的指令序列，即程序，也以数据的形式由存储器送入控制器，由控制器向机器的各个部分发出相应的控制信号。另一种信息是控制信息，它控制机器的各部件执行指令规定的各种操作。

2.8.2　微型计算机的性能指标

为了能够更好地使用计算机，需要先对微机的基本配置和性能指标有一定的了解。

高性能的微型计算机，应当有很快的处理速度和很强的处理能力。但性能的提高，往往是微机各部件共同协调工作的结果。而且对于不同用途的计算机，对不同部件的性能要求又有所不同。例如，用作科学计算为主的计算机对主机的运算速度要求很高，用作大型数据库处理为主的计算机对主机的内存容量、存取速度和外存储器的读写速度要求较高，用作网络传输为主的计算机则要求有很高的 I/O 速度，因此应当有高速的 I/O 总线和相应的 I/O 接口。

1．运算速度

计算机的运算速度是指计算机每秒钟执行的指令数。单位为每秒百万条指令(Million Instructions Per Second，MIPS)或者每秒百万条浮点指令(Million Floating Point Operations Per Second，MFPOPS)，它们都是用基准程序来测试的。从微处理器芯片来看，1980—1987 年，它从 1MIPS 增至 2MIPS。1987—1997 年，它又从 2MIPS 提高了 200—1000MIPS，增加了数百倍。影响运算速度的主要因素有如下几个。

- CPU 的主频：是指计算机的时钟频率，它在很大程度上决定了计算机的运算速度。例如：8088 为 4.77MHz、80286 为 8MHz、80386 为 16MHz、80486 为 66MHz，即是指其主频。如今的酷睿系统和 Athlon 64 系列 CPU 主频都高达几千兆赫兹。
- 字长：是 CPU 进行运算和数据处理的最基本、最有效的信息位长度。PC 的字长已由 8088 的准 16 位(运算用 16 位，I/O 用 8 位)发展到现在的 32 位、64 位。
- 指令系统的合理性：每种机器都设计了一套指令，一般均有数十条到上百条。例如，加、浮点加、逻辑与、跳转等，组成了指令系统。设计合理的指令系统，将有较高的运行效率。

2. 存储器的指标

- 存取速度：内存储器完成一次读(取)或写(存)操作所需的时间称为存储器的存取时间或者访问时间。而连续两次读(或写)所需的最短时间称为存储周期。对于半导体存储器来说，存取周期约为几十到几万次/秒。它的快慢也会影响到计算机的速度。对于磁盘存储器，存取所需时间就较长。它包括磁头定位到所需的磁道和将该数据块读出的总时间。

- 存储容量：存储容量一般用字节数来度量。PC 的内存储器已由 286 机配置的 1MB，发展到现在 1GB、2GB 以上。加大内存容量，对于运行大型软件十分必要，否则会感到慢得无法忍受。

- I/O 的速度：主机 I/O 的速度，取决于 I/O 总线的设计。这对于慢速设备(如键盘、打印机)关系不大，但对于高速设备则效果十分明显。

2.9 习 题

一、填空题

1. 世界上第一台电子计算机，于_____年在美国宾夕法尼亚大学诞生，它是一台电子数字积分计算机。

2. 计算机未来的发展具有 4 个特征：_____、_____、_____、_____。

3. 根据计算机的性能指标，可将计算机分为巨型机、大型机、中型机、小型机、微型机和工作站。其中_____也称为个人计算机，是目前应用最广泛的机型。

4. 日常生活中，人们习惯于采用十进制，而在计算机内部则一律采用_____数制。

5. 计算机数据有 3 种表示方法：_____、_____、_____。

6. 计算机系统的组成包括_____系统和_____系统。

7. 计算机硬件结构主要由 5 大基本部件组成，即_____、_____、_____、_____、_____。

8. 微机系统的硬件设备由_____、显示器、键盘、鼠标等几部分组成。

9. 微机系统中，负责进行数据运算和指令控制的部件称为_____。

10. 影响 CPU 性能的技术指标主要有_____、_____和_____。

11. 在主板中，_____的作用就像是人体的中枢神经，控制着整个主板的运作。

12. 内存分为_____和_____两大类。我们平常所说的内存是指_____。

13. 硬盘的两个主要性能指标是_____、_____。

14. 显示器的主要性能指标有_____、分辨率和刷新率。分辨率指屏幕所显示的多少；刷新率越_____，显示画面越稳定。

15. 常用的打印机有_____、_____、_____三种。

16. 常见的光盘种类有_____、_____、_____和_____。

二、选择题

1. 计算机存储器容量以(　　)数来度量。
　　A. 位　　　　　　　　　　　B. 字节
　　C. 字　　　　　　　　　　　D. 字长

2. Windows 属于(　　)操作系统。
　　A. 单用户　　　　　　　　　B. 多用户
　　C. 分时　　　　　　　　　　D. 分布式

3. 完整的计算机硬件系统一般包括外部设备和(　　)。
　　A. 运算器和控制器　　　　　B. 存储器
　　C. 主机　　　　　　　　　　D. 中央处理器

4. 已知一块 CPU 的外频为 200MHz，倍频为 5，则该 CPU 的工作频率为(　　)。
　　A. 40MHz　　　　　　　　　B. 1000MHz
　　C. 200MHz　　　　　　　　　D. 2000MHz

5. 下列设备中，不能作为输入设备的是(　　)。
　　A. 打印机　　　　　　　　　B. 鼠标
　　C. 键盘　　　　　　　　　　D. 扫描仪

6. 计算机的存储系统由(　　)组成。
　　A. ROM 和 RAM　　　　　　　B. 主存和辅存
　　C. 硬盘和软盘　　　　　　　D. 磁带机和光盘

7. 软盘只能读出不能写入的原因是(　　)。
　　A. 新盘未格式化　　　　　　B. 盘片受损
　　C. 写保护　　　　　　　　　D. 以上都不对

8. 既可向其中写入信息，又可擦除其上信息的光盘是(　　)。
　　A. CD-ROM　　　　　　　　　B. CD-R
　　C. DVD-ROM　　　　　　　　D. CD-RW

三、问答题

1. 简述计算机硬件结构 5 大基本部件的作用。
2. 简述计算机的基本工作原理。
3. 试列出微机系统中关键的硬件组成设备。
4. 简述如何衡量微型计算机的性能。

第3章 Windows XP操作基础

Windows 操作系统因其界面友好、操作简单、功能强大、易学易用、安全性强而受到广大用户的青睐。目前，在个人计算机中，使用最多的 Windows 操作系统的版本为 Windows XP。本章将详细介绍有关 Windows XP 的一些基础知识。

本章要点：

- 启动、退出和注销 Windows XP
- Windows XP 的桌面
- Windows XP 的个性化设置
- 键盘操作
- 五笔字型输入法
- 文件管理
- 磁盘管理
- 应用程序管理

3.1 启动、退出和注销 Windows XP

Windows 操作系统的启动和退出不同于 DOS 操作系统。启动或退出 DOS 操作系统时，只需按下计算机上的电源开关即可。而 Windows 则有一套完整的启动和退出程序，只有按程序进行，才能正确地启动和退出 Windows。

3.1.1 启动 Windows XP

正确安装 Windows XP 后，打开计算机电源，计算机会自动引导 Windows XP 系统正常启动。正常启动后，会显示出登录界面，如图 3-1 所示。

登录界面中列出了已经建立的所有用户账户，并且每个用户名前都配有一个图标。对于没有设置密码的账户，单击相应的图标即可登录。登录后，系统先显示一个欢迎画面，片刻后进入 Windows XP 的桌面，如图 3-2 所示。

图 3-1　Windows XP 登录界面

图 3-2　Windows XP 的桌面

3.1.2　退出 Windows XP

当完成工作不再使用计算机时，应退出 Windows XP 并关机。退出 Windows XP 系统不能直接关闭计算机电源，因为 Windows XP 是一个多任务、多线程的操作系统，在前台运行某个程序的同时，后台可能也在运行着几个程序。这时，如果在前台程序运行完后直接关闭电源，后台程序的数据和结果就会丢失。为此，Windows XP 专门在"开始"菜单中安排了"关闭计算机"命令，以实现系统的正常退出。

【练习 3-1】关闭 Windows XP 操作系统。

(1) 单击"开始"按钮，在弹出的菜单中单击"关闭计算机"命令，弹出图 3-3 所示的"关闭计算机"对话框。

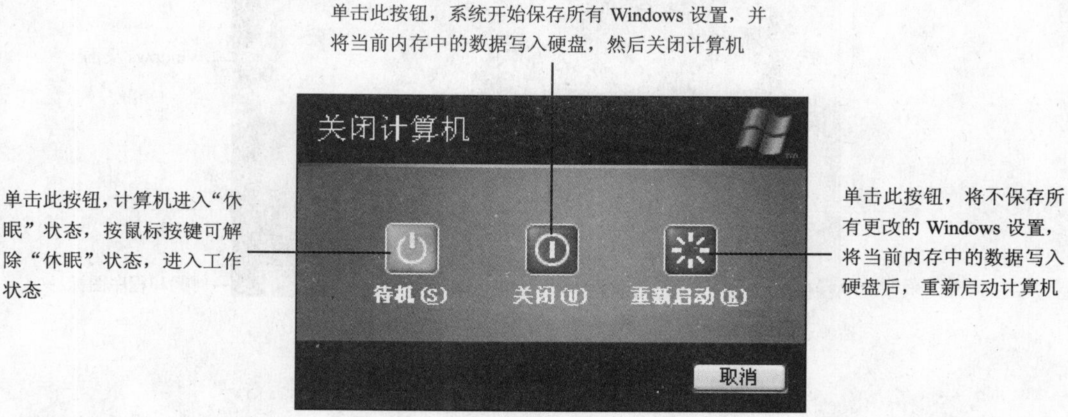

单击此按钮，系统开始保存所有 Windows 设置，并
将当前内存中的数据写入硬盘，然后关闭计算机

单击此按钮，计算机进入"休
眠"状态，按鼠标按键可解
除"休眠"状态，进入工作
状态

单击此按钮，将不保存所
有更改的 Windows 设置，
将当前内存中的数据写入
硬盘后，重新启动计算机

关闭计算机

待机(S)　　关闭(U)　　重新启动(R)

取消

图 3-3　"关闭计算机"对话框

(2) 在对话框中单击"关闭"按钮。

3.1.3　注销 Windows XP

Windows XP 是一个支持多用户的操作系统，它允许多个用户登录到计算机系统中，而且各用户除了拥有公共系统资源外，还可拥有个性化的桌面、菜单、我的文档和应用程序等。

为了使用户快速方便地重新登录系统或切换用户账户，Windows XP 提供了注销和切换用户功能，通过这两种功能用户可以在不必重新启动系统的情况下登录系统，这时系统只恢复用户的一些个人环境设置。

要注销 Windows XP，只需在"开始"菜单中选择"注销"命令，在打开的"注销 Windows"对话框中单击"注销"按钮，并重新选择登录用户即可。

3.2　Windows XP 的桌面

桌面是 Windows 操作系统的工作平台。用户可以将常用的一些程序或工具放到桌面上，这样在使用这些工具时，就不用通过资源管理器去查找了，十分直观明了。

3.2.1　桌面图标

初次运行 Windows XP 时，桌面上非常简洁，只有"回收站"一个图标，而传统的"我的文档"、"网上邻居"、"我的电脑"和 Internet Explorer 等图标却置于"开始"菜单中。用户可以通过自定义桌面，使最常用的另外 4 个图标也显示在桌面上，如图 3-4 所示。

图 3-4　Windows XP 的桌面

- "我的文档"图标：用于查看和管理"我的文档"文件夹中的文件和子文件夹，这些文件和文件夹都是由一些临时文件、没有指定路径的保存文件、下载的 Web 页等组成的。默认情况下，"我的文档"文件夹的路径为"C: \Documents and Settings\用户名\My Documents"。
- "我的电脑"图标：通过该图标，用户可以管理磁盘、文件、文件夹等内容。另外，利用其中的"控制面板"文件夹，可以对系统进行各种控制和管理。"我的电脑"是用户使用和管理计算机的最重要工具。

- "网上邻居"图标：如果用户将计算机连接到网络上，则桌面会出现"网上邻居"图标。使用"网上邻居"，用户可以查看和操作网络资源。
- "回收站"图标：Windows 在删除文件和文件夹时并不将它们直接从磁盘上删除，而是暂时保存在"回收站"中，以便在需要时进行还原。通过"回收站"，用户可以清除或还原在"我的电脑"和"资源管理器"中删除的文件和文件夹。
- Internet Explorer 图标：通过该图标，用户可以快速启动 Internet Explorer 浏览器，访问 Internet 资源。另外，通过其属性对话框，还可以设置本地的 Internet 连接属性。

3.2.2　"开始"菜单

一般情况下，如果要运行某个应用程序，除了双击桌面上的应用程序图标外，还可以单击"开始"按钮，指向"开始"菜单中的"所有程序"命令，在弹出的程序子菜单中单击需要打开的应用程序。对于经常用到的应用程序，还可以单击常用程序区的应用程序图标。

Windows XP 的"开始"菜单是用户日常管理计算机和运行应用程序的主要途径，如图 3-5 所示。

对于习惯于使用 Windows 的传统"开始"菜单样式的用户，可以右击任务栏，在弹出的菜单中选择"属性"命令，打开"任务栏和'开始'菜单属性"对话框，在"'开始'菜单"选项卡中选择"经典'开始'菜单"单选按钮，然后单击"确定"按钮，切换到传统的 Windows 经典菜单样式，如图 3-6 所示。

图 3-5　Windows XP 的"开始"菜单

图 3-6　Windows 经典的"开始"菜单

3.2.3　任务栏

任务栏位于桌面的最下方，通过任务栏可以快速启动应用程序、文档及激活其他已打开的窗口。

右击任务栏中的空白区域，可打开任务栏的快捷菜单(如图 3-7 所示)，用户可以通过选择"工具栏"命令中的子命令，在任务栏中显示对应的工具栏，如"地址"、"链接"、

"语言栏"等。

在任务栏的快捷菜单中选择"属性"命令，将打开"任务栏和'开始'菜单属性"对话框的"任务栏"选项卡(如图3-8所示)。用户可以通过该选项卡设置任务栏外观和通知区域。

- "锁定任务栏"复选框：可以设置任务栏是否总是显示在最前端，并且将不允许改变工具栏的宽度。
- "自动隐藏任务栏"复选框：选中该复选框，则每当运行其他程序或打开其他窗口时，任务栏就会自动隐藏起来。将鼠标指针移动到窗口最下方，任务栏即会自动显示。
- "将任务栏保持在其他窗口的前端"复选框：默认情况下选中该复选框，使任务栏总是显示在屏幕的最前面。如果取消选中该复选框，那么在打开其他的应用程序或进入某个应用程序窗口时，任务栏即被覆盖。需要时按键盘上的 Windows 键或按 Ctrl+Esc 组合键，即可重新显示任务栏。

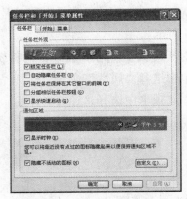

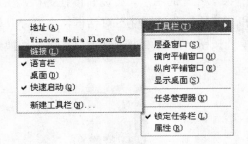

图 3-7　任务栏快捷菜单　　　　图 3-8　"任务栏和'开始'菜单属性"对话框

- "分组相似任务栏按钮"复选框：选中该复选框，则当打开较多的应用程序时，系统将对其进行分组，相似的或相同的应用程序将被分配一个任务栏按钮，以节约空间。
- "显示快速启动"复选框：可以设置在任务栏上是否显示"快速启动"工具栏。
- "显示时钟"复选框：可以设置在任务栏上是否显示时间和日期。
- "隐藏不活动的图标"复选框：可以设置在任务栏上是否隐藏最近没有使用的图标。

3.2.4　窗口

在 Windows XP 操作系统中，无论用户打开磁盘驱动器、文件夹，还是运行程序，系统都会打开一个窗口，用于管理和使用相应的内容。例如，双击桌面上"我的电脑"图标，即可打开"我的电脑"窗口，如图 3-9 所示，在该窗口中可以对计算机中的文件和文件夹进行管理。

标题栏
工具栏
任务窗格

菜单栏
地址栏
工作区

图 3-9 "我的电脑" 窗口

如图 3-9 所示，窗口一般包含如下 6 个组成部分。

- 标题栏：用于显示当前窗口的名称和对应图标。
- 菜单栏：包含一些菜单项，选择这些菜单项中的命令可打开相应的窗口进行操作。
- 工具栏：其中显示一些按钮，单击其中的按钮可对窗口执行常见的一些操作。
- 地址栏：用于显示当前打开的窗口所处的位置。
- 任务窗格：提供许多常用选项，单击这些选项可执行一些系统任务、切换到其他位置、查看文件或文件夹的详细信息。
- 工作区：用于显示与程序运行有关的内容。

3.2.5 菜单

菜单位于 Windows 窗口的菜单栏中，是应用程序的命令集合。Windows 窗口的菜单栏通常由多层菜单组成，每个菜单又包含若干个命令，如图 3-10 所示。

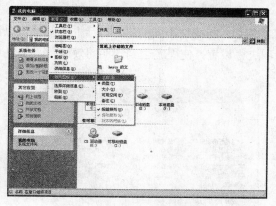

图 3-10 菜单

1. 菜单内容

在菜单中，有些命令在某些时候可用，有些命令包含有快捷键，有些命令后面还有级联的子命令。

- 可用命令：菜单中可使用的命令以黑色字符显示，不可使用的命令以灰色字符显示。

- 快捷键：有些命令的右边有快捷键，用户通过使用这些快捷键，可以直接执行相应的菜单命令。
- 带下划线字母命令：在菜单命令中，常有带下划线的字母，这为用户使用键盘来执行命令提供了方便。
- 设置命令：如果命令的后面有省略号"…"，表示选择此命令后，将弹出一个对话框或者一个设置向导。这种形式的命令表示可以完成一些设置或者更多的操作。
- 复选命令：当选择某个命令后，该命令的左边出现一个复选标记"√"，表示此命令正在发挥作用；再次选择该命令，命令左边的标记"√"消失，表示该命令不起作用。
- 单选命令：有些菜单命令中，有一组命令。每次只能有一个命令被选中，当前选中的命令左边会出现一个单选标记"·"。
- 级联菜单：如果命令的右边有一个 ▶ 箭头，则鼠标指针指向此命令后，会弹出一个级联菜单。级联菜单通常给出某一类选项或命令，有时是一组应用程序。
- 快捷菜单：在 Windows 中，在桌面的任何对象上右击，将出现一个快捷菜单(也称为弹出式菜单)，该菜单提供对该对象的各种操作功能。使用快捷菜单可进行快速操作。

2. 菜单操作

菜单操作主要包括选择菜单、撤销菜单。

- 选择菜单：使用鼠标选择 Windows 窗口的菜单时，只需单击菜单栏上的菜单名区域，即可打开该菜单。将鼠标指针移动至所需的命令处单击，即可执行所选的命令。
- 撤销菜单：在打开 Windows 窗口的菜单之后，如果不进行菜单命令的操作，可单击菜单外的任何地方，撤销对菜单的选择。

3.2.6　对话框

对话框是一种特殊的窗口，与窗口不同的是，对话框一般不可以调整大小。对话框种类繁多，可以对其中的选项进行设置，使程序达到预期的效果。图 3-11 显示了 Microsoft Word 中的"选项"对话框。

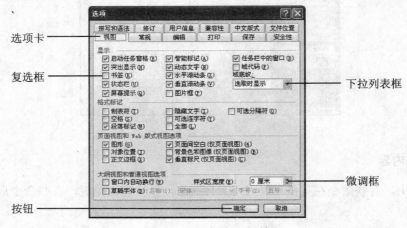

图 3-11　"选项"对话框

如图 3-6 所示，对话框中包括以下一些常见的组成部分。

- 选项卡：对话框中一般包含许多功能，选项卡的作用就是将这些功能分组。单击选项卡对应的标签就可以在不同的选项卡之间切换。
- 复选框：在进行操作时，可同时选中多个复选框以执行多个命令。
- 按钮：用于确定某项操作或执行相应的命令。
- 微调框：用于调整数值。可以单击右侧的微调按钮以调整数值，也可以在其中的文本框中直接输入数值。
- 下拉列表框：用于提供一个选项列表，用户可以在该列表中选择相应的选项。

此外，对话框中一般还包含单选按钮、列表框、文本框等选项，它们也都用于执行相应的操作。

3.3　Windows XP 的个性化设置

Windows 界面友好的其中一个体现就是可以让用户对桌面背景、屏幕保护程序、Windows 的外观等项目进行个性化设置，以便充分体现用户的个性和方便日常操作。

3.3.1　设置桌面背景

启动 Windows XP 之后，桌面的背景采用的是系统的默认设置。用户可以根据需要自定义一种桌面风格。

【练习 3-2】更改 Windows XP 默认的桌面背景和显示的图标。

(1) 在 Windows 桌面上右击，在弹出的快捷菜单中选择"属性"命令，打开"显示 属性"对话框。

(2) 打开"桌面"选项卡，在"背景"下拉列表中选择所需的桌面背景，如图 3-12 所示。也可单击"浏览"按钮，选择新的桌面背景。

(3) 单击"自定义桌面"按钮，打开"桌面项目"对话框。在"常规"选项卡中设置桌面图标，如更改图标样式，设置图标的显示与否等，如图 3-13 所示。

图 3-12　"桌面"选项卡

图 3-13　"常规"选项卡

(4) 连续单击 "确定" 按钮，应用设置的新桌面。

3.3.2 设置屏幕保护程序

屏幕保护程序可以在用户暂时不工作时对计算机屏幕起到保护作用。当用户需要使用计算机时，移动鼠标或者操作键盘即可恢复以前的桌面。

【练习 3-3】将计算机的屏幕保护程序设置为 "贝塞尔曲线"，并使显示器在停止使用计算机 20 分钟后进入屏幕保护状态。

(1) 打开 "显示属性" 对话框，切换到 "屏幕保护程序" 选项卡。

(2) 在 "屏幕保护程序" 选项组中的下拉列表框中选择 "贝塞尔曲线" (如图 3-14 所示)，并单击 "设置" 按钮设置贝塞尔曲线的长度、宽度和速度。

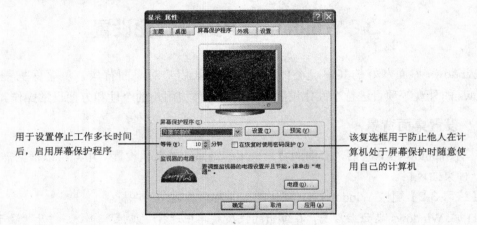

图 3-14 　"屏幕保护程序" 选项卡

(3) 在 "屏幕保护程序" 选项组中的 "等待" 微调框中输入 10。

(4) 单击 "确定" 按钮，即可应用所作的设置。

3.3.3 设置屏幕颜色、分辨率和刷新频率

在 Windows XP 中，用户可以选择系统和屏幕同时能够支持的颜色数目。较多的颜色数目意味着在屏幕上显示的对象颜色更真逼真。而屏幕分辨率是指屏幕所支持的像素的多少，例如 1024×768 像素。在屏幕大小不变的情况下，分辨率的大小将决定屏幕显示内容的多少。刷新频率是指显示器的刷新速度，较低的刷新频率会使屏幕闪烁，容易使人的眼睛疲劳。因此，用户应尽量将显示器的刷新频率调高一些(应不小于 75Hz)，以有利于保护眼睛。

【练习 3-4】设置屏幕的分辨率为 1024×768 像素，32 位色，刷新频率为 85Hz。

(1) 打开 "显示 属性" 对话框，并切换到 "设置" 选项卡。

(2) 拖动 "屏幕分辨率" 滑动条，设置屏幕分辨率为 1024×768 像素，在 "颜色质量" 下拉列表框中选择 "最高(32 位)" 选项，如图 3-15 所示。

(3) 单击"高级"按钮，打开用于设置显示器和显卡芯片属性的对话框，切换到"监视器"选项卡。

(4) 在"屏幕刷新频率"下拉列表框中选择 85Hz 选项，如图 3-16 所示。

图 3-15　设置分辨率和颜色位数　　　　图 3-16　设置屏幕刷新频率

(5) 连续单击"确定"按钮，应用新的屏幕设置。

3.3.4　设置桌面主题和外观

默认情况下，启动 Windows XP 后，用户看到的桌面风格、窗口和对话框等项目的外观使用的都是"Windows XP 样式"。用户可以根据需要，更改 Windows XP 的桌面主题以及窗口和对话框的外观。对于一直使用 Windows 系列操作系统的老用户来说，也可以将其设置成 Windows 的经典桌面风格。

Windows XP 桌面主题和外观风格的设置分别是通过"显示 属性"对话框中的"主题"选项卡和"外观"选项卡进行的，如图 3-17 所示。

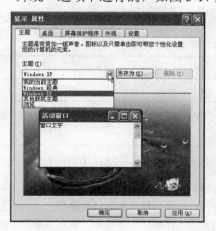 

图 3-17　设置桌面主题和外观

3.4　键盘操作

随着计算机技术的发展，键盘在设计和功能上都更加符合人们的要求，但键盘上的基本按键并没有发生很大的变化。本节就以传统的 104 键标准键盘对键盘及其操作作一简单介绍。

3.4.1　键盘布局

标准的 104 键键盘如图 3-18 所示。键盘通常可划分为 4 个基本区域：功能键区、打字键区、编辑控制键区和数字键区(又称为小键盘区)。一般在键盘的右上角还会有 3 个键盘指示灯，分别用于标识 Num Lock 键、Caps Lock 键和 Scroll Lock 键的按下与否。

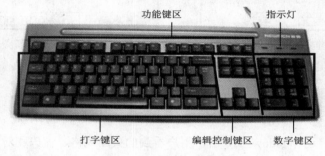

图 3-18　键盘布局

1. 功能键区

功能键区一共有 16 个键，位于键盘的顶端，排列成一行。最左边的是 Esc 键，中间的 12 个键从左至右依次是 F1~F12。在不同的应用程序中，它们有不同的功能。此外，还有 Wake Up 键、Sleep 键和 Power 键，它们的功能如表 3-1 所示。

表 3-1　功能键区主要键的功能描述

键　名	称　呼	功　能
Esc 键	强行退出键	退出当前环境，返回原菜单
F1~F12 键	功能键	在不同的程序软件中，F1~F12 的功能会有所不同，但一般情况下将 F1 键设为帮助键
Wake Up 键	恢复键	使计算机从睡眠状态恢复到初始状态(此功能需要操作系统和计算机主板的支持)
Sleep 键	睡眠键	使计算机处于睡眠状态(此功能需要操作系统和计算机主板的支持)
Power 键	开关键	开关计算机电源(此功能需要操作系统和计算机主板的支持)

2. 打字键区

打字键区位于功能键区的下方，是 4 个键区中键数最多的部分，一共有 61 个键，其中包括 26 个字母键、14 个控制键、21 个数字和符号键。

- 字母键：字母键的键面是英文大写字母 A~Z。运用 Shift 键可以对字母键进行大小写切换。
- 控制键：控制键中 Shift、Ctrl、Alt 和 Windows 键各有 2 个，它们在打字键区的两边对称分布。此外，还有 Back Space 键、Tab 键、Enter 键、Caps Lock 键、空格键和"快捷菜单"键，它们的功能如表 3-2 所示。
- 数字和符号键：数字和符号键的键面上刻有一上一下两种符号，故又称双字符键。上面的符号称为上档符号，下面的称为下档符号。双字符键包括数字、运算符号、标点符号和其他一些常用符号。

表 3-2　控制键的功能描述

键　名	称　呼	功　能
Back Space 键	退格键	位于打字键区的最右上角。按下该键可使光标左移一个位置，同时删除当前光标位置上的字符
Tab 键	制表定位键	Tab 是英文 Table 的缩写。每按下一次，光标向右移动 8 个字符
Enter 键	确认键	按此键表示开始执行所输入的命令；在录入时，按此键后光标移至下一行
Caps Lock 键	大写锁定键	按下该键时，可将字母键锁定为大写状态，而对其他键没有影响。当再按下此键时即可解除大写锁定状态
Shift 键	换档键	该键应与其他键同时使用，按下此键后，字母键均处于大写字母状态，双字符键处于上档符号状态
Ctrl 键	控制键	Ctrl 是英文 Control 的缩写。该键和其他键组合使用，可完成特定的控制功能
Alt 键	转换键	Alt 是英文 Alternating 的缩写。该键和 Ctrl 键相同，不单独使用，在与其他键组合使用时产生一种转换状态。在不同的工作环境下，Alt 键转换的状态也不同
Windows 键		该键键面上刻着 Windows 窗口图案，在 Windows 操作系统中，按下该键后会打开"开始"菜单
Space 键	空格键	键盘上最长的键，按下此键，光标向右移动一个空格
"快捷菜单"键		该键位于打字键区右下角的 Windows 键和 Ctrl 键之间。在 Windows 操作系统中，按下此键后会弹出相应的快捷菜单，相当于按鼠标右击弹出的快捷菜单

3. 编辑控制键区

编辑控制键区一共有 13 个键，位于打字键区和数字键区之间，它们的功能如表 3-3 所示。

表 3-3　编辑控制键的功能描述

键　名　称	称　　呼	功　　能
Print Screen Sys Rq 键	平面打印	按下此键可将当前屏幕复制到剪贴板，然后用 Ctrl+V 组合键可以把屏幕粘贴到目标位置
Scroll Lock 键	屏幕锁定键	按下此键屏幕停止滚动，直到再次按下此键为止
Pause Break 键	暂停键	同时按下 Ctrl 键和 Pause Break 键，可强行终止程序的运行
Insert 键	插入键	该键用来进行插入和替换的转换。在插入状态时，一个字符被插入后，光标右侧的所有字符向右移动一个字符位置。再次按下 Insert 键则返回替换方式
Home 键	起始键	按下此键，光标移至当前行的行首。同时按下 Ctrl 键和 Home 键，光标移至首行行首
End 键	终止键	按下此键，光标移至当前行的行尾。同时按下 Ctrl 键和 End 键，光标移至末行行尾
Page Up 键	向前翻页键	按此键，可以翻到上一页
Page Down 键	向后翻页键	按此键，可以翻到下一页
Delete 键	删除键	每按一次此键，删除光标位置上的一个字符，光标右边的所有字符向左移一个字符位
↑键	光标上移键	按此键，光标移至上一行
↓键	光标下移键	按此键，光标移至下一行
←键	光标左移键	按此键，光标向左移一个字符位
→键	光标右移键	按此键，光标向右移一个字符位

4. 数字键区

数字键区一共有 17 个键，其中包括 Num Lock 键、双字符键、Enter 键和符号键。数字键区大部分为双字符键，上档符号是数字，下档符号具有光标控制功能。Num Lock 键，即数字锁定键，是数字键的控制键。当按下此键时，键盘右上角第 1 个指示灯亮，表明数字键区此时为数字状态。再按下此键，指示灯灭，表明此时为光标控制状态。

3.4.2　键盘录入要领

虽然现在许多键盘的外形设计越来越符合用户对舒适性的要求，但正确的键盘操作姿势对使用者来说也是至关重要的。正确的姿势使用户击键稳、准且有节奏，既可以提高工作效率，同时也能更好地保持身体的健康。

1. 键盘操作姿势

电脑显示器和键盘都要摆在使用者的正前方。屏幕的高度会影响颈部的姿势，过高或过低都不好。当目光平视时，大约落在屏幕的上沿为佳。正确的键盘操作姿势要求如下：

- 坐姿：上半身应保持颈部直立，使头部获得支撑。下半身腰部挺直，膝盖自然弯曲成 90 度，并维持双脚着地的坐姿。整个身体稍偏于键盘右方并保持向前微微倾斜，身体与键盘的距离保持约 20 cm。
- 手臂、肘和手腕的位置：两肩自然下垂，上臂自然下垂贴近身体，手肘弯曲成 90 度，肘与腰部的距离为 5~10 cm。小臂与手腕略向上倾斜，手腕切忌向上拱起，手腕与键盘下边框保持 1cm 左右的距离。
- 手指位置：尽量使手腕保持水平姿势，手掌以手腕为轴略向上抬起，手指略微弯曲。手指自然下垂轻放在基本键位上，左右手拇指轻放在空格键上。
- 输入要求：将书稿稍斜放在键盘的左侧，使视线和文字行成平行线。打字时，尽量不看键盘，只专注书稿或屏幕，养成盲打的习惯。

2. 手指分布

在设计键盘键位的同时，一套快速准确的键盘录入方案也随之出现，即利用手指在键盘上合理地分工以达到对键盘进行快速、准确敲击的目的。手指在键盘上的分工如图 3-19 所示。

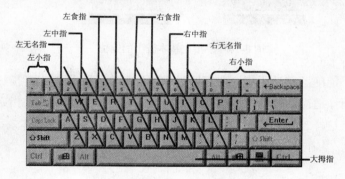

图 3-19　手指分工

(1) 左手分工

- 小指分管 5 个键：1、Q、A、Z 和左 Shift 键。此外，还分管左边的一些控制键。
- 无名指分管 4 个键：2、W、S 和 X。
- 中指分管 4 个键：3、E、D 和 C。
- 食指分管 8 个键：4、R、F、V、5、T、G、B。

(2) 右手分工

- 小指分管 5 个键：0、P、";"、"/" 和右 Shift 键，此外还分管右边的一些控制键。
- 无名指分管 4 个键：9、O、L、"."。
- 中指分管 4 个键：8、I、K、","。
- 食指分管 8 个键：6、Y、H、N、7、U、J、M。

(3) 大拇指

大拇指专门击打空格键。当右手击完字符键需按空格键时，用左手大拇指击空格键；反之，则用右手大拇指击空格键，用户可根据习惯自己控制击打方式。

3. 手指定位

位于打字键区第 3 行的 A、S、D、F、J、K、L 和 ";"，这 8 个字符键称为基本键。其中的 F 键和 J 键称为原点键，这两个键的表面上刻有圆点或短横线，以方便触摸定位。这 8 个基本键位是左右手指固定的位置。将左手小指、无名指、中指和食指分别放在 A、S、D、F 键上，将右手食指、中指、无名指和小指分别放在 J、K、L 和 ";"键上，然后将左右拇指轻放在空格键上。手指在基本键上的定位如图 3-20 所示。

图 3-20 手指在基本键上的定位

手指定位后不能随意移动手指。在打字过程中，每个手指只能击打指法所规定的字符键。敲击时，手腕作适当的移动并以相应的手指迅速击键，击完键后手指必须立刻返回到对应的基本键上。这样长期坚持就能逐渐形成盲打的习惯，从而使输入效率大大提高。

4. 指法要点

在进行指法练习时，必须严格遵守以下要点：

- 操作姿势必须正确，手腕须悬空。切忌弯腰低头，也不要把手腕和手臂靠在键盘上。
- 严格遵守指法的规定，明确手指分工，养成正确的打字习惯。
- 手指击键必须靠手指和手腕的灵活运动，切忌靠整个手臂的运动来寻找键位。
- 每个手指在击完键后，必须立刻返回到对应的基本键上。
- 击键时力量必须适度，过重了易损坏键盘和产生疲劳，过轻了会导致错误率加大。
- 击键时保持一定的节奏，不要过快或过慢。

如果不按照操作规范和指法要点进行练习，将会养成不良的输入习惯，从而导致输入效率降低。要克服以下经常发生的错误。

- 基本键键位不清：如果对基本键键位的印象不深，则所打出的字符必然会出现极大的错误，而且输入效率也会降低。
- 混淆左右手分工：因对键位的印象不深，只记住字符键位置而混淆了左右手的分工，这样常常会影响输入速度。例如本来应用左手的中指击打 I 键，却用右手的中指击打了 E 键。
- 连字现象：如果不养成打完字符后击打空格键的习惯，很容易出现连字现象。

5．击键要点

在击键时，主要的用力部位不是手腕，而是手指关节。经常练习会加强手指的敏感度。击键时要点如下：

- 手腕保持平直，手臂保持静止，全部动作只限于手指部分。
- 手指保持弯曲，稍微拱起，指尖的第 1 关节略成弧形，轻放在基本键的中央。
- 击键时，只允许伸出要击键的手指，击键完毕必须立即回位，切忌触摸键或停留在非基本键键位上。
- 击键要迅速果断，不能拖拉犹豫。在看清文件单词、字母或符号后，手指果断击键而不是按键。
- 击键的频率要均匀，听起来有节奏。

计算机数据中，往往有大量的阿拉伯数字需要录入。一般的数据录入分为纯数字录入和西文、数字混合录入。纯数字录入指法分两种：一种是通过打字键区的数字录入，此时应与基本键对应输入；另一种是通过数字键区录入，将右手食指放在 4 键上，中指放在 5 键上，无名指放在 6 键上，食指范围键是 1、4、7，中指是 2、5、8、/，无名指范围是 3、6、9、*，小指范围是 Enter、+、-，拇指是 0 键。

【练习 3-5】新建一个文本文件，在其中输入以下内容。

asdf	qwer	zxcv	uiop	jkl;	m,./
1qaz	2wsx	3edc	4rfv	5tgb	6yhn
7ujm	8ik,	9ol.	0p;/	aSdF	QweR
zxCv	UiOp	JkL;	1QaZ	2wSx	3eDc
4rFv	5tGb	7Ujm	8Ik>	9Ol.	0p:?

3.5　拼音输入法

按照汉语语言规范，汉字由字型和读音两部分构成，所以计算机汉字输入法的编码方案包括两种方式：字型编码和字音编码。五笔字型输入法属于字型编码，拼音输入法属于字音编码。拼音输入法的重码较多，但是因为其易学易用，因此仍然被广泛采用。以拼音作为编码的输入法有很多种，常用的有全拼输入法、双拼输入法、智能 ABC 输入法、微软拼音输入法、紫光拼音输入法等。各种拼音输入法各有特点，但主要方法都是基于汉语拼音。

3.5.1　全拼输入法

全拼输入法是最直接的拼音输入法，它要求用户首先输入该汉字的全部拼音字母，然后通过按数字键从提示行中选出所要的汉字，例如，"电"的汉语拼音为 dian，"脑"为 nao。如果当前提示行没有所要的汉字，可按翻页键改变提示行内容继续寻找。

　　例如，使用全拼输入法时，在输入法窗口的外码输入区中输入 dian 后，输入法窗口的选择区会显示出所有的可选汉字，如图 3-21 所示。如果其中包含所需的汉字，则可以通过汉字对应的数字键或单击该字来完成输入；如果其中没有需要的汉字，则可以通过 Page Up 和 Page Down 键或"+"、"－"键来进行翻页选择，直到找到需要的汉字为止。

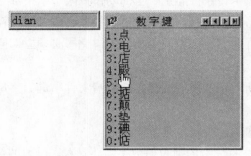

图 3-21　　使用全拼输入法输入汉字

3.5.2　智能 ABC 输入法

　　顾名思义，智能 ABC 输入法是一种比较智能的拼音输入法，它既支持单字输入，又支持词组和句子输入。例如，要输入"中华人民共和国"，既可以直接输入 zhonghuarenmingongheguo，也可以输入 zhhrmghg(即"中华人民共和国"拼音的声母)。如果需要的汉字位于选择区中的第一位，则可以通过按空格键来完成输入，如果选择区中没有需要的汉字，则可以通过 Page Up 键和 Page Down 键，或"－"号和"+"号键来进行翻页选择。

　　例如，如果需要输入"大学"这个词组，则只需在外码输入区输入 dx，然后按空格键，选择区中将显示可选择的词组，如图 3-22 所示。由于"大学"这个词组位于第 2 位，所以，按键盘中的 2 键即可。也可以直接输入 dax 或 dxue，这时"大学"这个词组出现在第一位，直接按空格键选择即可，如图 3-23 所示。因此，使用智能 ABC 输入法时只要灵活运用拼音的声母，则可大大提高汉字的录入速度。

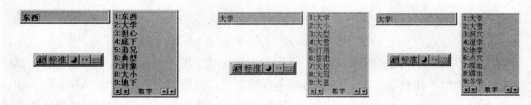

图 3-22　　使用智能 ABC 输入法进行中文输入　　　　图 3-23　　所选词出现在第一位

3.5.3　微软拼音输入法

　　微软拼音输入法与智能 ABC 输入法相近，既可以输入单个汉字，也可以输入词组，而且该输入法特别适合对整句的输入。用户可以在连续输入多个字或词组后再对其中的一些字或词组进行匹配，以符合句子的需要。例如，要输入"首先要掌握文档的基本操作"

这句话，可连续输入该句的拼音，此时输入法首先为句子中的每一个词组选择匹配文字，同时可以发现未确认输入之前，字、词组或句子的下面会显示一条虚线，如图 3-24 所示，只有再次按下空格键或回车键进行确认，才可以消除虚线并完成输入。为了能够更正未确认输入的单个错误的字或词组，可以通过"←"键和"→"键来移动光标，例如将光标移动到"稳当"前时，输入法自动弹出一个选择框，其中包含了可供选择的字或词组，通过"↑"键和"↓"键找到需要的字或词组后按空格键确认即可。当整个句子中的字和词都正确后，再次按空格键即可完成整句话的输入。

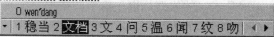

图 3-24　使用微软拼音输入法进行中文输入

3.6　五笔字型输入法

五笔字型输入法是一种根据汉字字型进行编码的汉字输入方法。该输入法的设计者精心选择了 125 个字根，并制定了汉字的拆分规则。只要记住这些字根所对应的按键，并按汉字的书写笔顺以及输入规则按下相应键位即可。五笔字型输入方法的最大特点是重码少，录入的关键就是熟练地拆字。只要努力练习，一般可以达到每分钟输入 120~180 个汉字。与拼音输入法相比，它具有直观、重码率低、按键次数少(最多按键 4 次)等优点。因此，五笔字型输入法是专业录入人员常用的一种输入法。

3.6.1　汉字结构

五笔字型输入法正是运用了汉字可拆分的思想，将汉字从结构上划分为笔画、字根和单字 3 个层次。

1. 笔画

"笔画"就是在书写中不间断的线条。在五笔字型中，笔画被归纳为 5 种，如表 3-4 所示。

表 3-4　五笔字型中的 5 种笔画

代　号	笔画名称	笔画走向	笔画及其变形
1	横	左→右	一
2	竖	上→下	丨
3	撇	右上→左下	丿
4	捺	左上→右下	、
5	折	带转折	乙

五笔字型中笔画的分类只将该笔画书写时的运笔方向作为唯一的划分依据，而不考虑它们的轻重和长短。

2. 字根

"字根"是指由笔画或笔画复合连线交叉而形成的一些相对不变的结构。在五笔字型中，字根大多数是传统汉字中的偏旁部首，如单人旁、双人旁、言字旁、金字旁、两点水和三点水等，还有一些是研制者规定的。五笔字型中包括 130 个基本字根，分布在 25 个英文字母键位上(不含 Z 键)。学习五笔字型时，应该明白所有的汉字都是由这 130 个基本字根拼合而成的，这些字根是组字的依据，也是拆字的依据。

3. 单字

由笔画和字根拼合而成的完整的汉字。有些字根本身也是一个汉字，在录入时可以直接使用，如"由"、"十"等。

3.6.2　字根的分区

在五笔字型输入法中，选取组字能力强、出现次数多的 130 个字根作为基本字根，其余所有的字，在输入时都要拆分成基本字根的组合。

对选出的 130 个基本字根，按照其起笔笔画，分成 5 个区。以横起笔的字根为第 1 区，以竖起笔的字根为第 2 区，以撇起笔的字根为第 3 区，以捺(点)起笔的字根为第 4 区，以折起笔的字根为第 5 区，每个区的每个键位都赋予一个代表字根，从而形成了五笔字型的键盘布局，如图 3-25 所示。

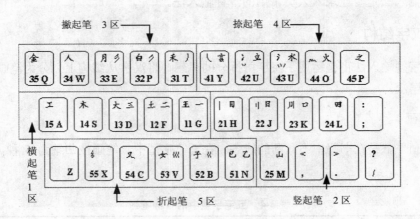

图 3-25　五笔字型的 5 个区在键盘上的布局

3.6.3　字根及其键位

在五笔字型的键盘布局中，将 25 个键分成 5 个区，在每个区都有 5 个键位。位号和区号都是 1～5。各区的位号都是从打字键区的中间向两端排列，这样就使得双手放到键盘上时，位号的顺序与食指到小指的顺序一致。

区号和位号相对应的编号就称为区位号。区位号共有 25 个，每个区位号由两位数组成，其中个位数是位号，十位数是区号。这样，就把 130 个字根按规律放在 25 个区位号上，这些区位号用代码 11、12、13、14、15、21、22、…、51、52、53、54、55 来表示，分布在键盘的 25 个英文字母键上，如图 3-25 所示。

从图 3-25 中可以看出字根排列有如下一些规律：

- 字根的首笔代号与它所在的区号一致，也就是说要用一个字根时，如果它的首笔是横，就在一区内查找，首笔是竖就在二区内查找等。
- 字根的次笔代号基本上与它所在的位号一致，也就是说，如果某字根第二笔是横，一般来说，它应在某区的第二个键位上。根据上述两点，可以帮助我们较快地找到所需字根。
- 有时字根的分位是依据该字根的笔画而定的。例如，横起笔区的前三位就分别放有字根一、二、三，类似的竖起笔前三位分别放有一竖、两竖和三竖等。
- 个别字根按拼音分位，例如，"力"字拼音为 Li，就放在 L 位；口的拼音为 Kou，就放在 K 位。
- 有些字根以义近为准放在同一位，例如，传统的偏旁"亻"和"人"、"忄"和"心"、提手和"手"等。
- 有些字根以与键名字根或主要字根形近或渊源一致为准放在同一位，例如，在 I 键上就有几个与"水"字型相近的字根。

由于字根较多，可以通过图 3-26 中的"助记歌"来加深记忆。该助记歌不仅增加些韵味，易于上口，而且对初学者具有一定的辅助记忆作用。

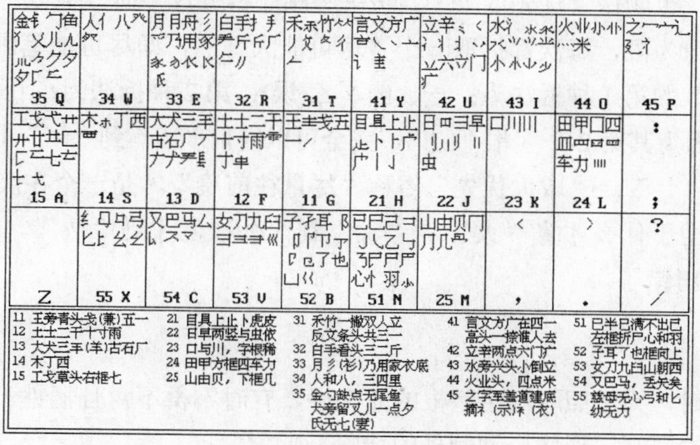

图 3-26　字根在键盘上的分布

3.6.4　字根间的结构关系

正确地将汉字分解成字根是五笔字型输入法的关键。组成汉字时，字根间的相对关系分为单、散、连和交 4 种。

- 单：字根本身就是一个独立的汉字的情况叫"单"。在 130 个基本字根中这种情况很多，一看键盘图就可以知道。而"单"的情况又可以分为两种，一种是键的中文键名就是一个独立的汉字(最后一个键名"纟"视为一个汉字)，这种键名只有 25 个；另一种是键位图中除键名以外的其他独立成字的字根，称之为"成字字根"，约有 60 余个，包括 5 种基本笔画。在输入这些汉字时，不必将它们拆分成更小的组字部分，如车、用等。
- 散：几个字根共同组成一个汉字时，字根间保持一定距离，既不相连也不相交的情况叫"散"，比如清、华、学、训等字。
- 连：单笔画与某一基本字根相连或带点的结构叫"连"，如干、于、玉等字。值得注意的是带点的结构，这些字中的"点"与其他的基本字根并不一定相连，它们之间可能连也可能有一些距离，但在五笔字型中都视其为相连，如犬、勺等。
- 交：两个或两个以上字根交叉、套迭的结构叫"交"，如申、必、果等字。

有时，一个汉字可能同时具有多种结构，例如，"夷"字中的"一"和"弓"是"散"的关系，而"一"和"人"、"弓"和"人"之间却都是"交"的关系。

3.6.5　汉字的拆分原则

分解汉字字根应遵照上述规则，而分解汉字的要点是取大优先、兼顾直观、能连不交和能散不连 4 个原则。

1. 取大优先

"取大优先"也叫做"优先取大"。按书写顺序拆分汉字时，应以"再添一个笔画便不能成其为字根"为限，每次都拆取一个"尽可能大"的，即尽可能笔画多的字根。

例如，"世"的第 1 种拆法为：一、凵、乙(误)；第 2 种拆法为：廿、乙(正)。显然，前者是错误的，因为其第 2 个字根"凵"，完全可以向前"凑"到"一"上，形成一个"更大"的已知字根"廿"。"取大优先"俗称"尽量往前凑"，是一个在汉字拆分中最常用到的基本原则。至于什么才算"大"，"大"到什么程度才到"边"，这要等熟悉了字根总表，才不会出错了。

2. 兼顾直观

在拆分汉字时，为了照顾汉字字根的完整性，有时不得不暂且牺牲一下"书写顺序"和"取大优先"的原则，形成个别例外的情况。

例如，"国"按"书写顺序"应拆成："冂、王、丶、一"，但这样便破坏了汉字构造的直观性，故只好违背"书写顺序"，拆作"囗、王、丶"。

再如，"自"按"取大优先"应拆成："亻、乙、三"，但这样拆，不仅不直观，而且也有悖于"自"字的字源(这个字的字源是"一个手指指着鼻子")，故只能拆作"丿、目"。

3. 能连不交

当一个字既可拆成相连的几个部分，也可拆成相交的几个部分时，我们认为"相连"的拆法是正确的。因为一般来说，"连"比"交"更为直观。例如，"于"可拆为"一"和"十"(二者是相连的)或"二"和"丨"(二者是相交的)；"丑"可拆为"乙"、"土"(二者是相连的)，或"刀"、"二"(二者是相交的)。

4. 能散不连

字根与字根间的关系决定了字型(上下、左右、杂和)，有时候一个汉字被拆成的几个部分都是复笔字根(不是单笔画)，它们之间的关系在"散"和"连"之间模棱两可。例如："占"可拆分为"卜"、"口"，两者按"连"处理，便是杂合型(能连不交型)，两者按"散"处理，便是上下型(兼顾直观型正确)。"于"可拆分为"一"、"十"，两者按"连"处理，便是杂合型(能连不交型)，两者按"散"处理，便是上下型(兼顾直观型正确)。当遇到这种既能"散"，又能"连"的情况时，在五笔字型里规定：只要不是单笔画，一律按"能散不连"判断。因此，以上两例中的"占"和"于"，都被认为是"上下型"字(兼顾直观型)。

注意:

以上这些规定，是为了保证编码体系的严整性而制定的。实际上，用得上后 3 条规定的字只是极少数。

3.6.6 汉字拆分的方法

在五笔字型中，汉字拆分的方法分为键名字、成字字根和键外字 3 种。

1. 键名字

键名字是各个键上的第 1 个字根，即"助记词"中打头的那个字根，我们称之为"键名字"。这个作为"键名"的汉字，其输入方法是把所在的键连击 4 下(不再击空格键)，例如，

　　　　日：日日日日　　22 22 22 22 (J J J J)
　　　　月：月月月月　　33 33 33 33 (E E E E)

如此，把每一个键都连击 4 下，即可输入 25 个作为键名的汉字，如表 3-5 所示。

表 3-5　键名汉字

王土大木工	目日口田山	禾白月人金	言立水火之	已子女又纟
G F D S A	H J K L M	T R E W Q	Y U I O P	N B V C X

2. 成字字根

成字字根是字根总表中键名以外自身也是汉字的字根。除键名外，成字字根一共有 97 个(其中包括相当于汉字的"氵、亻、勹、刂"等)。

　　成字字根的输入法是先打一下它所在的键(称为"报户口"),再根据"字根拆成单笔画"的原则,打它的第一个单笔画、第二个单笔画以及最后一个单笔画,不足4键时,加打一次空格键。现举例如表3-6所示。其实5种单笔画"一、丨、丿、丶、乙"在国家标准中都是作为汉字来对待的。在"五笔字型"中,照理说它们应当按照"成字根"的方法输入,除"一"之外,其他几个都很不常用,按"成字字根"的打法,它们的编码只有2码,这么简短的"码"用于如此不常用的"字",实在太可惜了!于是,五笔字型中将其简短的编码让位给更常用的字,而人为地在其正常码的后边加两个"L"作为5个单笔画的编码。例如,

　　　　一:GGLL　　　　　　丶:YYLL
　　　　丨:HHLL　　　　　　乙:NNLL
　　　　丿:TTLL

表3-6　成字字根示例表

成字字根	报户口	第1单笔	第2单笔	最末单笔	所击键位							
文	文 (Y)	丶 (Y)	一 (G)	丶 (Y)	41	41	11	41	Y	Y	G	Y
用	用 (E)	丿 (T)	乙 (N)	丨 (H)	33	31	51	21	E	T	N	H
亻	亻 (W)	丿 (T)	丨 (H)		34	31	21		W	T	H	空格
厂	厂 (D)	一 (G)	丿 (T)		13	11	31		D	G	T	空格
车	车 (L)	一 (G)	乙 (N)	丨 (H)	24	11	51	21	L	G	N	H

　　应当说明,"一"是一个极为常用的字,每次都打4下很费事。后边会讲到"一"还是一个"高频字",即打一个"G"再打一个空格便可输入。

3. 键外字

　　键外字是指"字根总表"中没有的汉字,它们都可以认为是由表内的字根拼合而成的,故称之为"合体字"——相当于"分子"。按照"汉字拆成字根"原则,用户首先应毫无例外地将一切"合体字"拆成若干个字根。

　　汉字输入编码主要是键外字的编码。含4个或4个以上字根的汉字,用4个字根码组成编码,不足4个字根的汉字,在末尾需补一个字型识别码。

　　每个字根都被分派在一个字母键上,其在键上的英文字母就是该字根的"字根码"。凡含4个或4个以上字根的汉字,取其一、二、三、末4个字根的码组成键外字的输入码。例如,

　　　　琴:王 王 人 乙　　　　　11　11　34　51 (GGWN)
　　　　瑛:王 艹 冂 大　　　　　 11　15　25　13 (GAMD)
　　　　吊:口 冂 丨 刂(识别码)　23　25　21　22 (KMHJ)

归纳起来，五笔字型汉字编码规则如图 3-27 所示。

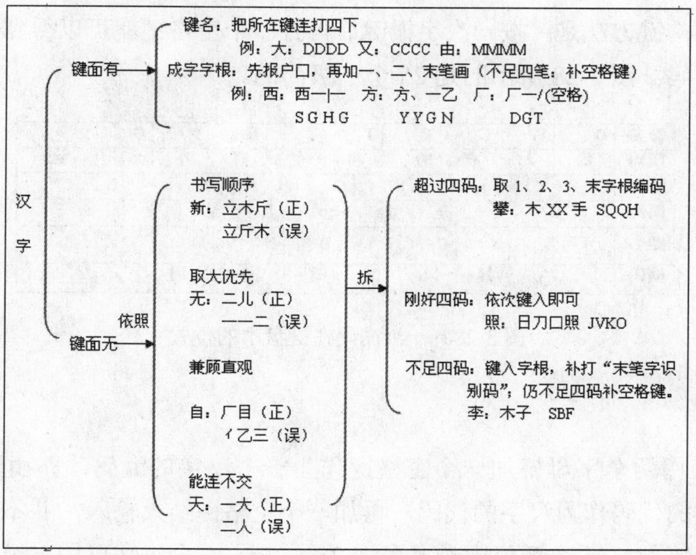

图 3-27　五笔字型汉字编码规则

当一个字不够拆为 4 个字根时，它的输入编码是先打完字根码，再追加一个"末笔字型识别码"，简称"识别码"。识别码由汉字的最后一笔笔画的类型编号和汉字的字型编号组成，如表 3-7 所示。

表 3-7　末笔字型识别码表

字型 笔画	左右 1	上下 2	杂合 3
横 1	11G	12F	13D
竖 2	21H	22J	23K
撇 3	31T	32R	33E
捺 4	41Y	42U	43I
折 5	51N	52B	53V

3.6.7　简码输入

在汉字中有一些常用字的使用频率较高，而使用计算机进行文字输入有一个很重要的目的，就是提高效率，节省时间。所以，当输入这些常用字时应该尽量减少按键次数，这样才符合实际需要。为此，五笔字形中规定了一些简码。在输入这些简码时，减少了按键次数或降低了拆字、输入时的难度，使之达到了提高效率的目的。五笔字型中的简码分为三级，分别叫一级简码、二级简码和三级简码。

1. 一级简码

一级简码的击键方法是：按一次字根键后再打一个空格键就可以得到一个汉字，这个汉字就叫一级简码。图 3-28 所示的是 25 个一级简码。

键名	Q	W	E	R	T	Y	U	I	O	P
简码	我	人	有	的	和	主	产	不	为	这
键名		A	S	D	F	G	H	J	K	L
简码		工	要	在	地	一	上	是	中	国
键名			Z	X	C	V	B	N	M	
简码				经	以	发	了	民	同	

图 3-28　一级简码在键盘中的位置

2. 二级简码

二级简码是用两个字母键加一个空格键作为一个汉字的编码，即由汉字全码中的第一、第二个字根的代码作为汉字的代码，再加一个空格键结束输入，并不是所有的汉字都能用二级简码来输入，25 个键位中最多允许 25×25=625 个汉字可用二级简码，但实际上没有那么多。

例如，"早"字，按 J、H 键，再按空格键即可；"人"字，按 T、Y 键，再按空格键即可；"杨"字，按 S、N 键，再按空格键即可。

3. 三级简码

三级简码是用汉字全码中的前 3 个字根来作为该字的代码。输入时只需输入汉字的前 3 个字根代码，再加一个空格键即可。虽然加空格键，并没有减少总的击键次数，但因为省略了最后的字根码和末笔字型识别码，所以也相应地提高了输入的速度。理论上讲，三级简码应该有 25×25×25=15 625 个，但实际上并没有那么多。

例如，"论"字，按 Y、W、X 键，再按空格键即可；"清"字，按 I、G、E 键，再按空格键即可；"哩"字，按 K、J、F 键，再按空格键即可。

4. 词组输入

在五笔字型编码方案中，设置了词组输入功能，使汉字的输入速度得到大大的提高。词组采用与单字完全不同的取码规则，它们的码长为 4 码，词组所含的字数不同，其取码规则也有区别。

- 二字词组：二字词组在汉语词汇中占有非常大的比重，熟练掌握二字词组的输入是提高文字输入速度的关键。二字词组的编码规则是：按书写顺序，取两个字的全码的前两个代码，共 4 码。例如，"账号"拆分为"冂、丨、口、一"，可按 M、H、K、G 键输入；"机器"拆分为"木、几、口、口"，可按 S、M、K、K 键输入。

- 三字词组：三字词组的编码规则是取前两个字的全码的第 1 码，最后一个字取其全码的前两码，一共 4 码。例如，"小朋友"拆分为"小、月、ナ、又"，可按 I、E、D、C 键输入；"显示器"拆分为"日、二、口、口"，可按 J、F、K、K 键输入。

- 四字词组：四字词组的编码规则是取每个字全码的第 1 码，共 4 码。例如，"管理体制"拆分为"竹、王、亻、刂"，可按 T、G、W、R 键输入；"综合利用"拆分为"纟、人、禾、用"，可按 X、E、T、E 键输入。

- 多字词组：多字词组是指多于 4 个字的词组。对于这些多字词组，它们的取码规则是：取前三个与最末一个字的全码中的第 1 码，共 4 码。例如，"现代化建设"拆分为"王、亻、亻、辶"，可按 G、W、W、Y 键输入；"汉字输入技术"拆分为"氵、宀、车、木"，可按 I、P、L、S 键输入。

注意：

在 Windows 版王码汉字系统中，系统为用户提供了 15 000 条常用词组。此外，用户还可以使用系统提供的造词软件另造新词，或直接在编辑文本的过程中从屏幕上"取字造词"。所有新造的词，系统都会自动给出正确的输入外码，并合并到原词库中统一使用。

5. 重码

当输入一组编码后，在屏幕上出现了几个不同的字，因此要进行第 2 次选择，这就叫做重码。汉字的编码方案中，如果重码率高，则输入的速度会降低。对于重码字，五笔字型编码又按汉字的使用频率作了处理。如果输入单字的编码后出现两个以上的汉字，则把使用频率最高的放在第 1 位，然后依次排列。如果需要输入排在第 1 位的字，则只需按空格键即可，但如果输入排在第 1 位后面的字，则需要按它们所对应的数字键。

6. Z 键

Z 键具有帮助学习的作用，它可以代替其他键位和汉字的任何字根，所以 Z 键还被称为"万能学习键"。

一般来说，在五笔字型输入法状态下输入汉字时，如果对某个字的编码没有把握，不知道某个码元在哪个键上或不知道识别码是什么时，都可以使用万能学习键 Z 来代替所不知道的那个输入码。并且，一旦用 Z 代替用户未知的码，相关字的正确码就会自动提示在这个汉字的后面。例如，当要输入"重"字，却忘记了第 2、第 3 字根的键位时，可以用 Z 键来代替第 2、第 3 字根的键位，即输入 TZZF，则在重码提示窗口中会出现该字的正确编码。

注意：

初学五笔字型输入法时，如果没有记住汉字的编码，可以充分利用 Z 键来帮助学习。但是，在拆分某个汉字前，必须记住最基本的字根，因为如果所用 Z 键的次数过多，则在重码提示窗口中，系统会将所有符合条件的汉字分批列出来，这样反而影响输入速度。

【练习 3-6】新建一文本文档，使用五笔字型输入法输入下面的内容。

望岳 杜甫

岱宗夫如何？齐鲁青未了。

造化钟神秀，阴阳割昏晓。

荡胸生层云，决眦入归鸟。

会当凌绝顶，一览众山小。

3.7　输入法的管理

在录入文字信息时，需要经常在中、英文输入法之间切换。有时为了能够更加方便地使用输入法，还需要对输入法的属性进行必要的设置。

3.7.1　选择与切换输入法

Windows XP 提供了 6 种汉字输入法，分别是微软拼音输入法、全拼输入法、双拼输入法、智能 ABC 输入法、区位输入法和郑码输入法。在 Windows 环境中，可以使用 Ctrl+Space 组合键来切换中、英文输入法，并可根据自己的习惯使用 Ctrl+Shift 组合键来切换中文输入法。

此外，还可以通过单击任务栏上的输入法图标来选择中文输入法，这种方法比较直接。在 Windows 的"任务栏"中，单击代表输入法的"键盘"图标，在弹出当前系统中已安装的输入法快捷菜单后，单击要使用的输入法即可，如图 3-29 所示。

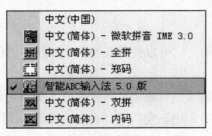

图 3-29　选择输入法

3.7.2　输入法状态窗口的功能

选择一种中文输入法之后就可以进行中文输入了。此时屏幕的左下角会出现输入法状态窗口，如图 3-30 所示为智能 ABC 输入法的状态窗口。它由"中英文切换"按钮、"输入方式切换"按钮、"全角/半角切换"按钮、"中英文标点切换"按钮和"软键盘"按钮 5 部分组成。

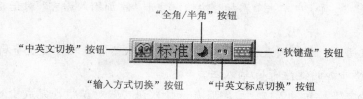

图 3-30　中文输入法状态窗口

- "中英文切换"按钮：单击该按钮，可在中、英文输入法之间切换。
- "输入方式切换"按钮：系统中的某些中文输入法可能含有自身携带的其他输入方式。例如，智能 ABC 输入法包括标准和双打两种输入方式。单击该按钮即可实现两种输入方式的转换。
- "全角/半角"按钮：该按钮主要是为字符间距的大小而设置的。中文输入时，如果处在"半角"状态下，字符间距小；如果处在"全角"状态下，字符间距大。用户可根据需要单击该按钮或者使用键盘的 Shift+Space 组合键在两种状态之间进行切换。
- "中英文标点切换"按钮：单击该按钮，可进行中文标点与英文标点之间的切换。另外，使用 Ctrl + · 组合键也可进行切换。
- "软键盘"按钮：单击该按钮，可在屏幕上打开图 3-31 所示的键盘。单击"软键盘"上的键位，可将相应的字符插入到文档里，再次用鼠标单击输入法状态窗口的"软键盘"按钮，将关闭"软键盘"。Windows XP 为用户提供了 13 种软键盘，右击"软键盘"按钮，即可在屏幕上弹出图 3-32 所示的软键盘类型菜单，选择软键盘名称之后，即可在屏幕的右下角打开所选择的软键盘。这就为用户在输入中文时加入其他字符提供了方便。

✔ PC键盘	标点符号
希腊字母	数字序号
俄文字母	数学符号
注音符号	单位符号
拼　音	制表符
日文平假名	特殊符号
日文片假名	

图 3-31　软键盘　　　　　　图 3-32　软键盘类型菜单

3.7.3　添加与删除输入法

在 Windows 操作系统中，用户还可以根据自己的习惯和需要，添加或删除输入法。

【练习 3-7】在 Windows XP 系统中练习添加和删除输入法。

(1) 右击任务栏上的输入法图标，在弹出的快捷菜单中选择"设置"命令，打开"文字服务和输入语言"对话框，如图 3-33 所示。

(2) 在"设置"选项卡中单击"添加"按钮，打开"添加输入语言"对话框，如图 3-34 所示。

(3) 在"输入语言"下拉列表框中选择待添加的输入语言，在"键盘布局/输入法"下拉列表框中选择待添加的键盘布局/输入法。

(4) 单击"确定"按钮，返回"文字服务和输入语言"对话框，完成输入法的添加。

(5) 若要删除某种输入法，则在"已安装的服务"选项组的列表框中选中某种输入语言，然后单击"删除"按钮即可。

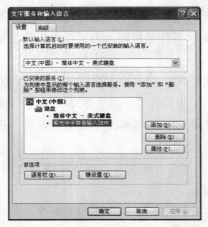
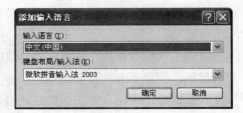

图 3-33　"文字服务和输入语言"对话框　　　　图 3-34　"添加输入语言"对话框

3.8　文　件　管　理

文件管理包括新建、查看、删除和重命名文件和文件夹等。像传统的 Windows 版本一样，Windows XP 为文件的各种操作提供了两种视图方式，一是普通窗口界面，二是 Windows 资源管理器界面。在这两种界面之间可以方便地切换。

3.8.1　文件和文件夹

文件和文件夹是 Windows 操作中经常用到的两个概念。为了更好地使用 Windows，下面对它们分别进行介绍。

1. 文件

文件是操作系统中最基本的存储单位，它包含文本、图像及数值数据等信息。通常是在计算机内存中先创建文件，然后把它存储到磁盘设备中。

早期 DOS 操作系统下，文件名由最多只有 8 个字符的文件名和 3 个字符的扩展名组成，称为 8.3 文件格式。当然，如果用户愿意，也可以在文件名和扩展名中使用较少的字符。但是如果用户使用多于 8 个字符的文件名和多于 3 个字符的扩展名，DOS 会去掉多余的字符。

在 DOS 操作系统中，路径指出了文件所在的驱动器和目录(或文件夹)。例如，如果 readme.txt 文件在驱动器 C 的 Windows 目录下，它的全路径就是 C: \Windows\readme.txt。反斜杠“\”把目录和文件名分隔开，驱动器字符后面总跟着冒号。

文件的扩展名通常表示文件的类型，在 Windows 中常用的扩展名及所表示的文件类型如表 3-8 所示。

表 3-8　常用的 Windows 文件扩展名

扩 展 名	文 件 类 型	扩 展 名	文 件 类 型
AVl	视频文件	FON	字体文件
BAK	备份文件	HLP	帮助文件
BAT	批处理文件	INF	信息文件
BMP	位图文件	MID	乐器数字接口文件
COM	执行文件	MMF	mail 文件
DAT	数据文件	RTF	文本格式文件
DCX	传真文件	SCR	屏幕文件
DLL	动态链接库	TTF	TrueType 字体文件
DOC	Word 文件	TXT	文本文档
DRV	驱动程序文件	WAV	声音文件

Windows 文件的最大改进是使用长文件名，支持最长 255 个字符的长文件名，使文件名更容易识别。Windows 的文件命名规定如下。

● 在文件或文件夹名字中，最多可使用 255 个字符。

● 可使用多个间隔符(.)的扩展名，例如 report.lj.oct98。

● 名字可以有空格，但不能有字符 \　/:* ?" < > | 等。

● Windows 保留文件名的大小写格式，但不能利用大小写区分文件名。例如，README.TXT 和 readme.txt 被认为是同一文件名称。

● 当搜索和显示文件时，用户可使用通配符(?和*)。其中，问号(?)代表一个任意字符，星号(*)代表一系列字符。

Windows 操作系统下路径的表示方法与 DOS 基本相同，即一个文件的完整路径包括盘符和所在的文件夹。例如，report.txt 位于 C 盘的 winword 文件夹下的 txt 子文件夹中，那么完整路径可表示为 C: \winword\txt\report.txt。

若要查看文件内容，只需双击该文件即可。如果文件类型已经在系统中注册，Windows 将会使用与之关联的程序去打开文件；如果文件没有在系统中注册，则提示不能打开该文件，此时要打开文件，可在弹出的对话框中选中“从列表中选择程序”单选按钮，然后单击“确定”按钮，弹出“打开方式”对话框，在“程序”列表框中选择打开文件的应用程序，如图 3-35 所示。

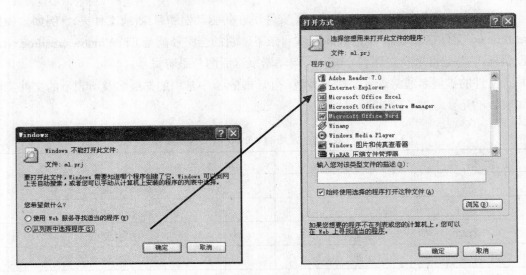

图 3-35　选择文件打开方式

2. 文件夹

文件夹用来存放各种文件，就像人们使用的公文夹一样。使用文件夹可以方便地对文件进行管理，比如将相同类型的文件存放到同一个文件夹中，可以方便对文件的查找。

在 Windows 中，一个文件夹还可以包含多个子文件夹。双击文件夹，即可将其打开，查看其中的内容，如图 3-36 所示。

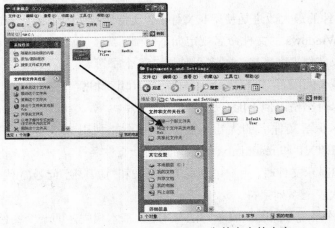

图 3-36　Documents and Settings 文件夹中的内容

注意：

在 Windows 中，同一文件夹中的文件名不能相同。

3.8.2　"我的电脑"

利用"我的电脑"窗口可管理硬盘、映射网络驱动器、文件夹与文件。"我的电脑"窗口如图 3-9 所示。用户可以通过"我的电脑"窗口来查看和管理几乎所有的计算机资源。

　　在"我的电脑"窗口中，用户可以看到计算机中的所有磁盘列表。在左窗格中还可以进行系统任务的设置，如查看系统信息、添加/删除程序和更改设置等操作；可以改变到其他位置，如转换到"我的文档"、"网上邻居"或"共享文档"等。单击磁盘驱动器时，左窗格中还将显示选中驱动器的大小、已用空间和可用空间等相关信息。用户还可以双击任意驱动器来查看它们的内容。单击文件或文件夹时，左窗格中将显示文件或文件夹的修改时间及属性等信息。对于 BMP 等格式的图像文件以及 Web 页文件，单击一个文件即可预览该文件的内容。

　　如果要在"我的电脑"里查看计算机中的其他内容，可以打开"地址"下拉列表，选择其中的某项内容后，在"我的电脑"窗口将出现所选项目的内容。如果计算机已接入 Internet，在"地址"工具栏中直接输入网址，还可以直接访问 Internet。

　　"我的电脑"窗口的工具栏中还包括一些功能按钮。例如，单击"后退"按钮，将返回至上次在"我的电脑"窗口的操作；单击"前进"按钮，将撤销最新的"后退"操作；单击"向上"按钮，将逐级向上移动，直至屏幕上显示"桌面"对话框的内容。

3.8.3　资源管理器

　　Windows 的资源管理器是另一个文件管理工具。它的功能完全类似于"我的电脑"，区别之处在于它同时显示了两个不同的信息窗格，左边的窗格中以树的形式显示了计算机中的资源项目，右边的窗格中显示了所选项目的详细内容，如图 3-37 所示。

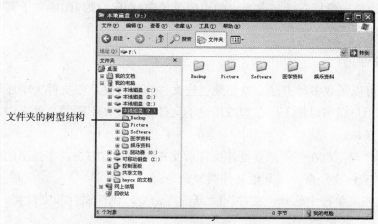

图 3-37　Windows 的资源管理器

　　利用资源管理器可以方便地对文件、文件夹、打印机与磁盘等进行管理，并能够迅速地访问网络上的计算机。在 Windows 中，用户可采取以下方式之一来启动资源管理器。

- 打开"开始"菜单，选择"所有程序"|"附件"|"Windows 资源管理器"命令。
- 在桌面上右击"我的电脑"图标，在弹出的快捷菜单中，选择"资源管理器"命令。
- 右击"开始"按钮，在弹出的快捷菜单中选择"资源管理器"命令。

资源管理器的左窗格中以树状结构显示了系统中的所有设备，如果在驱动器或文件夹的左边有"+"号，则单击"+"号可以展开它所包含的子文件夹。此时，"+"号变为"－"号，单击"－"号则可以把已经展开的内容折叠起来。

在资源管理器窗口中，要查看一个文件夹或磁盘的内容，在树状结构的左侧窗格中单击即可。

3.8.4 文件和文件夹操作

在 Windows 中，用户可以根据需要对文件和文件夹进行各种操作。例如，查看文件和文件夹，创建文件和文件夹，重命名文件和文件夹，对文件和文件夹进行移动、复制及删除等。

1. 查看文件和文件夹

在 Windows 中，用户可通过"我的电脑"或资源管理器来查看文件和文件夹，并可对文件和文件夹的显示和排列格式进行设置。

在"我的电脑"或资源管理器中，单击工具栏中的"查看"按钮，将弹出查看菜单，用户可根据需要选择缩略图、平铺、图标、列表或详细信息这 5 种查看方式中的一种。

为了便于查看文件和文件夹，用户还可以对文件图标进行排序，例如，按名称、按日期、按类型、按大小及自动排列等。执行下列操作之一可以对文件和文件夹图标进行排序。

- 打开"查看"菜单，在"排列图标"子菜单中选择相应的排列方式。
- 在桌面空白处单击鼠标右键，在弹出的快捷菜单中打开"排列图标"子菜单，选择相应的排列方式。

2. 创建文件和文件夹

在 Windows 中可以采取多种方法来方便地创建文件和文件夹，在文件夹中还可以创建子文件夹。这样，用户就可以把不同类型或用途的文件分别放在不同的文件夹中，以使自己的文件系统更有条理。

要创建文件或文件夹，可在任何想要创建文件或文件夹的地方右击，在弹出的快捷菜单中选择"新建" | "文件夹"命令或其他文件类型命令。

用户也可以通过在菜单栏中选择"文件" | "新建"命令，创建文件和文件夹。

3. 选择文件和文件夹

在对文件或文件夹进行操作之前，一般要首先选择文件或文件夹。具体方法如下。

- 单个选择：可以直接单击文件或文件夹，或使用键盘中的方向键选择。
- 连续选择：先单击第一个文件或文件夹，按住 Shift 键后单击最后一个要选择的文件或文件夹；或使用键盘先选择第一项，再按住 Shift 键，同时用方向键选择其他项。
- 非连续选择：先按住 Ctrl 键，然后依次单击需要选择的文件或文件夹。
- 框选：在文件列表窗口中拖动鼠标，出现一个虚线框，释放鼠标，将选择虚线框中的所有文件或文件夹。

- 全选：选择"编辑"|"全部选择"命令可选择所有文件或文件夹。选择"编辑"|"反向选择"命令，将选择当前所选项外的其他项。

4. 复制、移动文件和文件夹

在 Windows 中，用户可以使用鼠标拖动的方法或选择相应命令对文件和文件夹进行复制和移动操作。

要通过鼠标拖动的方法复制或移动文件或文件夹，可以分别打开想要复制或移动的对象的源窗口以及目的窗口，使两个窗口都同时可见，在源窗口中选中对象后，按下 Ctrl 键的同时用鼠标将其拖动到目的窗口中进行复制；或按下 Shift 键的同时用鼠标将其拖动到目的窗口中进行移动。

注意：

将文件在不同磁盘分区之间拖动和放置时，Windows 的默认操作是复制。在同一分区中拖动和放置时，Windows 的默认操作是移动。如果要在同一分区中从一个文件夹复制对象到另一个文件夹，必须在拖动时按住 Ctrl 键，否则将会移动文件。同样，如果要在磁盘分区之间移动文件，必须在拖动时按下 Shift 键。

如果使用鼠标右键拖动文件或文件夹，则在拖动之后系统将自动弹出一个快捷菜单，用户可以根据需要选择相应的命令来复制或移动文件或文件夹。

此外，用户还可以使用"编辑"|"复制"和"粘贴"命令复制对象；选择"编辑"|"剪切"和"粘贴"命令移动对象。

5. 重命名文件和文件夹

在 Windows 中，用户可根据需要重新命名文件或文件夹。具体方法如下。

- 打开 Windows 资源管理器，选择想要重命名的文件或文件夹，选择"文件"|"重命名"命令，被选中的文件或文件夹的名称将高亮显示，并且在名称的末尾出现闪烁的光标，这时输入新的文件或文件夹名称即可。
- 直接右击想要重命名的文件，在弹出的快捷菜单中选择"重命名"命令来快速重命名文件。

注意：

如果文件已经被打开或正被使用，则不能被重命名；不要对系统中自带的文件和文件夹以及其他程序安装时所创建的文件和文件夹进行重命名操作，否则有可能引起系统或其他程序的运行错误。

6. 删除文件和文件夹

为了保持文件的整洁，同时也为了节省磁盘空间，用户需要经常删除一些无用的文件。要删除文件，可以执行下列操作之一。

- 右击要删除的文件(可以是选中的多个文件)，在弹出的快捷菜单中选择"删除"

命令。

- 在"我的电脑"或 Windows 资源管理器中选中要删除的文件，然后选择"文件" |"删除"命令。
- 选中想要删除的文件，按键盘上的 Delete 键。
- 用鼠标将要删除的文件拖到桌面的"回收站"图标上。

注意：

如果某些文件或文件夹正在被系统使用，则 Windows 将会提示文件或文件夹不能被删除。

7. 查看文件和文件夹的属性

在 Windows 操作系统中，每个文件和文件夹都有自己的属性。通过查看文件和文件夹的属性，可以了解文件和文件夹的存储位置、大小、创建和修改时间、作者和主题等信息。

要查看文件或文件夹的属性，可以右击选中的文件或文件夹，在打开的快捷菜单中选择"属性"命令，打开该文件或文件夹的属性对话框，在"常规"选项卡中查看相应的信息。图 3-38 所示为文件属性对话框。

通常，如果将文件属性设置为"只读"，那么该文件将不能够被修改。如果选中"隐藏"复选框，那么在 Windows 资源管理器中将不会显示该文件。

若要显示隐藏的文件，可以在 Windows 资源管理器中，选择"工具"|"文件夹选项"命令，打开"文件夹选项"对话框，在"查看"选项卡的"高级设置"列表框中选中"显示所有文件和文件夹"单选按钮，再单击"确定"即可。

8. 自定义文件夹

在 Windows 资源管理器中，用户可以自定义文件夹，修改代表该文件夹的背景图片和图标文件，以使该文件夹有别于其他的文件夹。具体方法是在资源管理器中选择需要自定义的文件夹，然后选择"查看"|"自定义文件夹"命令，打开"自定义"选项卡，并设置文件夹的模板类型、文件夹图片、文件夹图标等内容，如图 3-39 所示。

图 3-38　文件的属性对话框

图 3-39　文件夹的属性对话框

9. 设置文件夹选项

在 Windows 资源管理器窗口或任意文件夹窗口中，用户可以选择"工具"|"文件夹选项"命令，在打开的"文件夹选项"对话框中对文件夹进行高级设置。

- "常规"选项卡：可以设置文件夹的任务、浏览文件夹的方式、打开项目的方式，如图 3-40 左图所示。
- "查看"选项卡：可以设置文件夹视图和文件夹的高级设置。其中，在"高级设置"列表框中可以设置是否显示具有隐藏属性的文件，如图 3-40 右图所示。
- "文件类型"选项卡：可以设置已注册的文件类型，以及文件的打开方式。
- "脱机文件"选项卡：在处于未连接状态下，可以使用脱机文件与存储在网络上的文件和程序一起工作。在该对话框中，可以选中"启用脱机文件"复选框，然后设置有关的选项。

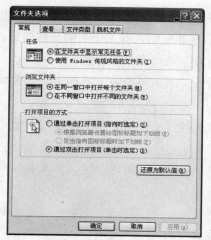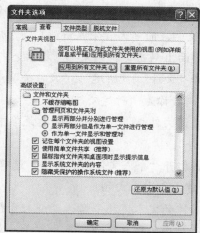

图 3-40　"文件夹选项"对话框的"常规"和"查看"选项卡

10. "回收站"

"回收站"用于暂时存放被删除的文件。如果希望在"回收站"中恢复已被删除的文件，可以打开"回收站"，右击需要恢复的文件，在弹出的快捷菜单中选择"还原"命令。如果要清空回收站，可以右击"回收站"图标，选择"清空回收站"命令。清空"回收站"后，将不能再恢复已删除的文件。

"回收站"的容量是有限的，用户可以通过"回收站 属性"对话框设置回收站的属性和空间大小，如图 3-41 所示。

注意：

当"回收站"的空间已经被全部占用时，如果还有文档要进入"回收站"，则最早进入"回收站"的文件将首先被自动删除(它们将不能被还原)。这时，系统将在删除文档时给出警告，并将运行磁盘清理程序。

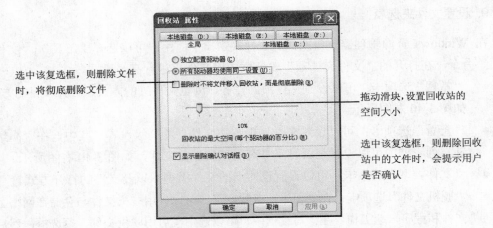

选中该复选框，则删除文件时，将彻底删除文件

拖动滑块，设置回收站的空间大小

选中该复选框，则删除回收站中的文件时，会提示用户是否确认

图 3-41 "回收站 属性"对话框

【练习 3-8】在"我的文档"中创建一个文件夹，命名为"个人文件"，并在其中创建一个文本文档，命名为"个人资料"，然后在其中输入有关个人的一些信息。

(1) 在桌面上双击"我的文档"图标，打开"我的文档"窗口。

(2) 选择"文件"|"新建"|"文件夹"命令，此时就会在"我的文档"窗口中出现一个新文件夹，名称为"新建文件夹"。

(3) 右击该文件夹，在弹出的快捷菜单中选择"重命名"命令，输入新的文件夹名称为"个人文件"。

(4) 双击打开"个人文件"文件夹，选择"文件"|"新建"|"文本文档"命令，在该文件夹中新建一个文本文档。

(5) 将新建的文本文档命名为"个人资料"。

(6) 双击新建的文本文档，将其打开，在其中输入个人资料。

注意：
新建文件夹后，若没有执行单击鼠标等操作，则可以直接为文件夹命名。

3.9 磁 盘 管 理

计算机中的系统文件和重要的用户数据都是存储在硬盘上的，因此，经常对硬盘进行管理和维护，确保其正常、安全地工作是非常重要的。为了帮助用户更好、更快地进行硬盘维护和管理，Windows XP 提供了多种磁盘整理和维护工具，例如磁盘碎片整理、磁盘扫描和磁盘清理等工具。

3.9.1 关于文件系统

在介绍磁盘管理操作前，我们先来了解一下文件系统。目前最常见的文件系统主要有

FAT16、FAT32 和 NTFS 三种。

- FAT16：DOS、Windows 95 都使用 FAT16 文件系统，Windows 98/2000/XP/Vista 等系统均支持 FAT16 文件系统。它最大可以管理 2GB 的分区，但每个分区最多只能有 65 525 个簇(簇是磁盘空间的配置单位)。随着硬盘或分区容量的增大，每个簇所占的空间将越来越大，从而导致硬盘空间的浪费。

- FAT32：随着大容量硬盘的出现，从 Windows 98 开始，FAT32 开始流行。它是 FAT16 的增强版本，可以支持大到 2TB(2048GB)的分区。FAT32 使用的簇比 FAT16 小，从而有效地节约了硬盘空间。

- NTFS：是 Windows NT 内核的系列操作系统支持的、一个特别为网络和磁盘配额、文件加密等管理安全特性设计的磁盘格式。随着以 NT 为内核的 Windows 2000/XP/2003/Vista 的应用，很多个人用户开始用到了 NTFS。NTFS 也是以簇为单位来存储数据文件，但 NTFS 中簇的大小并不依赖于磁盘或分区的大小。簇尺寸的缩小不但降低了磁盘空间的浪费，还减少了产生磁盘碎片的可能。NTFS 支持文件加密管理功能，可为用户提供更高层次的安全保证。

3.9.2 磁盘的格式化

在磁盘管理中，磁盘格式化是最基本的磁盘管理工作。无论用户是使用刚刚分区的硬盘，还是使用一块旧硬盘，都需要利用系统提供的磁盘格式化工具格式化磁盘，只有这样，才可以重建磁盘根目录和文件分配表，以保证磁盘的完整和干净。

在安装好系统之后，磁盘一般都是经过格式化处理的，但随着保存内容的变更，用户最好能够在复制新的数据之前，对磁盘重新格式化，这样不但可以删除一些不必要的内容，而且还可以创建新的根目录和文件分配表。

磁盘的格式化有低级格式化和高级格式化两种，低级格式化就是物理格式化处理。对磁盘进行低级格式化必须在对磁盘进行高级格式化操作之前进行。低级格式化可以利用计算机 CMOS 设置中的应用程序完成。格式化之后再用中文版 Windows XP 系统对磁盘进行分区，最后才可以对磁盘进行高级格式化。高级格式化就是逻辑格式化处理。当用户在计算机上安装了新的磁盘，并进行物理格式化之后，应当使用 FDISK 程序对它进行分区，为磁盘设置分区表。硬盘分区之后，用户可以在 DOS 命令符下通过 Format 命令来高级格式化硬盘，也可以用中文版 Windows XP 进行高级格式化。

对于一般用户，不需要掌握低级格式化和磁盘分区方面的内容，但是对中文版 Windows XP 系统中的高级格式化操作，用户一定要掌握。

【练习 3-9】对硬盘进行高级格式化。

(1) 如果要格式化的硬盘上存放着有用的数据，可先对数据进行备份。

(2) 关闭准备进行格式化处理的硬盘上的所有打开的文件、文件夹与应用程序。

(3) 在"我的电脑"或"资源管理器"窗口中，右击要格式化的硬盘驱动器，从弹出的快捷菜单中选择"格式化"命令，打开"格式化"对话框，如图 3-42 所示。

图 3-42　"格式化"对话框

（4）在"文件系统"下拉列表框中选择所使用的文件系统。注意硬盘和软盘所使用的文件系统不同，在格式化软盘时只有 FAT 文件系统可选择，但在中文版 Windows XP 中格式化硬盘可以选择的文件系统有 FAT32 和 NTFS，当用户选择了 NTFS 文件系统后，可以对磁盘进行压缩。

（5）指定分配单元大小及磁盘卷标后，单击"确定"按钮，这时系统将弹出格式化提示对话框，提示用户再次确认操作。

（6）单击"确定"按钮，系统将开始磁盘的格式化操作。

（7）格式化完毕后，系统会打开一个信息提示框，要求用户在使用硬盘之前，应运行"磁盘扫描程序"并选择"完全"选项，检测数据是否可以安全存放到格式化磁盘的所有区域中。单击"确定"按钮返回到"格式化"对话框。

（8）单击"关闭"按钮，关闭对话框。

3.9.3　磁盘碎片整理

经常使用计算机的用户都会有这样的体会，经过一段时间的操作后，系统的整体性能会有所下降。这是因为用户对磁盘进行多次读写操作后，磁盘上碎片文件或文件夹会增多。由于这些碎片文件和文件夹被分割放置在一个卷上的许多分离部分中，Windows 系统需要花费额外的时间来读取和搜集文件和文件夹的不同部分。同时用户建立新的文件和文件夹也会花费很长的时间，原因是磁盘上的空闲空间是分散的，Windows 系统必须把新建的文件和文件夹存储在卷上的不同地方。基于这个原因，用户应定期对磁盘碎片进行整理。

整理磁盘碎片需要花费较长的时间，决定时间长短的因素包括：磁盘空间的大小、磁盘中包含的文件数量、磁盘上碎片的数量和可用的本地系统资源。

在正式进行磁盘碎片整理之前，用户可以使用磁盘碎片整理程序中的分析功能得到磁盘空间使用情况的信息，信息中会显示磁盘上有多少碎片文件和文件夹。用户可以根据信息来决定是否需要对磁盘进行整理。

【练习 3-10】对 E 盘进行磁盘碎片整理操作。

(1) 单击"开始"按钮，并选择"所有程序"｜"附件"｜"系统工具"｜"磁盘碎片整理程序"命令，打开"磁盘碎片整理程序"对话框。

(2) 在窗口上方的驱动器列表中选定要进行整理的 E 盘，并单击"分析"按钮。系统将对当前选定的驱动器进行磁盘分析，并在"进行碎片整理前预计磁盘使用量"区域中显示各种性质的文件在磁盘上的使用情况，如图 3-43 所示。其中，绿色区域表示无法移动的系统文件。

(3) 分析结束后，将打开一个建议对 E 盘进行碎片整理的对话框，如图 3-44 所示。

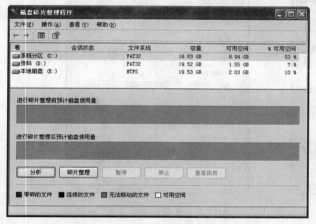

图 3-43　"磁盘碎片整理程序"对话框

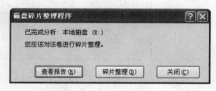

图 3-44　建议进行碎片整理的对话框

(4) 单击"碎片整理"按钮，系统自动对 E 盘进行碎片整理工作，并且在"分析显示"信息框和"碎片整理显示"信息框中显示碎片整理的进度和各种文件信息。

在磁盘碎片的整理过程中，用户可单击"暂停"按钮来暂时终止整理工作，也可单击"停止"按钮来结束整理工作。完成磁盘碎片整理工作后，用户应该单击"查看报告"按钮，查看 E 盘碎片整理的结果。

3.9.4　磁盘清理

计算机在使用一段时间后，由于平时进行了大量的读写操作，会使磁盘上存留许多临时文件或已经没用的程序。这些残留文件和程序不但占用磁盘空间，而且会影响系统的整体性能。因此需要定期进行磁盘清理工作，清除掉没有用的临时文件和程序，以便释放磁盘空间。

【练习 3-11】对 D 盘进行磁盘清理操作。

(1) 单击"开始"按钮，选择"所有程序"｜"附件"｜"系统工具"｜"磁盘清理"命令，打开"选择驱动器"对话框，如图 3-45 所示。

(2) 在"驱动器"下拉列表中选定要进行清理的 D 盘，并单击"确定"按钮。系统在对能够释放的磁盘空

图 3-45　"选择驱动器"对话框

间进行计算后，打开当前驱动器的磁盘清理窗口，如图 3-46 所示。

(3) 在"要删除的文件"列表框中，系统列出了当前驱动器上所有可删除的无用文件。用户可以通过启用这些文件前的复选框来确认是否删除该文件。另外，用户可以通过单击对话框的"查看文件"按钮来查看选中的文件夹中所包含的文件。

(4) 选中需要删除的文件后，单击"确定"按钮系统将完成删除操作。

(5) 如果需要删除某个不用的 Windows 组件，可以在磁盘清理对话框中，单击"其他选项"标签，打开"其他选项"选项卡，如图 3-47 所示。

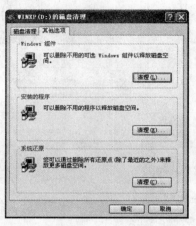

图 3-46　磁盘清理窗口　　　　　图 3-47　"其他选项"选项卡

(6) 在"Windows 组件"选项组中，单击"清理"按钮，启动"Windows 组件向导"。在向导的帮助下可以对"Windows 组件"进行添加/删除操作。

(7) 如果希望删除以前安装的程序，可在"安装的程序"选项组中单击"清理"按钮，系统将自动启动"添加/删除程序"向导。在"添加/删除程序"向导的帮助下用户可轻松地完成删除程序的操作。

(8) 单击"确定"按钮，完成磁盘的清理操作。

3.9.5　磁盘查错

使用"磁盘查错"工具，不但可以对硬盘进行扫描，还可以对软盘进行检测并修复。一般情况下，用户需要使用它来扫描硬盘的启动分区并修复错误，以免因系统文件和启动磁盘的损坏而导致 Windows XP 不能启动或不能正常工作。

【练习 3-12】对 C 盘进行磁盘查错操作。

(1) 打开"我的电脑"窗口，右击 C 盘并在弹出的快捷菜单中选择"属性"命令，打开当前磁盘的属性对话框。

(2) 单击"工具"标签，打开"工具"选项卡，如图 3-48 所示。

(3) 在"查错"选项组中，单击"开始检查"按钮，打开"检查磁盘"对话框，如图 3-49 所示。

 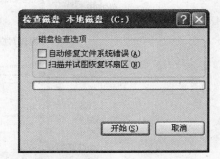

图 3-48　"工具"选项卡　　　　　图 3-49　"检查磁盘"对话框

(4) 设置检查选项。如果只希望检查磁盘的文件、文件夹中存在的逻辑性损坏情况，可选中"自动修复文件系统错误"复选框；如果不仅希望检查磁盘的逻辑性损坏，而且还要检查磁盘表面的物理性损坏，并尽可能地将损坏扇区的数据移走，则选中"扫描并试图恢复坏扇区"复选框。

(5) 设置完毕后单击"开始"按钮，即可对损坏的磁盘进行一般性的检查与修复。如果启用了"扫描并试图恢复坏扇区"复选框，由于要将损坏扇区的数据移动到磁盘上的可用空间处，因而花费的时间较长。

(6) 完成扫描后，单击"关闭"按钮。

3.10　应用程序管理

Windows XP 提供了强大的应用程序管理功能，比如应用程序的启动、关闭、安装、删除等。

3.10.1　启动应用程序

在 Windows XP 中，启动应用程序的方法有很多，既可以从"开始"菜单中直接启动应用程序，也可以在资源管理器中选中并双击应用程序来执行，还可以直接为应用程序在桌面上创建一个快捷方式，然后双击快捷方式启动应用程序。

1. 从"开始"菜单中启动应用程序

从"开始"菜单的"所有程序"子菜单中启动应用程序是 Windows 最常用的运行方式，绝大多数应用程序在安装之后都在"开始"菜单的"所有程序"子菜单中建立了对应项目，以方便用户使用。

要从"开始"菜单中启动应用程序，可单击"开始"按钮，选择"所有程序"命令，将出现如图 3-50 所示的"所有程序"子菜单。可以看到，其中包括了所有在 Windows 中安装过的程序。指向要运行的程序后单击，即可启动该程序。

图 3-50　"所有程序"子菜单

2．从资源管理器中启动应用程序

在 Windows 中，用户还可以从"资源管理器"窗口直接运行可执行程序。

【练习 3-13】通过"资源管理器"窗口来启动 Adobe Dreamweaver CS3。

(1) 选择"开始"|"所有程序"|"附件"|"Windows 资源管理器"命令，系统将打开"资源管理器"窗口。

(2) 在"资源管理器"窗口的"文件夹"目录树窗格中，单击 D 盘驱动器旁边的"+"号，展开 D 盘下的所有文件夹节点，然后单击 Program Files 旁的"+"号，展开该文件夹。

(3) 单击 software 文件夹中名称为 Adobe Dreamweaver CS3 的文件夹图标，这样"资源管理器"窗口的右边窗格中将显示该文件夹中包含的所有文件和文件夹，如图 3-51 所示。

图 3-51　在"资源管理器"中启动应用程序

(4) 在"资源管理器"窗口右边的窗格中，找到名为 Dreamweaver.exe 的文件，双击该文件图标即可启动 Dreamweaver CS3。

3．通过关联文件和快捷方式启动

在 Windows XP 中，用户还可以通过双击应用程序文档的方式(如 Word 文档)打开相应的应用程序，此时，该应用程序文档也同时被打开。注意，这种应用程序文件的类型必须是已经在 Windows 中注册过，并与应用程序建立了关联的，它们在外观上都显示为与应用程序相关联的图标。

3.10.2　关闭应用程序

在完成工作之后，应关闭应用程序以释放所占用的系统资源，提高整个系统的效率。可采用以下几种方式来关闭应用程序。

- 选择"文件"|"退出"命令。
- 单击程序窗口左上角的控制菜单图标，在弹出的下拉菜单中选择"关闭"命令。
- 单击程序窗口右上角的关闭按钮。
- 使用 Alt+F4 快捷键，可快速关闭当前应用程序。

在关闭应用程序时，如果尚未保存对文件所作的修改，应用程序会询问用户在退出之前是否要保存文件。

3.10.3　安装和卸载软件

在 Windows XP 操作系统中，软件是用于让电脑实现各种功能的程序，如在电脑办公时需要使用办公软件、在制作图形和动画时需要使用图形图像软件、上网时需要使用网络软件等。在使用各类软件之前，首先应掌握在系统中安装与删除软件的方法。

1. 安装软件

在 Windows XP 操作系统中，用户可以方便地安装各种软件。对较为正规的软件来说，在安装文件所在的目录下都有一个名为 Setup.exe 的可执行文件，运行该可执行文件，然后按照屏幕上的提示逐步操作，即可完成软件的安装。

【练习 3-14】在 Windows XP 中安装 Office 2003，且只安装 Word、Excel 和 PowerPoint 这 3 个常用组件。

(1) 在"我的电脑"窗口中，找到 Office 2003 安装文件所在目录，双击其中的 Setup.exe 文件，如图 3-52 所示。

(2) Office 2003 安装程序首先会进行一系列的准备工作，然后提示用户输入产品密钥，如图 3-53 所示。

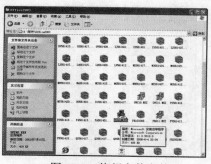

图 3-52　执行安装文件

图 3-53　输入产品密钥

(3) 输入正确的产品密钥后，单击"下一步"按钮，在打开的对话框中，Office 2003 安装程序提示用户输入用户信息，如图 3-54 所示。

(4) 单击"下一步"按钮，在打开的对话框中，Office 2003 安装程序显示最终用户许可协议。选中"我接受《许可协议》中的条款"复选框，如图 3-55 所示。

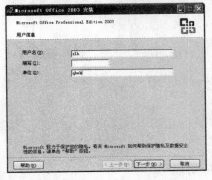 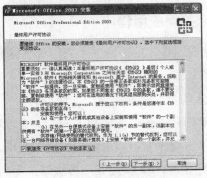

图 3-54　输入用户信息　　　　　　　图 3-55　接受许可协议

(5) 单击"下一步"按钮，在打开的对话框中，Office 2003 安装程序要求用户选择安装类型。此处选择"自定义安装"单选按钮，如图 3-56 所示。

(6) 单击下一步按钮，在打开的对话框中，Office 2003 安装程序要求用户选择需要安装的组件。此处只选中 Word、Excel 和 PowerPoint 这 3 个复选框，并且取消选中其他复选框，如图 3-57 所示。

 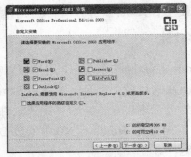

图 3-56　选择安装类型　　　　　　　图 3-57　选择需要安装的组件

(7) 单击"下一步"按钮，在打开的对话框中，Office 2003 安装程序显示用户已经选择安装的组件信息，如图 3-58 所示。

(8) 单击"安装"按钮，开始安装 Office 2003，如图 3-59 所示。

 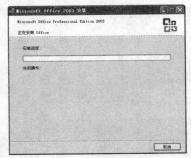

图 3-58　显示安装的组件　　　　　　图 3-59　开始安装 Office 2003

(9) 安装完成后，在打开的对话框中显示 Office 2003 安装程序安装成功，单击"完成"按钮，完成 Office 2003 的安装。

2. 卸载软件

在安装软件时，一般会同时安装其卸载程序，用户只要执行该卸载程序即可删除软件。此外，用户还可以通过"控制面板"来删除不需要的软件。

【练习 3-15】 通过"控制面板"删除不需要的软件。

(1) 单击桌面上的"开始"按钮，在弹出的"开始"菜单中选择"控制面板"命令，打开"控制面板"窗口，如图 3-60 所示。

图 3-60 "控制面板"窗口

(2) 双击"控制面板"窗口中的"添加或删除程序"图标，打开"添加或删除程序"对话框，如图 3-61 所示。

(3) 在"当前安装的程序"列表框中，选中需要删除的程序，然后单击其中的"更改"或"删除"按钮，如图 3-62 所示。

图 3-61 "添加或删除程序"对话框

图 3-62 选择需要删除的软件

(4) 此时会弹出一个对话框，提示用户是否确定删除该软件，如图 3-63 所示。单击"是"按钮，开始删除软件。

(5) 删除工作完成后，在"添加或删除程序"对话框将不显示该软件的相关条目，如图 3-64 所示。

图 3-63 确定是否删除软件

图 3-64 删除软件

3.10.4　添加或删除 Windows 组件

利用"控制面板"中的"添加/删除程序"选项，用户还可以方便地添加/删除 Windows 组件。比如，Windows 的一些附件和工具、Internet 信息服务、网络服务等。

【练习 3-16】添加 Windows XP 组件。

(1) 以管理员(Administrator)或拥有管理员权限的用户账号登录。

(2) 打开"控制面板"窗口，在"控制面板"窗口中单击"添加/删除程序"图标，打开如图 3-65 所示的"添加或删除程序"窗口。

(3) 单击"添加/删除 Windows 组件"按钮，打开"Windows 组件向导"对话框，如图 3-66 所示。

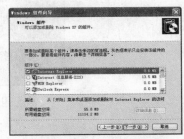

图 3-65　"添加或删除程序"窗口　　　　图 3-66　"Windows 组件向导"对话框

(4) 在"组件"列表中，选中要添加的组件旁边的复选框。如果某个组件的复选框被灰显，则说明只选择了它的一些子组件进行安装。若要查看子组件的列表，可以单击"详细信息"按钮。

(5) 选中要添加的子组件旁边的复选框，然后单击"确定"按钮。如果"详细信息"按钮不可用，则说明该组件不包含子组件。

(6) 选中要添加的组件或子组件后，单击"下一步"按钮继续。如果出现如图 3-67 所示的"所需文件"对话框，此时将 Windows XP 安装光盘插到 CD-ROM 或 DVD-ROM 驱动器中，然后单击"确定"按钮。

(7) 组件添加完成，将出现如图 3-68 所示的"完成 Windows 组件向导"对话框，单击"完成"按钮，完成添加。

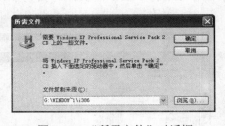
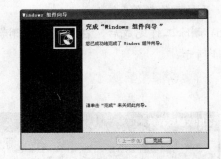

图 3-67　"所需文件"对话框　　　　图 3-68　"完成 Windows 组件向导"对话框

若要删除 Windows XP 组件，可以在"Windows 组件向导"对话框的"组件"列表中，取消选中要删除的组件旁边的复选框。

注意：

组件旁边的复选框灰显表示只安装了它的一些子组件。若要删除子组件，可以单击"详细信息"按钮。然后取消选中要删除的子组件旁边的复选框，最后单击"确定"按钮即可。

3.11 习　　题

一、填空题

1. 启动 Windows 后，就进入了 Windows 的_____，它是 Windows 的工作平台，用于摆放一些常用的或特别重要的文件夹和工具。

2. 在对话框中，命令按钮是 Windows 最常用的部件，其功能主要是完成一个任务的操作。大多数对话框中都带有_____和_____两个命令按钮，单击_____按钮，将按对话框中的设置去执行命令；单击_____按钮，将关闭对话框并取消先前所做的设置。

3. 在计算机的常用操作中，通常会打开_____窗口和_____窗口对磁盘上的文件或文件夹进行浏览或操作。

4. 键盘可以划分为 4 个基本区域，即_____、_____、_____和_____。

5. 汉字输入的方法有很多，从原理上可以划分为 5 类，即_____、_____、_____、_____和_____。

6. 在 Windows 环境中，通常使用_____组合键来启动或关闭中文输入法；使用_____组合键来循环切换输入法。

7. 五笔字型输入法中的 5 种基本笔画的名称是_____、_____、_____、_____、_____。

8. 硬盘的格式化分为_____和_____两种。平常所说的格式化是指_____。

9. 对磁盘进行多次读写操作后，磁盘上碎片文件或文件夹会越来越多。此时，要提高系统的性能，应该对磁盘进行_____操作。

10. 磁盘清理操作的目的是_____。

二、选择题

1. Windows 的窗口切换可以通过(　　)方式进行。

   A. 按 Ctrl+Esc 组合键　　　　　　　　B. 选择"资源管理器"

   C. 选择任务栏　　　　　　　　　　　　D. 选择"控制面板"

2. 快速启动"我的电脑"窗口的快捷键是(　　)。

   A. Windows＋E 组合键　　　　　　　　B. Ctrl＋E 组合键

   C. Ctrl+Shift 组合键　　　　　　　　　D. Windows＋F 组合键

3. 每按一次(　　)键，光标位置上的一个字符将被删除，光标右边的所有字符各左移一格。

  A. Insert   B. Home

  C. Delete   D. End

4. 在中文输入法状态中，按下(　　)组合键可进行中文标点与英文标点之间的切换。

  A. Shift＋空格   B. Ctrl＋空格

  C. Ctrl＋   D. Ctrl＋Shift

5. 一个应用程序窗口被最小化后，该应用程序将会(　　　)。

  A. 终止执行   B. 停止执行

  C. 在前台执行   D. 在后台执行

三、操作题

1. 试着在自己计算机的桌面上创建以自己姓名的拼音全拼为名称的文件夹，并在所创建的新文件夹下创建 myfile.doc 文件。

2. 在计算机中新建一个文本文件，并输入以下内容：

The Big Dry

For these rivers in the West, and many others too, 2002 has been a year of epic drought in 11 western states. All summer long, rivers have been running at record lows. While media attention has focused on drought, news reports have missed one key fact: The millions of cows that run through the West's publicly owned deserts, mountains, canyons, plateaus and valleys have made the effects of drought much worse.

"Some of the range is so dry there's not enough for a chigger to eat, much less a cow," says Denise Boggs of the Utah Environmental Congress. "I am no great fan of livestock but I don't think they should be tortured. That's how bad the shape is of some of this land they graze."

3. 使用五笔字型输入法输入下列短语：

  花好月圆   天道酬勤   万事如意

  名胜古迹   组织纪律   全心全意

  想方设法   轻描淡写   热泪盈眶

  中央电视台   军事委员会

  历史唯物主义   中华人民共和国

  共建文明和谐社会

4. 使用五笔字型输入法输入下面的诗词。

沁园春·雪

北国风光，千里冰封，万里雪飘。

望长城内外，惟余莽莽；大河上下，顿失滔滔。

山舞银蛇，原驰蜡象，欲与天公试比高。

须晴日，看红妆素裹，分外妖娆。

江山如此多娇，

引无数英雄竞折腰。

惜秦皇汉武，略输文采；唐宗宋祖，稍逊风骚。

一代天骄，成吉思汗，只识弯弓射大雕。

俱往矣，数风流人物，还看今朝。

5. 对计算机中的 D 盘进行碎片整理操作，以提高硬盘性能。

第4章 Word 2003文字处理软件

文字处理是办公室自动化工作中的一个重要应用领域。文字处理软件是指在计算机上辅助人们制作文档的系统。一般文字处理软件应具备的功能有：以不同的字体和字号显示或打印文档内容，在适当的位置自动换行，改变字间距和行间距，设置特殊的文本及页眉和页脚以及进行图文混排等。目前常用的文字处理软件有金山公司的 WPS、Microsoft 公司的 Word。其中，Word 非常适用于对中英文文字的处理，它充分利用 Windows 良好的图形界面，将文字处理和图表处理结合起来，成为当前流行的文字处理软件之一。

本章要点：

- Word 2003 的操作界面
- 文档的基本操作
- 编辑文本
- 设置文本格式
- 在 Word 中使用表格
- 美化文档
- 设置文档页面
- 使用模板与样式

4.1 认识 Word 2003

Word 2003 是 Office 2003 的组件之一，也是目前文字处理软件中最受欢迎的、用户最多的文字处理软件。它的主要功能有编辑、组织和处理文字，以及创建经常用到的文档，如报告、信函和业务计划等。

4.1.1 启动和退出 Word 2003

使用 Word 2003 编辑文档之前，首先应安装 Office 2003，用户可通过购买 Office 2003的安装光盘，来安装 Office 2003。成功安装后还要掌握其启动和退出的方法，这也是使用各种软件之前，首先应该掌握的操作。

启动 Word 2003 有两种方法：一种是单击"开始"菜单，然后选择"开始"|"程序"| Microsoft Office | Microsoft Office Word 2003 命令，如图 4-1 所示；另一种是双击已经建立好的 Word 快捷图标，如图 4-2 所示。

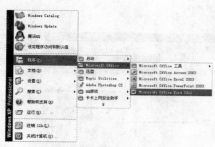
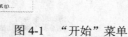
图 4-1　"开始"菜单

图 4-2　通过新建的桌面图标打开 Word 2003

退出 Word 2003 系统也有多种方式，用户可根据自己的喜好和习惯选择下面的任何一种：

- 单击 Word 2003 工作界面右上角的关闭按钮⊠。
- 单击 Word 2003 工作界面上的"文件"菜单，选择"文件" | "退出"命令。
- 直接按 Alt+F4 快捷键。
- 双击 Word 2003 工作界面左上角的▥图标。

如果文档的内容自上次存盘之后做过了修改，则在退出 Word 之前，系统会提示是否保存修改的内容。单击"是"按钮，保存修改；单击"否"按钮，取消修改；单击"取消"按钮，则终止退出 Word 的操作。

4.1.2　认识 Word 2003 的工作界面

启动 Word 2003 后，屏幕上就会出现 Word 2003 的工作界面，如图 4-3 所示。Word 2003 的工作界面由标题栏、菜单栏、工具栏、状态栏、文档窗口和任务窗格等几大块组成，中间比较大的白色区域是文档窗口，用户可以在文档窗口输入、编辑、修改文本和查看文档等。在文档窗口中可以看到闪烁的光标，光标所在的位置就是当前文档要输入数据的位置。

1. 标题栏

标题栏位于 Word 2003 窗口的最上端，在这里显示的是文档名和应用程序。标题栏由三部分组成：位于左端的控制按钮、中间的高亮区域和位于右边的三个控制按钮。当有多个文档同时打开时，当前编辑文档的标题栏显示较亮的颜色。

2. 菜单栏

菜单栏位于标题栏的下方，它包括"文件"、"编辑"、"视图"、"插入"、"格式"、"工具"、"表格"、"窗口"和"帮助"9 个菜单，以及输入需要帮助的问题的下拉列表和关闭文档的按钮。当用鼠标单击这些菜单时，会出现不同的下拉菜单，用户可以根据需要进行相应的子菜单操作。

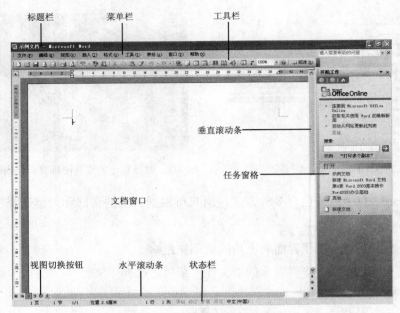

图 4-3　Word 2003 的工作界面

3. 工具栏

工具栏中显示的是在编辑 Word 文档时常用的工具按钮，通过对这些按钮的操作，用户可以方便地执行使用频率较高的菜单命令。工具栏可以根据用户自己的习惯进行调整，在菜单栏的非文本输入区域右击鼠标，将显示一个快捷菜单，选择自己常用的子菜单即可调出相应的工具栏。

● "常用"工具栏

"常用"工具栏中包括"新建"、"打开"、"保存"、"复制"、"插入表格"和"绘图"等最常用的工具按钮。它包括了在创建文档、处理和打印文件中最常用的工具按钮，如图 4-4 所示。

图 4-4　"常用"工具栏

● "格式"工具栏

"格式"工具栏中包括"样式"、"字体"、"字号"、"斜体"和"增加缩进"等工具按钮。它包括了用于格式化字体、设置对齐方式、应用编号或项目符号以及应用文本样式的按钮，如图 4-5 所示。

图 4-5　"格式"工具栏

4. 状态栏

状态栏位于 Word 窗口的底部，主要用来显示当前页面的信息，例如当前文档共多少页，当前编辑的页面是整个文档中的第几页，光标在当前页面的第几行，第几列距页顶多大距离等，如图 4-6 所示。状态栏中还显示了一些特定命令的工作状态，如录制宏、修订、扩展选定范围、改写以及当前使用的语言等，用户可双击这些按钮来设定相应的工作状态。

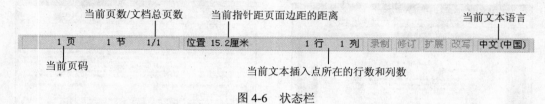

图 4-6　状态栏

5. 滚动条

滚动条位于文档编辑区的右侧和下侧，分别为垂直滚动条和水平滚动条。只有当文档编辑区中的文本未显示完全时，滚动条才会出现在操作界面中。将鼠标指针移至滚动条的滑块上并按住鼠标左键不放，拖动鼠标即可显示被遮挡的内容。

6. 任务窗格

启动 Word 2003 程序会默认在操作界面右侧显示"开始工作"任务窗格。除此之外，Word 2003 中还包括"新建文档"、"剪贴画"等 12 种任务窗格，通过它们可以快速执行相关任务。在任务窗格中用户可执行以下操作：

- 单击任务窗格中以蓝色文本显示的超链接，可执行相应的命令。
- 单击任务窗格右上角的▼按钮，可在弹出的下拉列表框中切换任务窗格的类型。
- 单击任务窗格▼按钮右侧的☒按钮可关闭任务窗格。若要重新显示任务窗格，单击"视图"菜单，选择"视图"|"任务窗格"命令即可。
- 单击任务窗格名称下方的◀或▶按钮，可跳转到最近几次浏览过的任务窗格中；单击⌂按钮可快速切换到"开始工作"任务窗格。
- 当任务窗格中的内容未显示完全时，将鼠标指针移至任务窗格下方的 ▲ 按钮或 ▼ 按钮上停留片刻，即可将未显示的内容显示出来。

4.1.3　Word 2003 的视图模式

Word 2003 中有 5 种显示文档的视图模式，即页面视图、Web 版式视图、大纲视图、阅读版式视图和普通视图。各种视图模式应用于不同的场合，一般使用页面视图。通过选择"视图"菜单下的相应命令或单击文档编辑区左下角的相应按钮，就可以在这几种视图模式之间进行切换。

- 页面视图：可以显示与实际打印效果完全相同的文件样式，文档中的页眉、页脚、页边距、图片及其他元素均会显示其正确的位置，如图 4-7 所示。在该视图下可以进行 Word 的一切操作。

- Web 版式视图：可以看到背景和为适应窗口而换行显示的文本，且图形位置与在 Web 浏览器中的位置一致，如图 4-8 所示。

图 4-7　页面视图

图 4-8　Web 版式视图

- 大纲视图：可以非常方便地查看文档的结构，并可以通过拖动标题来移动、复制和重新组织文本。在大纲视图中，可以通过双击标题左侧的"+"号标记展开或折叠文档，从而显示或隐藏各级标题及内容，如图 4-9 所示。

- 阅读版式视图：以最大的空间来阅读或批注文档，如图 4-10 所示。在该视图模式下，将显示文档的背景、页边距，并可进行文本的输入、编辑等，但不显示文档的页眉和页脚。

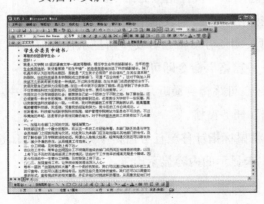

图 4-9　大纲视图

图 4-10　阅读版式视图

- 普通视图：简化了页面的布局，诸如页边距、页眉和页脚、背景、图形对象以及没有设置为"嵌入型"环绕方式的图片都不会在普通视图中显示，如图 4-11 所示。在该视图中，可以非常方便地进行文本的输入、编辑以及文本格式的设置。

图 4-11　普通视图

4.2　文档的基本操作

打开 Word 2003 后就可以对其文档进行操作，对文档的操作主要包括新建文档、保存文档、打开文档和关闭文档等。

4.2.1　新建文档

启动 Word 2003 后，系统会默认自动建立一个名为"文档 1"的空白文档。另外，用户还可以使用以下几种方法新建空白文档：

- 单击"文件"菜单，选择"文件"|"新建"命令，在弹出的任务窗格中单击空白文档。
- 单击"常用"工具栏左侧的 按钮。
- 按 Ctrl+N 组合键。

新建的第一个空白文档一般默认命名为"文档 1"，第二个为"文档 2"，依此类推。

4.2.2　保存文档

对文档进行编辑后，需要保存文档，用户可以采用以下几种方法保存文档：

- 单击"常用"工具栏中的 按钮。
- 单击"文件"菜单，选择"文件"|"保存"命令。
- 按 Ctrl+S 组合键。

4.2.3　打开文档

当用户需要打开已经存在的文档时，可以采用以下几种方法：

- 双击该文档的图标。
- 单击"文件"菜单，选择"文件"|"打开"命令，打开图 4-12 所示的对话框，然后选择需要打开的 Word 文档，再单击 打开 ⑴ 按钮。

● 单击空白文档中"常用"工具栏左边的 ![按钮][] 按钮，同样打开图 4-12 所示的窗口，然后选择需要打开的 Word 文档并单击 ![打开(O)] 按钮。

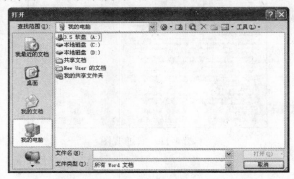

图 4-12   "打开"对话框

4.2.4   关闭文档

对文档操作完毕后，需要关闭文档，用户可以使用以下方法关闭文档：

● 单击 Word 2003 窗口右上角的 ![X] 按钮关闭 Word 程序。

● 单击 Word 2003 窗口右上角的 ![X] 按钮关闭当前文档。

● 按 Alt+F4 组合键，结束任务。

注意：

若没有保存对文档的最近一次修改，则在关闭文档时，系统会提示用户是否保存文档，若要保存，单击"是"按钮即可。

为了避免信息的意外丢失，Word 为用户提供了自动保存功能。Word 将自动定时地对正在编辑的文档进行保存，这样即使突然发生断电或其他故障，只要重新启动 Word，所有自动保存过的文档将被自动打开。如果此时没有出现自动恢复的文档，则可以直接打开位于 Windows\Temp 目录下的扩展名为.ASD 的文件。

自动保存的功能是在"选项"对话框中进行设置的，在 Word 中选择"工具"|"选项"命令，打开"选项"对话框。选择"保存"选项卡，在其中启用"自动保存时间间隔"复选框，并在其后的微调框中设定自动保存的时间间隔，之后单击"确定"按钮即可。

自动保存的时间间隔一定要选取适当。如果时间过长，则不一定能保证所有未存盘的修改都能恢复；如果间隔过短，将使 Word 经常进行存盘操作，大大降低系统效率。一般来说，设定在 10～30 分钟之间较为合适。

4.3 编 辑 文 本

当新建或者打开一个文本后，用户就要对该文本进行编辑，对文本的编辑主要包括文本的输入、文本的选择、文本的移动和复制、文本的查找和替换等。下面将分别对其进行讲述。

4.3.1　输入文本

在 Word 2003 中可以输入多种格式的文本，包括普通文本和一些特殊的文本，例如特殊字符、日期和时间等，下面将对其各种输入方法进行讲解。

1. 普通文本的输入

当新建一个空白文档后，就可以在其中输入文本，文本的输入包括直接输入和插入输入两种。

● 直接输入

新建一个文档或者打开一个文档时，文本的插入点(即光标)位于整篇文档的最前面，这时可直接输入文本，如图 4-13 所示。

● 插入输入

当需要在现有文本中插入其他内容时，可将鼠标移至需要插入的目标点后单击，光标闪动的地方，就可以插入新的文本了，如图 4-14 所示。

当输入到行尾时，不要按 Enter 键，系统会自动换行。输入到段落结尾时，应按 Enter 键，表示段落结束。如果在某段落中需要强行换行，可以使用 Shift＋Enter 组合键。

在输入过程中，Word 有两种编辑方式：“插入”和“改写”。插入是指将输入的文本添加到插入点所在的位置，插入点以后的文本依次往后移动；改写是指输入的文本将替换插入点所在位置的文本。插入和改写两种编辑方式是可以转换的，其转换方法是在键盘上按下 Insert 键或用鼠标双击状态栏上的“改写”标志，通常默认的编辑状态为“插入”。

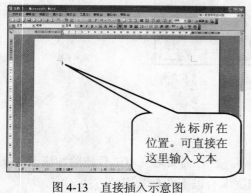

图 4-13　直接插入示意图

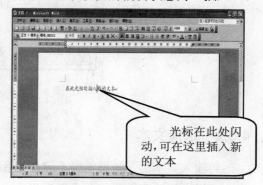

图 4-14　插入输入示意图

2. 生僻汉字和特殊字符的输入

在对 Word 2003 进行编辑时，有时需要在文档中输入一些特殊字符和生僻字，这时可采用 Word 的插入功能，单击“插入”菜单，选择“插入”|“符号”命令，如图 4-15 所示，打开图 4-16 所示的对话框，选择需要插入的符号后，单击“插入”按钮即可完成插入。

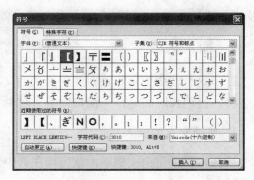

图 4-15　插入符号示意图　　　　　　　　图 4-16　"符号"对话框

3. 插入日期和时间

在使用 Word 编辑文档时，有时需要插入时间和日期，例如编辑信件、合同和申请书等文档时。Word 本身即提供了这种功能。

单击"插入"菜单，选择"插入"|"日期和时间"命令，打开图 4-17 所示的对话框，用户可以根据不同的需要选择不同的格式进行插入操作。

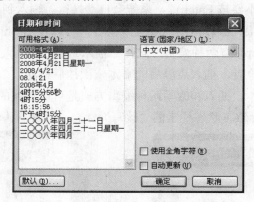

图 4-17　插入日期和时间示意图

4.3.2　选择文本

当输入文本后，如果觉得不满意或者有错别字，往往需要对文本进行删除和修改等操作，要想进行这些操作，首先要选择文本。选择文本有以下几种常用的方法。

1. 用鼠标拖动选择文本

用鼠标拖动选择文本就是将光标放在文本的起始位置，然后按住鼠标左键不放，向目标位置拖动鼠标，到达终点后释放鼠标按键即可，文本被选择后将以深色显示，如图 4-18 所示。

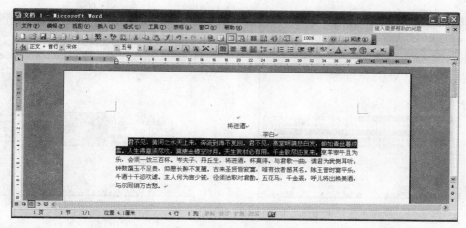

图 4-18　选定文字示意图

2. 双击鼠标选择文本

双击选择即是快速点击鼠标左键两下，即可选择某个单字或词组。具体方法是先将鼠标放在需要选择的字的旁边或词的中间，双击，如图 4-19 所示。

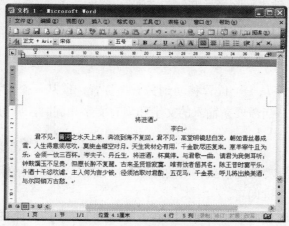

图 4-19　双击选定示意图

3. 三击鼠标左键选择文本

三击即是连续快速地点击鼠标左键三次来选择文本，这种方法常用来选择整段或全部文本。

注意：

按 Ctrl+A 组合键可以快速选定全部文本，另外，按住 Ctrl 键不放，结合鼠标拖动选择文本的方式，可以选定不连续的文本，如图 4-20 所示。按住 Alt 键不放，结合鼠标拖动选择文本的方式，可以选择矩形文本块，如图 4-21 所示。

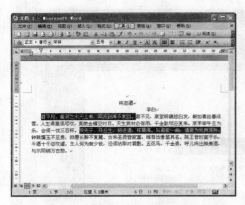

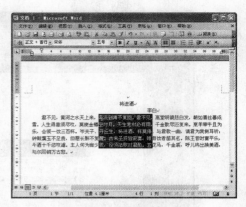

图 4-20　选择不连续的文本　　　　　　　　图 4-21　选择矩形文本块

4.3.3　删除文本

当需要删除错误或多余的文本时，可以采用如下几种方法：

● 按 Delete 键可删除光标右面的文本。

● 按 BackSpace 键可删除光标左侧的文本。

● 文本被选择以后按 Delete 键可删除被选中的文本。

4.3.4　移动和复制文本

当需要将某段文字从一个位置移动到另一个位置，或从一个文档移动到另一个文档时，可采用移动操作；当需要新输入的文字和现有文字相同时，则可以采用复制操作。

1. 文本的移动

移动文本时，首先要选定需要移动的文本，在选定区域按住鼠标左键不放，然后拖动至目标位置释放鼠标按键即可。

另外，移动文本时也可以在选定区域右击鼠标，在弹出的快捷菜单中选择"剪切"命令，或者按 Ctrl+X 组合键，然后在目标位置右击鼠标选择"粘贴"命令，或者按 Ctrl+V 组合键即可完成移动。

2. 文本的复制

复制文本的方法很简单，一般有以下几种：

● 选择需要复制的文本后，在选择区域右击鼠标，在弹出的快捷菜单中选择"复制"
　命令，然后在需要插入的位置右击鼠标，在弹出的快捷菜单中选择"粘贴"命令。

● 选择需要复制的文本后，单击"编辑"菜单，选择"编辑"|"复制"命令，然后
　把光标定位在需要插入的位置，单击"编辑"菜单，选择"编辑"|"粘贴"命令。

● 选择需要复制的文本后，按住 Ctrl 键的同时用鼠标拖动需要复制的文本到目标位置。

● 选择需要复制的文本后，按 Ctrl+C 组合键复制，在目标位置按 Ctrl+V 组合键粘贴。

4.3.5　查找和替换文本

在一篇较长的文档中，如果要查找某个汉字或是词语，或者发现某个汉字或词语使用错误，需要通篇替换，那么就需要利用查找和替换功能，这有利于极大地提高工作效率。

【练习 4-1】在"将进酒"文档中，查找"但愿"文本，并将其替换为"只愿"。

(1) 打开"将进酒"文档，选择"编辑"|"查找"命令，打开"查找和替换"对话框，在"查找"选项卡的"查找内容"文本框中输入"但愿"，然后单击"查找下一处"按钮，即可进行查找，所查到的目标文本将显示为选定状态，如图 4-22 所示。

(2) 查找到需要替换的对象后，就可以对其进行替换操作了，在"查找和替换"对话框中选择"替换"选项卡，如图 4-23 所示，在"替换为"对话框内输入"只愿"，意思是把"但愿"清除，改为"只愿"。

(3) 单击"替换"按钮，系统即可执行相应的替换操作。

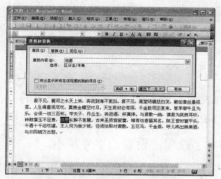　　　　　　　

图 4-22　"查找和替换"对话框　　　　　　图 4-23　"替换"选项卡

在"查找和替换"对话框中有"替换"和"全部替换"两个按钮，单击"替换"按钮，将只替换当前查找到的文本；单击"全部替换"按钮，将替换文档中全部与查找内容相同的文本。

4.3.6　撤销和恢复操作

在编辑文档的过程中难免会出现错误的操作，此时可利用 Word 的撤销功能使操作回到前一步或前几步的状态。其方法为：单击"常用"工具栏中的"撤销"按钮 或按 Ctrl＋Z 组合键。同时，若发现不应该执行撤销操作但执行了，可使用恢复功能恢复到撤销之前的状态。其方法是：单击"常用"工具栏中的"恢复"按钮 。

4.4　设置文本格式

在 Word 文档中，文字是组成段落的最基本内容，任何文档都是从段落文本开始进行编辑的。当用户输入所需的文本内容后，就可以对相应的段落文本进行格式化操作，从而使文档更加美观。

4.4.1 设置字符格式

对文档中的字符进行格式设置后，不仅能美化文档，而且可以突出文档的主题。在 Word 2003 中可以通过"格式"工具栏和"字体"对话框两种方式对字符进行格式设置。

1. 使用"格式"工具栏设置字符格式

对于一些常用的字符格式，可直接通过"格式"工具栏中的相关按钮或下拉列表框进行设置。"格式"工具栏位于"常用"工具栏的下方，如图 4-24 所示，其中用于设置字符格式的各个按钮或下拉列表框的含义如下。

- "字体"下拉列表框 宋体 ：单击该下拉列表框右侧的 按钮，可在弹出的下拉列表中选择字体的样式(该列表中只含有计算机中已经安装的字体格式)。

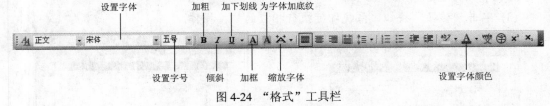

图 4-24 "格式"工具栏

- "字号"下拉列表框 五号 ：单击该下拉列表框右侧的 按钮，可在弹出的下拉列表框中设置字体的大小。其中包含汉字和阿拉伯数字两种选项，选择越小的汉字选项，设置的字号越大；选择越小的阿拉伯数字选项，设置的字号越小。
- "加粗"按钮 B ：单击该按钮可使选定文本在原有基础上加粗，已经加粗过的文本则会取消加粗。
- "倾斜"按钮 I ：单击该按钮可使选定文本在原有基础上倾斜，已经设置了倾斜的文本则会恢复正常。
- "下划线"按钮 U ：单击该按钮可为所选文本添加一条下划线，单击该按钮右侧的倒三角符号，可选择下划线的类型。
- "字符边框"按钮 A ：单击该按钮可为所选文本添加边框效果。
- "字符底纹"按钮 A ：单击该按钮可为所选文本添加底纹效果。
- "字符缩放"按钮 ：单击该按钮可将所选文本的宽度放大一倍，单击该按钮右侧的倒三角符号，可在弹出的下拉列表中选择放大的百分比。
- "字体颜色"按钮 A ：单击该按钮可为所选文本设置颜色，单击该按钮右侧的倒三角符号，可选择各种不同的颜色。

几种常用的格式效果如图 4-25 所示。

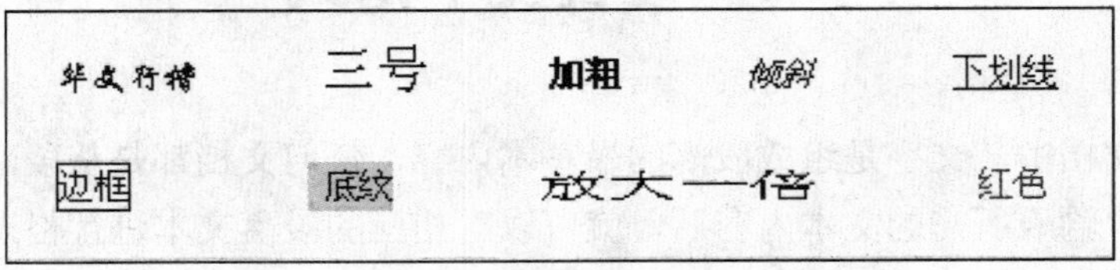

华文行楷　　　三号　　　**加粗**　　　*倾斜*　　　<u>下划线</u>

边框　　　底纹　　　放大一倍　　　红色

图 4-25 几种常用的字符格式效果

2. 使用"字体"对话框设置字符格式

"字体"对话框具有比"格式"工具栏更多的功能，它不仅能达到所有通过"格式"工具栏设置的字符效果，还可设置"格式"工具栏不能设置的格式。

单击"格式"菜单，选择"格式"|"字体"命令或者在所选择的文本上右击鼠标，然后在弹出的快捷菜单中选择"字体"命令，均可打开"字体"对话框，如图 4-26 所示。在"字体"对话框中，用户可对字体进行多种样式的设置，设置效果可在该对话框下方的"预览"组合框中预览。

图 4-26　"字体"对话框

4.4.2　设置段落格式

对段落格式进行调整，可以使文章的段落更加鲜明，层次更加清晰，更有利于用户的阅读，调整段落格式主要包括调整段落对齐方式、行间距和页间距等。设置段落格式有两种方法：通过"段落"对话框设置和通过"格式"工具栏设置。

1. 通过"格式"工具栏设置段落格式

"格式"工具栏如图 4-27 所示，其中关于段落设置的几个按钮含义如下。

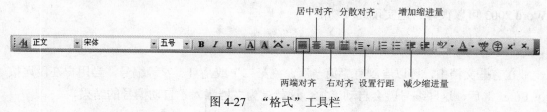

图 4-27　"格式"工具栏

- "两端对齐"按钮：单击该按钮可使所要设置的目标段落的文字两端对齐。
- "居中对齐"按钮：单击该按钮可使所要设置的目标段落的文字居中对齐。
- "右对齐"按钮：单击该按钮可使所要设置的目标段落的文字右对齐。
- "分散对齐"按钮：单击该按钮可使所要设置的目标段落的文字分散对齐。

- "设置行距"按钮 ：单击该按钮右侧的倒三角符号，可在弹出的下拉列表中设置段落的行间距。
- "添加编号"按钮 ：单击该按钮可为所选段落按顺序添加编号。
- "项目符号"按钮 ：单击该按钮可为所选段落自动添加项目符号。
- "减少缩进量"按钮 ：单击该按钮可减少段落的缩进量。
- "增加缩进量"按钮 ：单击该按钮可增加段落的缩进量。

2. 通过"段落"对话框设置段落格式

打开一个 Word 文档后，单击"格式"菜单，选择"格式"|"段落"命令或者在文档的段落中右击鼠标，在弹出的快捷菜单中选择"段落"命令，将打开图 4-28 所示的对话框，在这里可以对段落格式进行设置。

图 4-28　"段落"对话框

4.4.3　设置项目符号和编号

为了使文档的层次更加鲜明，条理更加清晰，可以给文本设置项目符号和编号，使用 Word 2003 可以很容易地实现此项功能。

1. 插入项目符号和编号

在有些文档中，可以看到有"第一"、"第二"或是 1、2 等编号，当用户在段尾按下 Enter 键后，这些编号就会自动增加，这就是为文档插入了自动编号的结果。

- 插入自动编号：单击"格式"菜单，选择"格式"|"项目符号和编号"命令，打开图 4-29 所示的对话框，选择"自动编号"选项卡，在这里用户可以看到有很多种编号可供选择，选择适合自己编辑要求的一种，单击"确定"按钮即可完成插入。
- 插入项目符号：在图 4-29 所示的对话框中，选择"项目符号"选项卡，如图 4-30 所示，这里提供了多种项目符号供用户选择。

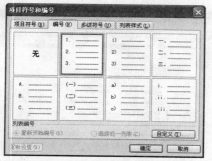

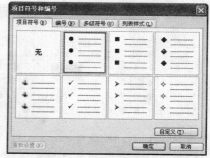

图 4-29 "项目符号和编号"对话框 　　图 4-30 "项目符号"选项卡

另外，单击"格式"工具栏中的 ▤ 按钮和 ▤ 按钮，可快速地为目标文本添加项目符号和编号。

2. 编辑项目符号和编号

当用户对"项目符号和编号"对话框中提供的项目符号或编号不满意时，可单击对话框中的"自定义"按钮，对这些符号进行高级的自定义设置。

【练习 4-2】为一段文字加上自定义的项目符号。

(1) 打开一个 Word 文档，选定要添加项目符号的文字，如图 4-31 所示。

(2) 单击"格式"菜单，选择"格式"|"项目符号和编号"命令，并选择"项目符号"选项卡。

(3) 单击 自定义(T)... 按钮，打开图 4-32 所示的对话框。

图 4-31 选定文本示意图 　　图 4-32 "自定义项目符号列表"对话框

注意：

在"自定义项目符号列表"对话框中，用户不仅可以使用 Word 2003 自带的几种项目符号，还可以使用自己计算机中的图片。具体方法是单击"图片"按钮，然后在弹出的对话框中导入图片。

(4) 单击 字符(C)... 按钮，打开图 4-33 所示的对话框，并选择 ❄ 图标，然后单击"确定"按钮。

(5) 在"项目符号和编号"对话框中选择刚编辑好的项目符号示意图，单击"确定"按钮即可完成设置，效果如图 4-34 所示。

图 4-33　"符号"对话框　　　　　图 4-34　效果图展示

3. 多级符号的设置

在实际应用中，有时候单一的编号并不能满足用户的需求，例如书的章、节等，这时就需要设置多级符号。

在图 4-29 中打开"多级符号"选项卡，如图 4-35 所示。在该选项卡中用户可以设置多级符号。

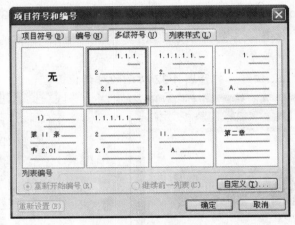

图 4-35　"高级符号"选项卡

4.4.4　设置边框和底纹

设置边框和底纹可以使 Word 看起来更加美观大方。

1. 设置边框

设置边框即是对文档中的文本设置边框，这样可以使某些文本看起来更加突出。要为某段文字设置边框，首先要选定这段文字，然后单击"格式"菜单，选择"格式"|"边框和底纹"命令，打开图 4-36 所示的对话框，在这里用户可以对文本进行边框和底纹的设置。

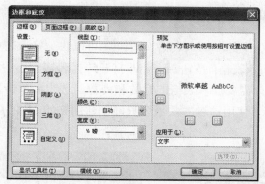

图 4-36　"边框和底纹"对话框

在"边框和底纹"对话框中有三个选项卡："边框"选项卡表示的是为文字设置边框，"页面边框"选项卡表示的是为整个页面设置边框，"底纹"选项卡表示的是为文本设置底纹。

2. 设置底纹

在图 4-36 中单击"底纹"标签，打开图 4-37 所示的选项卡，在这里用户可以设置文本的底纹，也就是背景颜色。

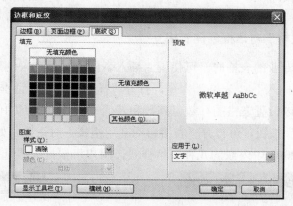

图 4-37　"边框和底纹"对话框

4.5　创建和设置表格

在日常生活中经常要使用到表格，如人事档案表、学生成绩表等。利用 Word 2003 的表格功能可轻松制作出多种多样的表格，并进行表格的修饰、统计和排序等操作。

4.5.1　表格的创建

在 Word 2003 中可以使用多种方法创建表格。

1. 利用"插入表格"按钮创建表格

通过"常用"工具栏中的"插入表格"按钮▦可以快速插入表格，具体方法是：单击"常用"工具栏中的"插入表格"按钮▦，随即打开选择表格大小的下拉列表框，如图 4-38 所示，移动鼠标即可选择需要插入表格的行数和列数。选定后单击鼠标即可插入表格，插入的表格如图 4-39 所示。使用这种方法最多只能创建的初始表格为 4 行 5 列，适用于创建比较小的表格。

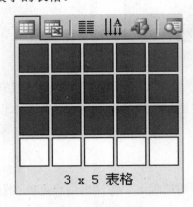

图 4-38　选择表格大小

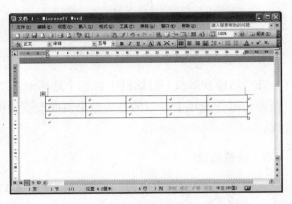

图 4-39　插入的表格

2. 利用"插入表格"对话框创建表格

当需要创建更为专业的表格时，可使用"插入表格"对话框来创建。单击"表格"菜单，选择"表格"|"插入"|"表格"命令，打开"插入表格"对话框，如图 4-40 所示。在该对话框中用户可以设置表格的行数、列数和其他一些更为详细的信息。单击该对话框中的"自动套用格式"按钮，可打开"表格自动套用格式"对话框，如图 4-41 所示，该对话框中显示了 Word 2003 中内嵌的几种表格样式，用户可根据需要选用。

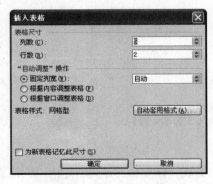

图 4-40　"插入表格"对话框

图 4-41　"表格自动套用格式"对话框

3. 利用"表格和边框"工具栏手工绘制表格

单击"常用"工具栏中的"表格和边框"按钮▦，可打开"表格和边框"工具栏，如图 4-42 所示。

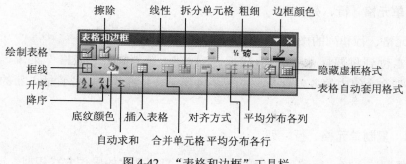

图 4-42　"表格和边框"工具栏

此时鼠标指针变成 ⌀ 的形状，按住鼠标左键不放拖动鼠标即可绘制表格，具体方法是：首先确定表格的外围边框，可以将鼠标从线段的一端拖动至另一端(也可绘制斜线)，如果绘制错误，需要擦除框线，可以单击"擦除"按钮 ⬜，当鼠标指针变成 ✐ 的形状时，将其移动到要擦除的框线上双击，即可删除框线。如图 4-43 所示，即为手工绘制的表格。

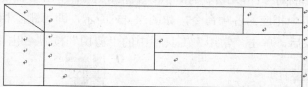

图 4-43　利用"表格和边框"工具栏手工绘制表格

4.5.2　编辑表格

表格创建完成后，需要在表格中输入内容，即编辑表格，对表格的编辑包括对表格中单元格、行、列的选定、插入、移动、复制和删除等操作。

1. 选定单元格、行、列和表格

- 选定单元格：要选定某一单元格，可以将鼠标指针移动到此单元格的左边界处，此时，鼠标指针将变成一个向右的黑箭头。单击鼠标左键，这个单元格就全部变成黑色显示，表示已经被选中。

- 选定某一行(列)：要选定表格中的某一行(列)，可先将鼠标指针移动到该行(列)的左(上)边界以外，这时，鼠标指针将变成一个白色向右(黑色向下)箭头。单击鼠标左键，该行(列)变成黑色时，表示已经被全部选中。

- 选定整个表格：要选定整个表格，可先将鼠标指针移动到该表格上，这时在表格的左上角将自动出现一个内嵌十字箭头的小方块 ⊞。将鼠标指针移动到这个小方块上，单击鼠标左键，整个表格便会全部变黑，表示已经被全部选中。

另外，直接用鼠标拖动或用 Shift＋↑、↓、←、→组合键，可以随意地选择单元格中的文字、段落、一个单元格或多个单元格，以及整个表格。

用户也可单击"表格"菜单，选择"表格"|"选择"命令组下的各项命令，来选定表格、列、行和单元格。

2. 插入单元格、行、列

插入单元格、行和列的操作步骤如下：

把光标定位到将要插入单元格(或行、列)的位置，单击"表格"菜单，选择"表格"|"插入"命令组中的各项命令，如图4-44所示，可在指定的位置插入新的单元格(或行、列)。

3. 移动、复制单元格、行、列

移动、复制单元格、行和列与在文档中移动、复制文本的操作方式相似，通过鼠标拖动、选择菜单命令、单击工具栏按钮、使用组合键等均可实现相应的操作。

4. 删除单元格、行、列、表格

删除单元格、行、列、表格的操作步骤如下：

首先选定要删除的对象(单元格、行、列、表格)，然后单击"表格"菜单，选择"表格"|"删除"命令组中相应的各项命令，如图4-45所示，即可删除相应的对象。另外，在选定要删除的对象后，单击"常用"工具栏中的"剪切"按钮 也可实现删除操作。

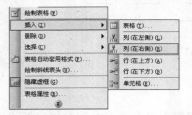

图4-44 "表格"|"插入"命令组菜单

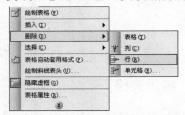

图4-45 "表格"|"删除"命令组菜单

5. 合并和拆分单元格

合并单元格就是将相邻的两个或多个单元格合并成一个单元格，其方法是：首先选定需要合并的若干个相邻的单元格，然后单击"表格"菜单，选择"表格"|"合并单元格"命令，或者单击"表格和边框"工具栏中的"合并单元格"按钮 ，此时选定的单元格将由多个合并为一个，如图4-46所示。

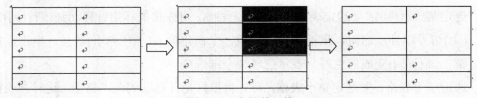

图4-46 合并单元格

拆分单元格就是将一个大的单元格分成若干个小的单元格。它与合并单元格互为逆操作。拆分单元格的方法是首先选定要拆分的单元格，然后单击"表格"菜单，选择"表格"|"拆分单元格"命令，或者单击"表格和边框"工具栏中的"拆分单元格"按钮 ，此时会弹出"拆分单元格"对话框，如图4-47所示，在该对话框中用户可设置想要拆分后的行数和列数，设置完成后，单击"确定"按钮，单元格将由一个拆分为多个，如图4-48所示。

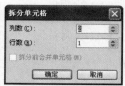
图 4-47 "拆分单元格"对话框

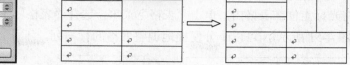
图 4-48 将选定单元格拆分为 1 行 2 列

6. 绘制斜线表头

在 Word 2003 中可以制作带斜线的表头。其方法如下：先把光标置于表格内的任意位置，然后单击"表格"菜单，选择"表格"|"绘制斜线表头"命令，打开"插入斜线表头"对话框，如图 4-49 所示。在"表头样式"列表框中选择一种表头样式，在"字体大小"列表框中定义表头文字的大小，在"行标题"、"列标题"文本框中输入行、列的标题名称，在"预览"窗口中可显示该斜线表头的样式，设置完成后，单击"确定"按钮，即可完成绘制斜线表头的操作。

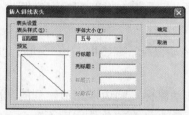
图 4-49 "插入斜线表头"对话框

注意：

在设置表头时，如果表头显示的内容过多，超出表头范围，系统将打开一个对话框提出警告，建议用户重新设置，否则容纳不了的字符会被截掉。

4.5.3 设置表格格式

设置表格格式包括调整表格的大小，调整行高和列高，设置表格中文本的格式，设置表格的边框和底纹等操作。

1. 调整表格大小

在 Word 2003 中可以直接用鼠标来缩放表格。将鼠标指针移动到表格上或用鼠标左键在表格中单击，表格的右下角就会出现一个小方框"口"，叫做调整句柄。鼠标指针移动到该句柄时，会变成倾斜的双箭头↖，此时按住鼠标左键拖动，拖动的过程中出现的虚线框表示调整后的表格大小，如图 4-50(a)所示。调整好后，松开鼠标左键即可，调整后效果如图 4-50(b)所示。

2. 调整行高、列宽

创建表格时，表格的行高和列宽都是默认值，而在实际工作中常常需要随时调整表格的行高和列宽。在 Word 2003 中，可以使用多种方法调整表格的行高和列宽。

● 自动调整

将光标定位在表格内，单击"表格"菜单，选择"表格"|"自动调整"菜单中的子命令(如图 4-51 所示)，可以十分便捷地调整表格的行与列。

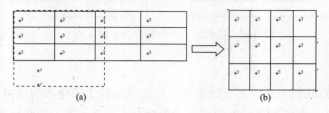
(a)　　　　　　　　(b)

图 4-50　调整表格大小

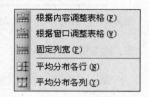

图 4-51　"自动调整"子菜单

● 使用鼠标拖动进行调整

在使用鼠标调整列宽时，先将鼠标指针移到表格中要调整列的边框线上，当鼠标指针变为"✛"形状时，使用不同的操作方法，可以达到不同的效果。

- 以鼠标指针拖动边框，则边框左右两列的宽度发生变化，而整个表格的总体宽度不变。
- 按下 Shift 键，然后拖动鼠标，则边框左边一列的宽度发生改变，整个表格的总体宽度随之改变。
- 按下 Ctrl 键，然后拖动鼠标，则边框左边一列的宽度发生改变，边框右边各列也发生均匀的变化，而整个表格的总体宽度不变。

使用鼠标调整行高时，先将鼠标指针移到需调整的行的下边框线上，当鼠标指针变为"✛"时，拖动鼠标指针至所需位置，整个表格的高度会随着行高的改变而改变。

● 使用对话框进行调整

以上两种方法都可以很方便地调整行高与列宽，但是如果表格尺寸的精度要求较高，使用这两种方法就不大合适了。此时可以使用"表格属性"对话框精确设置表格的行高和列宽。

单击"表格"菜单，选择"表格"|"表格属性"命令，打开"表格属性"对话框，如图 4-52 所示。在该对话框中有"表格"、"行"、"列"和"单元格" 4 个选项卡，选择不同的选项卡，可对相应的对象进行具体的参数设置。

图 4-52　"表格属性"对话框

3. 改变文字方向

在表格的实际运用中，有时需要改变表格中的文字方向。改变文字方向的方法如下：
首先选定需要改变文字方向的单元格(或行、列、表格)，单击"格式"菜单，选择"格式"|"文字方向"命令，打开"文字方向-表格单元格"对话框，如图 4-53 所示。在"方向"选项组单击所需的文字方向，在"预览"区可查看效果，选定满意的效果后，单击"确定"按钮即可完成设置，如图 4-54 所示。

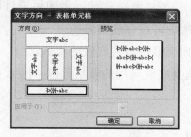

图 4-53 "文字方向-表格单元格"对话框　　　　图 4-54 改变文字方向

4. 改变文本对齐方式

对表格中的文本也可以设置不同的对齐方式，具体设置方法如下：
首先选定需要设置文本对齐方式的单元格，然后单击"表格和边框"工具栏中的"文本对齐"按钮右边的倒三角符号，在弹出的下拉列表框中选择相应的对齐方式，如图 4-55 所示。也可以在选定的单元格上右击鼠标，在弹出的快捷菜单中选择"单元格对齐方式"命令组中的对齐方式图标，来设置文本的对齐方式，如图 4-56 所示。

图 4-55 "表格和边框"工具栏　　　　图 4-56 快捷菜单

5. 设置边框和底纹

若要对表格进行美化，还可为表格的四周或任一边设置边框，也可以为表格设置底纹作为背景图案。

Word 2003 默认的表格边框是"0.5 磅"的黑细线，通过对表格设置边框，可使表格更具层次感，且更突出表格中的数据。

首先选择需要设置边框的表格或单元格，然后单击"格式"菜单，选择"格式"|"边框和底纹"命令，或者在选定区域右击鼠标，在弹出的快捷菜单中选择"边框和底纹"命令，打开"边框和底纹"对话框，如图 4-57 所示。在该对话框的"边框"选项卡中可进行

以下操作：

- 在"设置"选项组中可选择表格边框的样式。
- 在"线型"列表框中可选择边框的线型，如粗实线、虚线等。
- 利用"颜色"下拉列表框可设置边框的颜色。
- 利用"宽度"下拉列表框可设置边框的粗细。
- 单击"预览"栏中相应的边框位置按钮可显示或隐藏该边框线。

在"边框和底纹"对话框(如图4-58所示)中的"底纹"选项卡中可进行以下操作：

- 在"填充"选项组中选择相应的颜色选项可设置底纹颜色。
- 利用"图案"选项组的"样式"下拉列表框可设置底纹的样式。
- 利用右侧的"应用于"下拉列表框可选择底纹应用的表格范围，包括文档中的所有表格、当前表格等。
- 在"预览"栏中可预览设置的效果。

全部设置完成后，单击"确定"按钮即可完成设置。

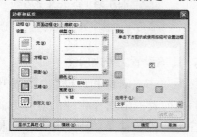
图4-57 "边框和底纹"对话框

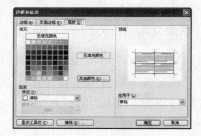
图4-58 "底纹"选项卡

4.6 美 化 文 档

为了使文档更加生动、形象，Word 2003 允许在文档中插入剪贴画、图片、自选图形、艺术字、图表以及文本框等各种对象。

4.6.1 插入和设置剪贴画

剪贴画是 Word 2003 自带的一种图片，使用它不仅可以快速地在文档中插入所需的图形，还可对其属性进行设置。

1. 插入剪贴画

在文档中可插入 Word 2003 自带的各种剪贴画，插入剪贴画的步骤如下：首先将光标定位在需要插入剪贴画的位置，然后单击"插入"菜单，选择"插入"|"图片"|"剪贴画"命令，打开"剪贴画"任务窗格，如图4-59(a)所示。在"搜索范围"下拉列表框中选择"所有收藏集"选项，在"结果类型"下拉列表框中选择"剪贴画"选项，然后单击"搜索"

按钮，剪贴画将以缩略图的形式显示在任务窗格中，如图 4-59(b)所示，单击某张剪贴画，即可将此剪贴画插入到文档中，如图 4-59(c)所示。

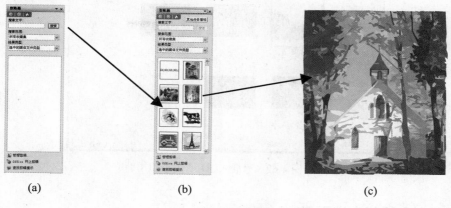

(a)　　　　　　　　　　　　(b)　　　　　　　　　　　　(c)

图 4-59　插入剪贴画

2. 设置剪贴画的属性

插入到文档中的剪贴画的大小、位置等并不一定满足实际的需要，此时可对其进行设置，具体设置方法如下：将光标移至剪贴画上，然后按住鼠标左键不放并拖动便可移动剪贴画的位置。在剪贴画上右击，在弹出的快捷菜单中选择"设置图片格式"命令，打开"设置图片格式"对话框，如图 4-60 所示。在该对话框中，用户可设置剪贴画的大小、版式等。另外，在插入剪贴画的同时会打开"图片"工具栏，如图 4-61 所示，利用其中的各按钮可对剪贴画的亮度、颜色等属性进行设置。

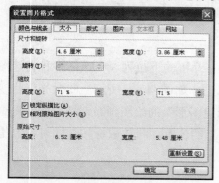

图 4-60　"设置图片格式"对话框

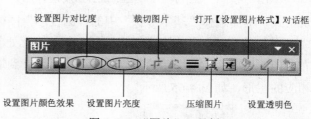

图 4-61　"图片"工具栏

4.6.2　插入图片

若 Word 自带的剪贴画不能满足用户的需求，还可以在文档中插入计算机中的图片，具体方法是：首先将光标定位在需要插入图片的位置，然后单击"插入"菜单，选择"插入"|"图片"|"来自文件"命令，打开"插入图片"对话框，如图 4-62 所示。在该对话框的"查找范围"下拉列表框中选择需要插入图片的存放路径，找到需要的图片后，选择该图片，然后单击"插入"按钮，或者双击该图片即可完成图片的插入。

图 4-62　"插入图片"对话框

4.6.3　插入和设置自选图形

　　自选图形是 Word 2003 提供的预先设计好的通过绘制产生的图形，包括线条、连接符、椭圆、箭头、流程图、星与旗帜等。使用它们可以方便地绘制图形，提高图形的绘制效率，并丰富文档的内容。

1．插入自选图形

　　要插入自选图形，首先应调出"绘图"工具栏，方法是：在菜单栏或者任一工具栏上右击，在弹出的快捷菜单中选择"绘图"命令，即可调出"绘图"工具栏，如图 4-63 所示。

图 4-63　"绘图"工具栏

　　单击"绘图"工具栏中的自选图形(U)按钮，用户可在弹出的下拉列表中选择多种自选图形格式，例如选择"基本形状"中的"圆柱形"图标，如图 4-64 所示。此时光标将变成"十"的形状，并在文本编辑区域出现"在此处创建图形"的绘图画布，按 Esc 键将画布关闭，然后按住鼠标左键不放并拖动鼠标指针到适当的位置，释放鼠标按键即可绘制出相应的图形，如图 4-65 所示。

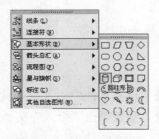
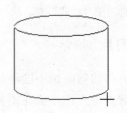

图 4-64　选择自选图形形状　　　　　　图 4-65　绘制自选图形

2. 设置自选图形

对于所绘的自选图形，利用"绘图"工具栏中的按钮可对其形状、大小、线条样式以及填充效果等进行设置。

选择需要设置的自选图形，此时该图形的四周将出现控制柄，拖动相应的控制柄即可改变图形的形状和大小，如图 4-66 所示。

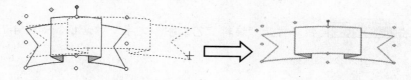

图 4-66　设置图形的大小和形状

注意：

在自选图形中还可以添加文字，方法是：在绘制完成的自选图形上右击，在弹出的快捷菜单中选择"添加文字"命令，这时文本插入点将自动定位在图形内部，在其中输入所需的文字即可。

4.6.4　插入和编辑艺术字

在美化文档的过程中，可在其中插入具有特殊效果的艺术文字，即艺术字，它可极大地提高文档的可读性和观赏性，丰富文档的内容。

1. 插入艺术字

在文档中插入艺术字的方法如下：首先将文本插入点定位到文档中需要插入艺术字的位置，然后单击"插入"菜单，选择"插入"|"图片"|"艺术字"命令，打开"艺术字库"对话框，如图 4-67 所示，从中可选择艺术字的类型，选定后单击"确定"按钮，此时打开"编辑"艺术字"文字"对话框，如图 4-68 所示。

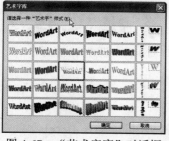

图 4-67　"艺术字库"对话框

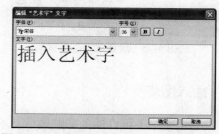

图 4-68　"编辑"艺术字"文字"对话框

在图 4-68 的"文字"文本框中输入需要插入的艺术字内容，在"字体"和"字号"下拉列表框中可按照设置文本格式的方法设置艺术字的格式，完成设置后单击"确定"按钮，即可在文档中插入艺术字，如图 4-68 所示。

2. 编辑艺术字

艺术字的编辑操作与剪贴画的编辑方法类似，即当选定艺术字后，可利用在所选定艺术字上出现的控制点来更改艺术字的大小、形状和位置。

【练习 4-3】更改图 4-69 中的艺术字。

(1) 单击图 4-69 中的"插入艺术字"图片区域，系统自动弹出"艺术字"工具栏，如图 4-70 所示。

(2) 单击 编辑文字(X)... 按钮，打开"编辑'艺术字'文字"对话框，如图 4-71 所示。

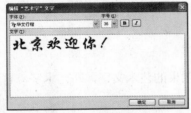

图 4-69　插入的艺术字　　　　　　　　　图 4-70　"艺术字"工具栏

(3) 在"字体"下拉列表框中设置字体为"华文行楷"，在"文字"文本框中将原有的汉字改为"北京欢迎你！"，单击"确定"按钮，效果如图 4-72 所示。

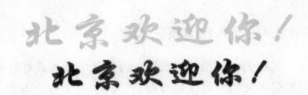

图 4-71　更改文字　　　　　　　　　　　图 4-72　更改后的效果

(4)单击"艺术字形状"按钮 A，在弹出的"艺术字形状"列表中选中"双波形 1"如图 4-73 所示，设置后的效果如图 4-74 所示。

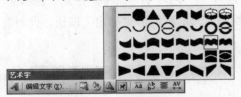

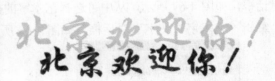

图 4-73　选择艺术字形状　　　　　　　　图 4-74　设置后的效果

4.6.5　插入图表

在 Word 中除了可以插入剪贴画、艺术字等对象外，还可以插入 Excel 中的图表。具体方法是：首先将光标定位在文档中需要插入图表的位置，然后选择"插入"|"图片"|"图表"命令，即可在插入点的位置插入图表，并打开相应的数据表对话框，如图 4-75 所示。

在对话框中相应的单元格可更改 Word 默认输入的数据，此时文档中插入的表格内容也会发生同步改变。利用编辑艺术字等对象的方法也可对图表的位置、大小等进行修改。

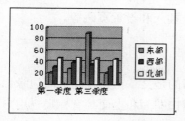

图 4-75　插入图表并打开数据表对话框

4.6.6　插入和编辑文本框

利用 Word 中的文本框可以设计出特殊的文档格式，在文本框中可输入文本，插入图片等对象，从某种意义上说，它相当于文档中的一个"嵌套文档"。

1. 插入文本框

Word 2003 中的文本框分为横排和竖排两种，插入的方法如下：单击"插入"菜单，选择"插入" | "文本框" | "横排"或"竖排"命令，此时光标将变成"十"的形状，并在文本编辑区域出现"在此处创建图形"的文本框绘图画布，按 Esc 键将画布关闭，然后按住鼠标左键不放并拖动鼠标到适当位置，释放鼠标按键即可绘制出相应的文本框。

另外，还可以单击"绘图"工具栏中的"横排文本框"按钮 或者"竖排文本框"按钮 ，然后按照上面的方法绘制出相应的文本框，两种文本框的效果图如图 4-76 所示。

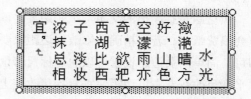

图 4-76　横排文本框和竖排文本框

2. 编辑文本框

编辑文本框包括编辑整个文本框和其中的文本等对象。其中，文本框设置边框、底纹等操作与对自选图形的操作基本相同，在对文本框中的文本等对象进行设置时，可参考在文档中设置文本等对象的方法。

注意：

选定插入的文本框后，单击"常用"工具栏中的"更改文字方向"按钮 ，可以在横排文本框和竖排文本框之间相互切换。

4.7　设置文档页面

通过对文档页面的设置，可以使文档看起来更加美观大方，文字更加鲜明。文档的设置主要包括页面大小的设置、页眉和页脚的设置以及插入和设置页码等。

4.7.1　设置页面大小

设置页面大小，即设置页面的页边距，页边距指的是文章正文距离页面边缘也就是纸张边缘的距离，在 Word 2003 的工作页面中，文档窗口左面和上面都有标尺，用户可以通过对照这些标尺调整页边距。另外，还可以通过单击"文件"菜单，选择"文件"|"页面设置"命令，打开"页面设置"对话框，如图 4-77 所示，来进行页边距的设置。

图 4-77　　"页面设置"对话框

1. 设置页边距

页边距是打印出的文本与纸张边界之间的距离，页边距太窄会影响对文档的修订，太宽会浪费纸张。若要精确地修改页边距只要在"页边距"选项卡的相应列表框中输入数值即可。简单的页边距设置可以通过标尺和鼠标来完成，这时必须转换到页面视图。其中，水平标尺改变左右页边距，垂直标尺改变上下页边距。使用鼠标设置页边距的方法为：将鼠标指针指向水平(垂直)标尺上的页边距边界(即标尺上的深浅颜色交界处)，待鼠标指针变为双向箭头后拖动页边距边界到新的位置。

2. 设置纸张

在"纸张"选项卡的"纸型"下拉列表框中可以设置纸张的类型，即纸张的大小，默认纸张的大小是 A4 纸。若要自行设置纸张的大小，可在"宽度"和"高度"微调框中设置具体的数值。

3. 设置版式

在"版式"选项卡中可以设置页眉和页脚的版面格式、垂直对齐方式和行号等特殊的版式效果。

4. 设置文档网络

在"文档网络"选项卡中可以指定每页显示的行数和每行显示的字数，还可以在页面上设置网格，使用户感觉好像是在方格纸上写字。

4.7.2　设置页眉和页脚

页眉和页脚通常用于显示文档的附加信息，例如页码、日期、作者名称、单位名称、徽标或章节名称等。其中，页眉位于页面顶部，页脚位于页面底部。Word 可以给文档的每一页建立相同的页眉和页脚，也可以交替更换页眉和页脚，即在奇数页和偶数页上建立不同的页眉和页脚。

要在文档中添加页眉和页脚，单击"视图"菜单，选择"视图"|"页眉和页脚"命令，激活页眉和页脚，就可以在其中输入文本、插入图形对象、设置边框和底纹等操作，同时打开"页眉和页脚"工具栏，如图 4-78 所示。

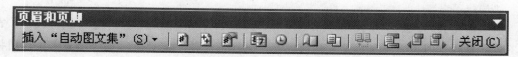

图 4-78　"页眉和页脚"工具栏

"页眉和页脚"工具栏中各个按钮的功能如下：

- "插入"自动图文集""按钮 插入"自动图文集"(S)▼：单击此按钮可以在打开的下拉列表中选择相应的内容插入到页眉和页脚。
- "插入页码"按钮 ：单击此按钮可以插入自动更新的页码。
- "插入页数"按钮 ：单击此按钮可以在页眉和页脚处插入文档的总页数。
- "设置页码格式"按钮 ：单击此按钮可以在弹出的对话框中设置页码的格式。
- "插入日期"按钮 ：单击此按钮可以在页眉和页脚处插入日期。
- "插入时间"按钮 ：单击此按钮可以在页眉和页脚处插入时间。
- "页面设置"按钮 ：单击此按钮可以进行页面设置。
- "显示/隐藏文档文字"按钮 ：单击此按钮可以显示或隐藏文档的文字。
- "链接到前一个"按钮 ：单击此按钮可以控制当前的页眉和页脚是否与前面的页眉页脚相同。
- "在页眉和页脚间切换"按钮 ：单击此按钮可以在页眉和页脚之间切换。
- "显示前一项"按钮 ：单击此按钮可以将光标移到前一页的页眉和页脚。
- "显示下一项"按钮 ：单击此按钮可以将光标移到后一页的页眉和页脚。
- "关闭页眉和页脚"按钮 关闭(C)：单击此按钮可以"页眉和页脚"工具栏。

注意：

在添加页眉和页脚时，必须先切换到页面视图方式，因为只有在页面视图和打印预览视图模式下才能看到页眉和页脚的效果。

4.7.3　插入和设置页码

页码就是给文档每页所编的号码，以便于读者阅读和查找。页码一般添加在页眉或页脚中，当然，也可以添加到其他地方。

1. 插入页码

要在文档中插入页码，可以单击"插入"菜单，选择"插入"|"页码"命令，打开"页码"对话框，如图 4-79 所示。

在对话框的"位置"下拉列表框中，设置页码位置，例如"页面顶端(页眉)"、"页面底端(页脚)"、"页面纵向中心"、"纵向内侧"、"纵向外侧"等；在"对齐方式"下拉列表框中，设置页码对齐方式，例如"左侧"、"居中"、"右侧"、"内侧"和"外侧"等。

注意：

要从第 1 页开始就显示页码，可选择"首页显示页码"复选框。不过一般情况下，首页不需要页码，因为首页往往是文档的概述；如取消选择"首页显示页码"复选框，则将从第 2 页开始显示页码，但首页仍然会计入页码。

2. 设置页码格式

在文档中，如果需要使用不同于默认格式的页码，例如用 i 或 a 等，就需要对页码的格式进行设置。

要对页码进行格式化设置，可以在"页码"对话框中，单击"格式"按钮，打开"页码格式"对话框，如图 4-80 所示。

在对话框的"数字格式"下拉列表中，选择一种数字格式；选择"包含章节号"复选框，可以在添加的页码中包含章节号；在"页码编排"选项组中，可以设置页码的起始页。设置完毕后，单击"确定"按钮即可。

图 4-79　"页码"对话框

图 4-80　"页码格式"对话框

【练习 4-4】为一篇文档设置页面大小、插入页眉和页脚，并插入页码。

(1) 打开一篇文档，例如本例中打开"赤壁赋"文档，如图 4-81 所示。首先设置文档页面的大小。

(2) 单击"文件"菜单，选择"文件"|"页面设置"命令，打开"页面设置"对话框，如图 4-82 所示，在"页边距"选项卡的"页边距"选项组中将"上、下、左、右"对应的数值均设置为 2 厘米，然后单击"确定"按钮，此时，效果如图 4-83 所示。

图 4-81　打开"赤壁赋"文档

图 4-82　设置页边距

(3) 单击"视图"菜单，选择"视图"|"页眉和页脚"命令，激活文档的页眉和页脚区域，并显示"页眉和页脚"工具栏，如图 4-84 所示。

图 4-83　设置页边距后的效果

图 4-84　激活页眉和页脚区域

注意：

对比图 4-82 和图 4-83 可以看出，通过对页边距的设置，本来在屏幕上不能完全显示的内容(需要拖动滚动条才可以看见)现在可以完全显示了，并且页面边缘部分的空白区域也变少了。

(4) 此时，光标定位在页眉处，在页眉处输入文本"古文欣赏——赤壁赋"，输入的文本默认为居中设置，如图 4-85 所示。

(5) 单击"页眉和页脚"工具栏中的"在页眉和页脚间切换"按钮 ，将光标定位在页脚处，然后输入文本"××工作室制作"。再单击"插入页码"按钮 ，插入页码，选定插入的页码，单击"格式"工具栏中的"居中"按钮 将页码居中(用户可单击"页眉和页脚"工具栏中的"设置页码格式"按钮 ，设置页码的格式)，设置完成后单击"页眉和页脚"工具栏中的"关闭"按钮 关闭(C) ，最终效果预览图如图 4-86 所示。

图 4-85　输入页眉

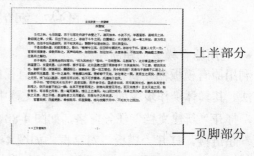

图 4-86　最终效果图

4.8　使用模板与样式

在利用 Word 2003 制作文档时，充分利用其提供的模板和样式功能可快速创建所需文档，并可大大提高工作效率，本节将对模板和样式的相关知识进行讲解。

4.8.1　使用模板

模板是一种特殊的 Word 文档，其后缀名为.dot，图标显示形式为 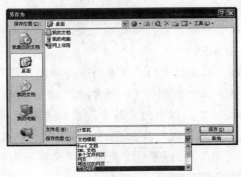。当创建基于模板的新文档时，新建的文档将自动带有模板中所有设置的内容，这样就能减少很多重复性的操作，为制作同类格式的文档带来极大的方便。

1. 创建模板

在 Word 2003 中可以通过文档创建模板，也可以利用原有模板创建新模板，实现模板的创建。

● 利用文档创建模板

利用文档创建模板的步骤如下：首先新建一个 Word 文档或者打开一个已有的 Word 文档，对其进行相应的操作后(包括文本的输入以及格式化等)，单击"文件"菜单，选择"文件"|"另存为"命令，打开"另存为"对话框，如图 4-87 所示。在"保存位置"下拉列表框中选择文档需要保存的路径，在"文件名"下拉列表框中输入模板的名称，在"保存类型"下拉列表框中选择"文档模板"选项，设置完成后，单击"保存"按钮即可。此后在新建文档时，选择根据该模板新建的文档将带有模板中设置的各种文本或数据及格式。

图 4-87　"另存为"对话框

● 利用原有模板创建新模板

利用原有模板创建新模板是指在对原有模板进行修改，然后将其另存为一个模板文件的方法。其具体操作步骤如下：在 Word 文档中单击"文件"菜单，选择"文件"|"新建"命令，打开"新建文档"任务窗格，如图 4-88 所示。单击"模板"选项组中的"本机上的模板"超链接，打开"模板"对话框，如图 4-89 所示。

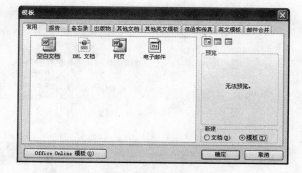

图 4-88　"新建文档"任务窗格　　　　　　　图 4-89　"模板"对话框

　　在"模板"对话框中选中所需的文件，在右下角的"新建"栏中选中"模板"单选按钮，然后单击"确定"按钮，在打开的模板文档中进行相应的修改。修改完成后，单击"文件"菜单，选择"文件"|"另存为"命令，将其另存为模板文件即可。

2. 应用模板

　　模板创建完成后，就可以使用了。使用已经创建的模板的步骤如下：在 Word 文档中单击"文件"菜单，选择"文件"|"新建"命令，在弹出的"新建文档"任务窗格中单击"本机上的模板"超链接，打开"模板"对话框，从中选择需要的模板文件后单击"确定"按钮，即可创建基于该模板的 Word 文档，然后从中进行需要的操作即可。

4.8.2　使用样式

　　在实际的学习或者工作中，难免会制作大量格式相同的文档，如制作每个学生的基本信息文档或公司每个员工的出勤工作表等。重复制作相同的格式文档显然很费时费力，此时可将经常用到的文档格式保存，在制作同类型的文档时只需应用保存的格式，这就是使用样式。

1. 样式的创建与编辑

　　在 Word 中创建样式的步骤如下：单击"格式"菜单，选择"格式"|"样式和格式"命令，或者单击"格式"工具栏最左侧的"格式窗格"按钮 ，打开"样式和格式"任务窗格，如图 4-90 所示。单击"新样式"按钮，打开"新建样式"对话框，如图 4-91 所示。在"名称"文本框中可设置样式的名称，单击对话框下方的"格式"按钮，在弹出的下拉列表框中可选择进行格式设置的范围，如字体、段落、边框等。

　　在"样式类型"下拉列表框中可选择"字符"和"段落"两个选项之一，表示用来定义样式的是字符样式或者是段落样式。

　　在"样式基于"下拉列表框中选择不同的选项，可在现有的某种样式的基础上另外创建一种新样式。

图 4-90   "样式和格式"任务窗格

在"后续段落样式"下拉列表框中可选择应用到该样式段落的后续段落样式。

完成样式创建后，单击"确定"按钮，新建的样式将显示在"样式和格式"任务窗格的"请选择要应用的格式"列表框中。

另外，若用户想要对已有样式进行修改，可在"样式和格式"任务窗格中单击需要修改样式选项右侧旁的 按钮，在弹出的下拉菜单中选择"修改"命令，打开"修改样式"对话框，如图 4-92 所示，即可对样式进行修改。

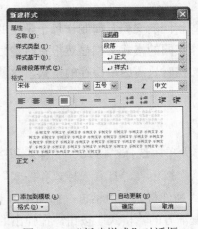

图 4-91   "新建样式"对话框

图 4-92   "修改样式"对话框

2. 样式的应用

创建完成样式后即可直接使用，使用的方法如下：首先在文档中选中需要应用样式的文本或段落，然后单击"格式"工具栏最左侧的"格式窗格"按钮 ，打开"样式和格式"任务窗格，在该窗格的"请选择要应用的样式"列表框中单击需要应用的样式选项，即可将所选文本或段落设置为创建的样式。

4.9 打 印 文 档

文档编辑完成以后，需要将其通过打印机打印在纸张上以供使用。对文档进行打印，一般来说分为两个步骤：打印预览和打印输出。

4.9.1 打印预览

打印预览的作用是在打印前先在计算机上预览打印后的预期效果，以便事先发现错误并及时改正，防止打印输出后才发现错误，而造成一些不必要的损失。

打印预览时，可以选择以下几种方法：

- 单击"常用"工具栏中的 按钮。
- 单击"文件"菜单，选择"文件"|"打印预览"命令。

在"预览"窗口中会出现"预览"工具栏，如图 4-93 所示。

图 4-93 "预览"工具栏

"预览"工具栏中各个按钮的含义如下。

- "打印"按钮 ：单击该按钮可以打印当前文档。
- "放大镜"按钮 ：单击该按钮可在预览状态和编辑状态之间相互切换。
- "单页"按钮 ：单击该按钮可在预览视图中只显示一页文档。
- "多页"按钮 ：单击该按钮，可在弹出的列表框中选择预览视图中显示的文档页数。
- "显示比例"下拉列表框：选择该下拉列表框中的选项，可以设置文档在预览视图中的显示比例。
- "查看标尺"按钮 ：单击该按钮可隐藏或显示预览视图中的标尺。
- "缩小字体填充"按钮 ：当最后一页内容较少时(只有一行或两三行时)，单击该按钮，系统会在不改动原始打印效果的基础上对目标文档字号进行自动缩小，而且还要确保缩放后的字号尺寸与原始文档的字号尺寸最为接近，同时确保后一页的内容恰好能够完全显示在前一页面中。
- "全屏显示"按钮 ：单击该按钮可将当前预览视图中显示的页面进行全屏显示。
- "关闭预览"按钮 ：单击该按钮则退出打印预览视图。

注意：

打印预览窗口下文档是不可编辑的，若要返回编辑，需要先关闭打印预览窗口，另外，在打印预览窗口中，可以随意调整预览页面的大小，也可以选择单页预览或者是多页预览，这样可以提高预览效果。

4.9.2　打印设置和输出

打印预览无误后，就可以进行打印输出操作了。单击"文件"菜单，选择"文件"|"打印"命令，或者直接单击"常用"工具栏中的![按钮]按钮，就可以打开图 4-94 所示的对话框。

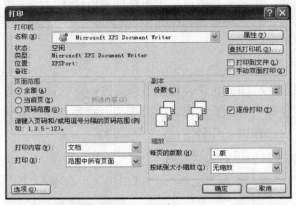

图 4-94　"打印"对话框

在图 4-94 中可以看出该对话框分为 4 个选项组，"打印机"选项组、"页面范围"选项组、"副本"选项组和"缩放"选项组，在这些选项组中，用户可以根据不同的需要进行设置。

另外，在一篇比较长的文档中，如果只需要打印其中的几页，可以在"页面范围"选项组中进行设置，"全部"指打印全部文档，"当前页"指打印屏幕上当前显示的页面，"页码范围"可以设置需要打印的文档的起始页码和终止页码。

4.10　习　　题

一、填空题

1. 在打开文档时，如果要一次打开多个连续的文档，可按住_____键进行选择；如果要一次打开多个不连续的文档，可按住_____键进行选择。

2. _____是构成整个文档的骨架，它由正文、图表和图形等加上一个段落标记构成。

3. 段落缩进共有 4 种格式：_____、_____、_____和_____。

4. 在 Word 2003 中共有 5 种视图模式：_____、_____、_____、_____和_____。

5. 用户如果不知道剪贴画的准确文件名，可以使用通配符代替一个或多个字符来进行搜索，在"搜索文字"文本框中输入_____代替文件名中的多个字符，输入_____代替文件名中的单个字符。

6. 使用"绘图"工具栏上的_____按钮，可以制作各种图形及标志。

7. 使用工具栏创建表格时，网格框底部出现的"m×n 表格"表示要创建的表格是

_____行_____列。使用该方法创建的表格最多是_____行_____列。

二、选择题

1. 在 Word 2003 的(　　　)中可以显示当前文档的信息。

    A. 标题栏　　　　　　　　　　　　B. 工具栏

    C. 状态栏　　　　　　　　　　　　D. 帮助

2. Word 2003 中段落对齐的默认设置为(　　　)。

    A. 两端对齐　　　　　　　　　　　B. 居中对齐

    C. 左对齐　　　　　　　　　　　　D. 右对齐

3. 标尺中的▽图标表示(　　　)方式。

    A. 首行缩进　　　　　　　　　　　B. 垂直缩进

    C. 左缩进　　　　　　　　　　　　D. 右缩进

4. 在 Word 2003 的表格中，如果要选择下一单元格中的文字，应使用(　　　)键。

    A. Tab　　　　　　　　　　　　　　B. Shift+Tab

    C. Ctrl　　　　　　　　　　　　　　D. Alt

5. 图片的环绕方式为(　　　)时，图片不可以被移动。

    A. 四周型　　　　　　　　　　　　B. 紧密型

    C. 嵌入型　　　　　　　　　　　　D. 衬于文字下方

三、操作题

1. 新建一个 Word 文档并输入公告内容，设置标题的字体为"隶书"，字号为一号，正文的字体为"宋体"，字号为"小四"，并参照图 4-95 所示设置其他格式。

2. 在上题的文档中，给段落添加宽度为 3 磅的三维边框，给段落添加灰色 5%的底纹，给文字添加红色的底纹，并设置文字的颜色为"白色"，如图 4-96 所示。

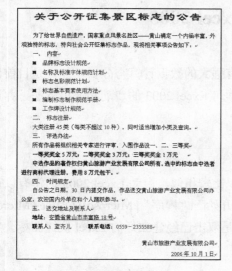
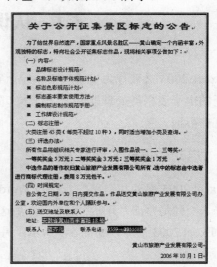

图 4-95　设置文档格式　　　　　　　图 4-96　继续设置文档的格式

第5章 Excel 2003电子表格处理软件

Microsoft Excel 2003 是一款功能强大，技术先进，使用方便、灵活的电子表格处理软件。它不仅可以制作整齐、美观的表格，还能够对表格中的数据进行各种复杂的计算。它也可以把计算后的表格以各式各样的图形、图表的形式表现出来，并对表格进行数据分析，在网络上进行发布。它还具有 Web 功能，用户可以用它来从 Web 抓取数据(例如股票价格)，将这些数据导入工作表中，还可以将其做成一个链接，使数据周期性地动态更新。

本章要点：

- Excel 2003 的工作界面
- 使用工作簿、工作表、单元格
- 单元格的基本操作
- 数据的输入和编辑
- 应用公式和函数
- 应用图表
- 数据的管理
- 美化工作表

5.1 认识 Excel 2003

Excel 2003 又被称为电子表格系统，它具有强大的数据计算与分析功能，是目前使用最广泛的电子表格类处理软件之一，本节先来学习 Excel 2003 的启动和退出方法，并认识它的工作界面。

5.1.1 启动和退出 Excel 2003

Excel 2003 启动和退出的方法与 Word 2003 比较相似，启动 Excel 2003 通常有以下几种方法。一种是单击"开始"菜单，然后选择"开始"|"程序"| Microsoft Office | Microsoft Office Excel 2003 命令，如图 5-1 所示；另一种是双击已经建立好的 Excel 快捷图标，如图 5-2 所示。

图 5-1　"开始"菜单	图 5-2　通过新建的桌面图标打开 Excel 2003

退出 Excel 2003 系统也有多种方式，用户可根据自己的喜好和习惯选择下面的任何一种：

- 单击 Excel 2003 工作界面右上角的关闭按钮 ▣ 。
- 单击 Excel 2003 工作界面上的"文件"菜单，选择"文件"|"退出"命令。
- 直接按 Alt+F4 快捷键。
- 双击 Excel 2003 工作界面左上角的 ▣ 图标。

如果文档的内容自上次存盘之后做过修改，则在退出 Excel 之前，系统会提示是否保存修改的内容。单击"是"按钮，保存修改；单击"否"按钮，取消修改；单击"取消"按钮，则终止退出 Excel 的操作。

5.1.2　Excel 2003 的操作界面

启动 Excel 2003 后，用户会看到如图 5-3 所示的操作界面。

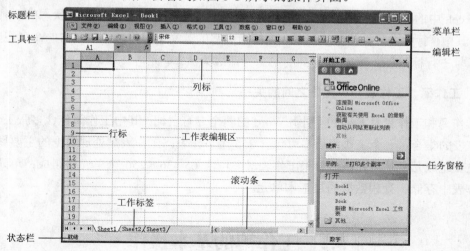

图 5-3　Excel 2003 的操作界面

Excel 2003 操作界面中的标题栏、工具栏、菜单栏、任务窗格、滚动条和状态栏等一些组成部分与 Word 2003 中相应的部分的作用和操作方法基本相同，因此在这里不再重复讲述，而仅对 Excel 2003 特有的部分做一讲解。

1. 编辑栏

编辑栏(图 5-4)中显示的主要是当前单元格的数据，可在编辑框中对数据直接进行编辑，它的主要组成如下。

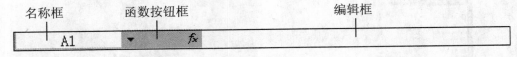

图 5-4　编辑栏

- 名称框：显示当前单元格的名称，这个名称可以是程序默认的，也可以是用户自己设定的。
- 函数按钮框：默认状态下只有一个按钮 f_x，当在单元格中输入数据时会自动出现另外两个按钮✕和✓，单击✕按钮可取消当前在单元格中的设置；单击✓按钮可确定单元格中输入的公式或函数；单击 f_x 按钮可在打开的"插入函数"对话框中选择需在当前单元格中插入的函数。
- 编辑框：用来显示或编辑当前单元格中的内容。

2. 工作表编辑区

工作表编辑区相当于 Word 的文档编辑区，是 Excel 的工作平台和编辑表格的重要场所，位于操作界面的中间位置，呈网格状态。

3. 行标与列标

Excel 中的行标和列标是确定单元格位置的重要依据，也是显示工作状态的一种导航工具。其中，行标由阿拉伯数字组成，列标由大写的英文字母组成。单元格的命名规则是："列标号＋行标号"。例如第 A 列的第 7 行即成为 A7 单元格。

4. 工作簿、工作表和单元格之间的关系

工作簿和工作表是 Excel 区别于 Word 的两个专有名词，其中工作簿包含多张工作表，是工作表的集合，一个工作簿最多可包含 255 个工作表；工作表是处理数据的主要场所，它的主要组成元素是单元格，每张工作表最多可由 65 536×256 个单元格组成；单元格则是工作表中存储和处理数据的最基本单元。

5.2　工作簿的基本操作

Excel 的文档就是工作簿，其扩展名为.XLS。工作簿是保存 Excel 文件的基本单位，它的基本操作包括新建、保存、关闭和打开等。

5.2.1 新建工作簿

新建工作簿有两种方法，一种是直接创建空白的工作簿，另一种是根据模板来创建带样式的新工作簿。

1. 新建空白工作簿

新建空白工作簿的方法很简单，打开 Excel 2003，在菜单栏中单击"文件"菜单，选择"文件"|"新建"命令，即可在工作区右侧打开"新建工作簿"任务窗格，如图 5-5 所示。在"新建"选项区域中，单击"空白工作簿"超链接，即可新建一个空白工作簿。

图 5-5　"新建工作簿"任务窗格

2. 通过模板新建工作簿

Excel 2003 自带有很多类型的表格模板，通过这些模板，可以快速创建各种具有专业表格样式的工作簿。

通过模板新建工作簿时，可单击图 5-5 任务窗格中的"本机上的模板"超链接，打开"模板"对话框，并切换到"电子方案表格"选项卡，如图 5-6 所示。该选项卡中有很多种系统提供的模板，例如选择"个人预算表"模板，单击"确定"按钮，即可建立基于"个人预算表"模板的新工作簿，如图 5-7 所示。

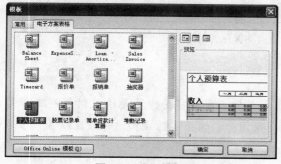

图 5-6　选择模板类型

图 5-7　新建的"个人预算表"工作簿

5.2.2 保存工作簿

在对工作簿进行操作时，有时会遇到一些意外情况，如意外断电、非正常关闭程序等，会造成数据的丢失，因此在使用过程中，用户应养成良好的存盘习惯。

1. 保存新建的工作簿

保存工作簿时，用户可采用以下几种方法：

- 单击"常用"工具栏中的 ■ 按钮。
- 单击"文件"菜单，选择"文件"|"保存"命令。
- 按 Ctrl+S 组合键。

2. 另存工作簿

若用户想修改 Excel 文件的保存位置或名称，则可以另存工作簿，另存工作簿的操作方法是，单击"文件"菜单，选择"文件"|"另存为"命令，在打开的"另存为"对话框中，选择合适的保存路径并设置新的文件名，然后单击"保存"按钮。

3. 自动保存工作簿

Excel 2003 提供了自动保存工作簿的功能，该功能可以每隔一段时间自动保存当前正在使用的工作簿，从而提高安全性。用户可以根据自己的需要自定义自动保存的间隔时间与恢复文件的保存位置。具体设置方法如下：

单击"工具"菜单，选择"工具"|"选项"命令，打开"选项"对话框并切换到"保存"选项卡，如图 5-8 所示。在该选项卡的"设置"选项组中，选中"保存自动恢复信息，每隔(S)"复选框，然后在其后的数值框中设定相应的时间，设置完成后，单击"确定"按钮即可。

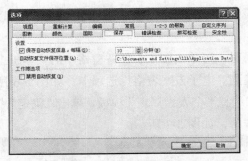

图 5-8　设置自动保存的时间

注意：

工作簿的自动保存时间间隔不宜设置得太长，否则容易出现无法及时保存工作簿的现象，也不宜设置得过短，因为频繁的保存操作会影响正常的操作，一般应以 5～15 分钟为宜。

5.2.3　关闭工作簿

在对工作簿中的工作表编辑完成以后，需要关闭工作簿。如果工作簿经过了最近一次修改而没有保存，那么 Excel 在关闭工作簿之前会提示是否保存现有的修改。在 Excel 2003

中，关闭工作簿主要有以下几种方法：

- 单击"文件"菜单，选择"文件"|"关闭"命令。
- 单击 Excel 2003 窗口右上角的 ⊠ 按钮，关闭 Excel 工作簿。
- 单击 Excel 2003 窗口右上角的 ⊠ 按钮，关闭当前工作表。
- 按 Alt+F4 组合键，结束任务。

5.2.4　打开工作簿

要对已经保存的工作簿进行浏览或编辑操作，需要首先在 Excel 2003 中打开该工作簿。打开工作簿，用户可采用以下几种方法。

- 双击该工作簿的图标。
- 单击"文件"菜单，选择"文件"|"打开"命令，打开如图 5-9 所示的"打开"对话框，然后选择需要打开的 Excel 工作簿，并单击 打开(O) · 按钮。
- 单击空白文档中"常用"工具栏左边的 按钮，同样打开如图 5-9 所示的对话框，然后选择需要打开的 Excel 工作簿，并单击 打开(O) · 按钮。

图 5-9　"打开"对话框

5.3　工作表的基本操作

在 Excel 2003 中，新建一个空白工作簿后，程序会自动在该工作簿中添加 3 个空白的工作表，并将其依次命名为 Sheet1、Sheet2、Sheet3，本节将主要介绍工作表的基本操作。

5.3.1　选择工作表

由于一个工作簿中往往包含不止一个工作表，因此操作前需要选定工作表。选定工作表的常用操作包括以下几种。

- 选定一张工作表：直接单击该工作表的标签，如图 5-10 所示为选定 Sheet1 工 作表。

- 选定相邻的工作表：首先选定第一张工作表标签，然后按住 Shift 键不放并单击其他相邻工作表的标签，即可选定相邻工作表。如图 5-11 所示为同时选定 Sheet1 与 Sheet2 工作表。

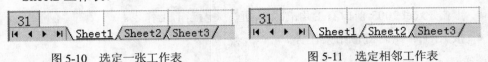

图 5-10   选定一张工作表   图 5-11   选定相邻工作表

- 选定不相邻的工作表：首先选定第一张工作表，然后按住 Ctrl 键不放单击其他任意一张工作表标签，即可选定不相邻的工作表。如图 5-12 所示为同时选定 Sheet1 与 Sheet3 工作表。
- 选定工作簿中的所有工作表：使用鼠标右击任意一个工作表标签，在弹出的快捷菜单中选择"选定全部工作表"命令，如图 5-13 所示。

图 5-12   选定不相邻工作表   图 5-13   选定所有工作表

5.3.2 插入工作表

若工作簿中的工作表数量不足，用户可以在工作簿中插入工作表。插入的工作表不仅可以是空白的工作表，还可以是根据模板建立的带有样式的新工作表。插入工作表最常用的方法有以下两种：

- 单击"插入"菜单，选择"插入" | "工作表"命令，即可插入新的工作表。
- 右击工作表标签，在弹出的快捷菜单中选择"插入"命令，打开"插入"对话框，如图 5-14 所示。在对话框中选择"工作表"图标，然后单击"确定"按钮，即可插入新的工作表。

图 5-14   "插入"对话框

5.3.3　移动和复制工作表

在 Excel 2003 中，工作表的位置并非固定不变的，为了操作需要，可以移动或复制工作表，以提高表格的制作效率。移动工作表的方法通常有以下两种。

- 若只需要在同一个工作簿中改变工作表的位置，则可用鼠标选定并按住工作表标签不放，然后将其拖动至目标位置；若是在同一个工作簿中复制工作表，则可在拖动工作表标签的同时按住 Ctrl 键拖动。
- 选定要移动或复制的工作表，单击"编辑"菜单，选择"编辑"|"移动或复制工作表"命令，打开"移动或复制工作表"对话框，如图 5-15 所示，在该对话框中即可选择工作表的移动位置。

图 5-15　"移动或复制工作表"对话框

5.3.4　重命名工作表

在 Excel 2003 中，工作表的默认名称为 Sheet1、Sheet2、…。为了便于区分与使用工作表，可以重新命名工作表，如图 5-16 所示。重命名工作表的常用方法有以下两种：

- 选定要重命名的工作表，单击"格式"菜单，选择"格式"|"工作表"|"重命名"命令，则该工作表标签处于可编辑状态，然后输入新的名称即可。
- 双击要重命名的工作表标签或右击该标签，在弹出的快捷菜单中选择"重命名"命令，将工作表标签设置为可编辑状态，然后输入新的名称即可。

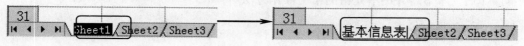

图 5-16　重命名工作表

5.3.5　删除工作表

对工作表进行编辑操作时，可以删除一些多余或错误的工作表，这样不仅可以方便用户对工作表进行管理，还可以节省系统资源。

首先选定需要删除的工作表，然后单击"编辑"菜单，选择"编辑"|"删除工作表"命令，打开图 5-17 所示的对话框，单击"删除"按钮即可删除选定的工作表。若删除的是

空白工作表，则不会弹出图 5-17 所示的对话框而是直接将选定的工作表删除。

图 5-17 删除工作表

5.3.6 设置工作表标签的颜色

Excel 可以更改默认的工作表标签颜色，通过对标签颜色的更改，可使标签显示更加鲜明，更改标签颜色的方法如下：在需要设置颜色的标签上右击，在弹出的快捷菜单中选择"工作表标签颜色"命令，打开"设置工作表标签颜色"对话框，如图 5-18 所示。在该对话框中任意选中一种颜色(例如红色)，然后单击"确定"按钮，即可设置相应的颜色，效果如图 5-19 所示。

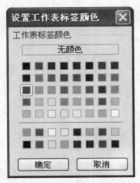

图 5-18 "设置工作表标签颜色"对话框

图 5-19 设置后的效果

5.4 单元格的基本操作

在 Excel 2003 中，绝大多数的操作都是针对单元格进行的。在掌握工作簿与工作表的基本操作后，本节将介绍单元格的常用操作方法。

5.4.1 选取单元格

Excel 2003 是以工作表的方式进行数据运算和数据分析的，而工作表的基本单元是单元格。因此，在向工作表中输入数据之前，应该先选定单元格或单元格区域。

1. 选定一个单元格

● 鼠标选定单元格：使用鼠标选定单元格是最常用的选定方法。将鼠标指针移动到需选定的单元格上，然后单击，该单元格即为当前单元格，如图 5-20 所示为选定 B5

单元格。如果要选定的单元格没有显示在窗口中，可以通过移动滚动条使其显示在窗口中，然后再选取。

● 使用"定位"命令选定单元格：单击"编辑"菜单，选择"编辑"｜"定位"命令，打开"定位"对话框，如图 5-21 所示。在"引用位置"文本框中输入要选定的单元格的名称，例如 B5，然后单击"确定"按钮，即可选定 B5 单元格。

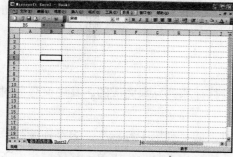

图 5-20　选定一个单元格

图 5-21　"定位"对话框

注意：

在 Excel 2003 中，还可以使用键盘来方便地选定单元格：移动上、下、左、下光标键，直到光标置于需选定的单元格即可。

2. 选定一个单元格区域

若要选定一个单元格区域，可先用鼠标单击区域左上角的单元格，然后按住鼠标左键不放并拖动鼠标到区域右下角的目标单元格位置，然后放开鼠标左键即可，如图 5-22 所示。若要取消选择，只需用鼠标在工作表中单击任一单元格即可。

如果指定的单元格区域范围较大，可以使用鼠标和键盘结合来选定。首先用鼠标单击选取区域左上角的单元格，然后拖动滚动条，将鼠标光标定位在右下角的目标单元格位置，然后在按住 Shift 键的同时单击鼠标左键，即可选中两个单元格对角线之间的矩形区域。

3. 选定不相邻的单元格区域

要选定多个且不相邻的单元格区域，可先单击鼠标选定第一个单元格区域，然后按住 Ctrl 键不放，同时使用鼠标选定其他单元格区域，如图 5-23 所示。

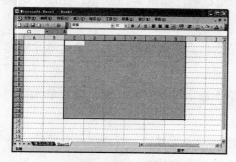

图 5-22　选择单元格区域

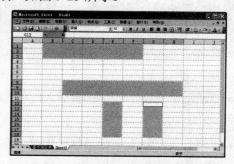

图 5-23　选定不相邻的单元格区域

另外，在一个工作表中经常需要选定一些特殊的单元格区域，操作方法如下。

- 选定整行：单击工作表中的行标。
- 选定整列：单击工作表中的列标。
- 选定整个工作表：单击工作表左上角行标和列标的交叉处，即全选按钮。
- 选定相邻的行或列：单击工作表行标或列标，并拖动行标或列标。
- 选定不相邻的行或列：单击第一个行标和列标，按住 Ctrl 键的同时，再单击其他行标或列标。

5.4.2 单元格的命名规则

在 Excel 中，对单元格的命名主要是通过行标和列标来完成的，其中又分为对单个单元格的命名和对单元格区域的命名两种情况。

单个单元格的命名规则在前文中已经讲过，即"列标＋行标"，多个连续的单元格区域的命名规则是"单元格区域中左上角的单元格名称＋'：'＋单元格区域中右下角的单元格名称"，如图 5-24 所示，选定区域的单元格名称为 B2：H12。

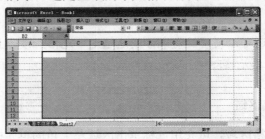

图 5-24　单元格区域的命名方式

5.4.3 插入和删除单元格

在对工作表进行操作时，有时需要对单元格进行插入和删除操作，使得表格更加符合实际的需求，利用 Excel 的插入和删除单元格对话框可以轻松实现该操作。

1．插入单元格

插入单元格时，用户可执行以下操作：首先选定需要插入的单元格附近的单元格，然后单击"插入"菜单，选择"插入"|"单元格"命令，或者在选定单元格上右击，在弹出的快捷菜单中选择"插入"命令，打开"插入"对话框，如图 5-25 所示。在该对话框中有 4 个单选按钮，它们的含义如下。

- "活动单元格右移"：新插入的单元格位于选定单元格的左边，选定单元格向右移动一列。
- "活动单元格下移"：新插入的单元格位于选定单元格的上面，选定单元格向下移动一行。
- "整行"：插入一行，且选定单元格所在的行向下移动一行。
- "整列"：插入一列，且选定单元格所在的列向右移动一列。

2. 删除单元格

对于删除单元格，用户可执行以下操作：首先选定要删除的单元格，然后单击"编辑"菜单，选择"编辑"|"删除"命令，或者在选定单元格上右击鼠标，在弹出的快捷菜单中选择"删除"命令，打开"删除"对话框，如图 5-26 所示。在该对话框中也有 4 个单选按钮，它们的含义分别如下。

- "右侧单元格左移"：选定单元格被删除以后，其右侧单元格向左移动一列。
- "下方单元格上移"：选定单元格被删除以后，其下方单元格向上移动一行。
- "整行"：删除选定单元格所在的行，且其下方一行向上移动一行。
- "整列"：删除选定单元格所在的列，且其右边一列向左移动一列。

图 5-25　"插入"对话框

图 5-26　"删除"对话框

5.4.4　合并和拆分单元格

在对单元格进行操作时，有时需要对单元格进行合并和拆分操作，以方便对单元格的编辑。

如要合并单元格，首先选定需要合并的单元格区域，然后单击"格式"菜单，选择"格式"|"单元格"命令，打开"单元格格式"对话框并切换到"对齐"选项卡，如图 5-27 所示。选中"文本控制"选项组中的"合并单元格"复选框，然后单击"确定"按钮，即可完成单元格的合并操作。

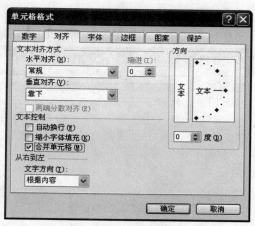

图 5-27　"单元格格式"对话框

注意:

单元格被合并后,原单元格中的数据将不会被保留,仅保留选定区域左上角的第一个单元格中的数据。

如要拆分单元格,Excel 只允许对合并过的单元格进行拆分,具体方法是在图 5-27 所示的对话框中,取消选中"合并单元格"复选框,然后单击"确定"按钮。

5.4.5　移动和复制单元格

在编辑 Excel 表格时,如果需要在某个单元格中输入和已有单元格中相同的数据,可采用移动和复制单元格的方法来输入,这样可减少重复操作,提高工作效率。

移动或复制单元格的实质是移动或复制单元格中的数据,具体操作方法如下:首先选定需要移动或复制的单元格,在选定区域右击,在弹出的快捷菜单中选择"剪切"或"复制"命令,然后在目标单元格上右击,在弹出的快捷菜单中选择"粘贴"命令,即可完成单元格的移动或复制操作。

5.5　数据的输入

Excel 电子表格的主要功能是用来编辑和管理数据,而在表格中输入数据则是其必不可少的操作。在 Excel 中的数据可分为 3 类:一类是普通文本包括中文、英文和标点符号;一类是特殊符号,例如▲、★、◎等;还有一类是各种数字构成的数值数据,例如货币型数据、小数型数据等。根据数据类型不同,它们的输入方法也不同。

5.5.1　普通文本的输入

普通文本的输入方法和在 Word 中输入文本相同,首先选定需要输入文本的单元格并将光标定位在编辑框中,然后使用键盘输入相应的文本,输入完成后,直接按 Enter 键即可。输入的文本将自动采取左对齐的方式,如图 5-28 所示即为新输入的文本。

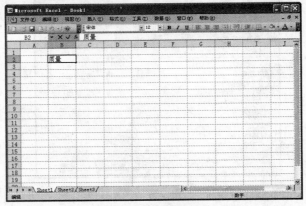

图 5-28　输入普通文本

注意:

除了可以在编辑框中编辑单元格的内容外,还可以在单元格中直接进行输入,方法是:双击需要输入文本的单元格,将光标定位在单元格中,输入相应的文本后,按 Enter 键。

5.5.2 特殊符号的输入

要输入特殊符号,可使用 Excel 提供的"特殊符号"对话框进行。方法是:首先选定需要输入特殊符号的单元格,然后单击"插入"菜单,选择"插入"|"特殊符号"命令,打开"插入特殊符号"对话框,如图 5-29 所示。该对话框中包含 6 个选项卡,每个选项卡下面又包含有很多种不同的符号,选择需要的符号,然后单击"确定"按钮,即可插入特殊符号。

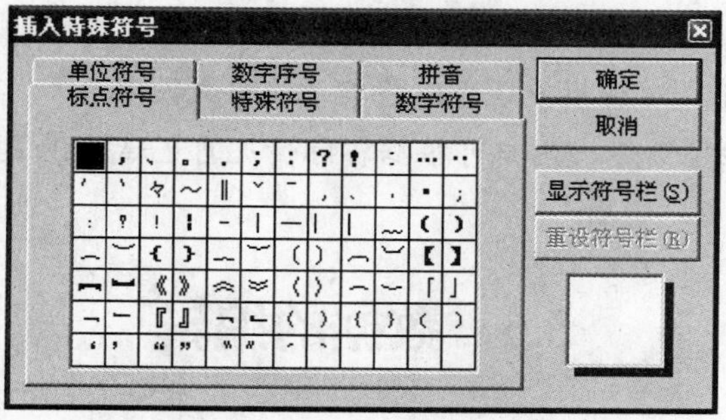

图 5-29 "插入特殊符号"对话框

5.5.3 数值数据的输入

在 Excel 中输入数值型数据后,数据将自动采用右对齐的方式。如果输入的数据长度超过 11 位,系统会将数据转换成科学记数法的形式显示,例如 $2.16E+03$。无论显示的数值位数有多少,只保留 15 位的数值精度,多余的数字将采取四舍五入的方法舍掉。

1. 普通数据的输入

普通数据的输入方法与文本的输入方法相同,即在选定单元格的编辑框中输入数据后,按 Enter 键。

2. 小数型数据的输入

若按照普通的方法输入小数型数据,当输入数据小数点后面的数字都为 0 时,系统将只显示整数部分,例如,输入 3.00 并按下 Enter 键后,单元格中仅显示整数 3,如图 5-30(a)所示。若想让单元格中显示小数点后面的数字,则应将单元格的数据类型修改为数值型格式。

具体操作方法如下:选定输入数据的单元格,单击"格式"菜单,选择"格式"|"单元格"命令,打开"单元格格式"对话框并切换到"数字"选项卡,如图 5-30(b)所示。在"分类"列表中选中"数值"选项,在小数位数列表中设置需要显示的小数位数,例如输入 2,单击"确定"按钮,即可完成设置。

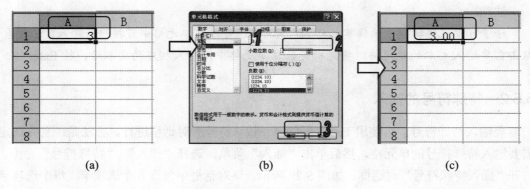

图 5-30　设置单元格格式

注意：

另外在"单元格"格式对话框中还可以将单元格格式设置为"日期型"、"时间型"、"会计专用型"和"百分比型"等，用户可根据实际情况自己试着设置。

5.6　数据的编辑

输入数据后，有时候需要对数据进行编辑，包括对数据的修改、查找和替换以及快速填充等操作。

5.6.1　修改数据

在对 Excel 表格进行编辑时，难免会有错误出现，此时需要修改已经输入的数据，修改数据的方法很简单：双击需要修改数据的单元格，将光标定位在编辑框中，然后按照在Word 中修改数据的方法进行修改，修改完成后，按下 Enter 键，即可完成数据的修改操作。

5.6.2　查找和替换数据

在 Excel 中进行查找和替换操作与在 Word 中进行同类操作比较类似，使用查找和替换功能不仅可以在大量的数据中快速找到需要的数据，还可以方便地替换不需要的数据。

【练习 5-1】将"学生信息表"中的所有数字 2003 替换为 2005。

(1) 新建一空白 Excel 工作表，并将其命名为"学生信息表"，在表中输入图 5-31 所示的数据。

(2) 单击"编辑"菜单，选择"编辑"|"查找"命令，打开"查找和替换"对话框，如图 5-32 所示。在该对话框的"查找内容"文本框中输入 2003，"替换为"文本框中输入 2005。

	A	B	C
1	学号	姓名	性别
2	2003060901	刘自建	男
3	2003060902	段程鹏	男
4	2003060903	许朋飞	男
5	2003060904	王 魏	男
6	2003060905	牛志鹏	男
7	2003060906	王 艳	女
8	2003060907	贾晓文	女
9			

图 5-31 学生工作表

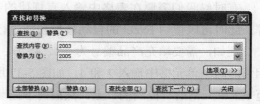

图 5-32 "查找和替换"对话框

(3) 输入完成后，单击"全部替换"按钮，系统会自动扫描所有的 2003 数值数据，并将其替换为 2005，替换后的效果如图 5-33 所示。此时系统弹出"Excel 已经完成搜索并进行了 7 处替换"的提示对话框，如图 5-34 所示，最后单击"确定"按钮。

	A	B	C
1	学号	姓名	性别
2	2005060901	刘自建	男
3	2005060902	段程鹏	男
4	2005060903	许朋飞	男
5	2005060904	王 魏	男
6	2005060905	牛志鹏	男
7	2005060906	王 艳	女
8	2005060907	贾晓文	女
9			

图 5-33 替换后的效果

图 5-34 替换完毕提示框

5.6.3 快速填充数据

当需要在连续的单元格中输入相同或者有规律的数据(等差或等比)时，可以使用 Excel 提供的快速填充数据的功能。

在使用快速填充数据的功能时，首先来认识一个名词"控制柄"。当选择一个单元格时，在这个单元格的右下角会出现一个与单元格黑色边框不相连的黑色小方块，拖动这个小方块即可实现数据的快速填充。

1. 填充相同的数据

例如在学生信息表中，相邻的很多个学生都是男生，这时用户就可以使用快速填充数据的功能来简化操作。具体方法是：首先在第一个学生的性别栏中输入文本"男"，如图 5-35 所示。选定此单元格，将鼠标指针移至单元格右下角的小方块处，当鼠标指针变为"+"形状时，按住鼠标左键不放并拖动至 C6 单元格，此时 C2：C6 区域中则填充为文本"男"，如图 5-36 所示。

	A	B	C
1	学号	姓名	性别
2	2005060901	刘自建	男
3	2005060902	段程鹏	
4	2005060903	许朋飞	
5	2005060904	王 魏	
6	2005060905	牛志鹏	
7			
8			

图 5-35 输入数据

图 5-36 快速填充数据

2. 填充有规律的数据

有时候我们需要在表格中输入有规律的数字，例如产品编号"1、2、3、4、5、…"等。此时可以使用 Excel 的自动累加功能进行快速填充。

例如，需要填充产品编号为"2、4、6、8、10、…"即公差为 2 的等差数列，可先在相邻的两个单元格中输入 2 和 4，如图 5-37 所示，然后选中这两个单元格，将鼠标指针移至 A2 单元格的"控制柄"上，然后向下拖动，即可快速填充公差为 2 的等差数列型的编号，如图 5-38 所示。

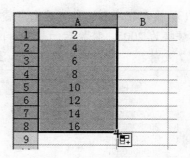

图 5-37　输入相邻单元格的数据　　　　　　　图 5-38　拖动填充等差数列

3. 通过对话框填充数据

除了使用拖动"控制柄"的方法快速填充数据外，还可以使用"序列"对话框实现数据的快速填充。

在需要填充数据的起始单元格输入数据，然后单击"编辑"菜单，选择"编辑"|"填充"|"序列"命令，打开"序列"对话框，如图 5-39 所示。在"序列产生在"选项组中，用户可选择数据是按"列"填充还是按"行"填充；在"类型"选项组中，用户可以选择填充方式是"等差数列"还是"等比数列"等；在"步长值"文本框中，用户可输入数据的"步长值"；在"终止值"文本框中，用户可输入最后一个数据的数值。设置完成后，单击"确定"按钮，即可按照所作设置进行填充。如图 5-40 即为按照图 5-39 中的设置填充的数据。

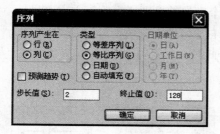

图 5-39　"序列"对话框　　　　　　　图 5-40　填充等比数列

4. 通过快捷菜单填充数据

除以上几种方法外，通过鼠标右键也可快速填充有规律的数据。

【练习 5-2】在 A1：A10 单元格区域中填充起始数据为 6，公比为 3 的等比序列。

(1) 在 A1 和 A2 单元格中分别输入 6 和 18，然后选择这两个单元格，并将鼠标指针放置在 A2 单元格的"控制柄"上，如图 5-41(a)所示。

(2) 按住鼠标右键不放，拖动鼠标指针至 A10 单元格，然后放开鼠标，此时弹出图 5-41(b)所示的快捷菜单。

(3) 在该快捷菜单中选择"等比序列"命令，即可在 A1：A10 区域填充所需的数据。如图 5-41(c)所示。

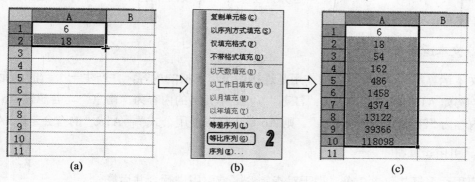

图 5-41　填充等比序列

5.7　公式的应用

为了便于用户管理电子表格中的数据，Excel 2003 提供了强大的公式功能，运用此功能可简化大量数据间的繁琐运算，极大地提高了工作效率。

5.7.1　公式的语法

Excel 2003 中的公式由一个或多个单元格值及运算符组成，公式主要用于对工作表进行加、减、乘、除等的运算，类似于数学中的表达式。

公式的语法规则如下：在输入公式时，首先应输入等号"="，然后输入参与计算的元素和运算符，其中运算符包括：算术运算符、比较运算符、文本运算符和引用运算符 4 种。例如公式=A3＋A4－A5 表示将 A3 和 A4 单元格中的数据进行加法运算，然后再将得到的结果与 A5 单元格中的数据进行减法运算，其中 A3、A4、A5 是单元格引用，"＋"和"－"是运算符。

5.7.2　运算符

Excel 中的运算符包含 4 种，它们分别是：算术运算符、比较运算符、文本运算符和引用运算符。

1. 算术运算符

算术运算符包括：加"＋"、减"－"、乘"·"、除"/"、百分号"％"、乘方"^"，以及圆括号"()"，这些运算符主要用来完成基本的数学运算。

2. 比较运算符

比较运算符包括：等于"＝"、大于">"、小于"<"、大于等于"=>"、小于等于"<="、不等于"<>"，这些运算符主要用来比较两个运算数，并将比较结果用逻辑 TRUE 或 FALSE 来表示。

3. 文本运算符

文本运算符是"&"，它的作用是连接两个单元格的内容，并产生一个新的单元格的内容。例如 A1 单元格的内容为"江苏"，A2 单元格的内容为"南京"，若想使 A6 单元格的内容为"江苏的省会是南京"，则 A6 单元格应使用公式"＝A1&"的省会是"&A2"。

4. 引用运算符

引用运算符共包含 3 个，用于对指定的区域引用进行合并运算。

- 区域运算符：冒号"："用来定义一个连续的区域，对引用的两个单元格之间的所有单元格进行计算，例如 A1：A3 表示参加运算的有 A1、A2、A3 共 3 个单元格；A1：B2 表示参加运算的有 A1、A2、B1、B2 共 4 个单元格。
- 联合运算符：逗号"，"或者叫并集运算符，用于连接两个或更多的区域，将多个引用合并为一个引用。例如＝SUM(A5：A8, B5：B8)表示计算 A5～A8 和 B5～B8 共 8 个单元格的值的总和。
- 交叉运算符：空格" "或者叫交集运算符，用于表示两个区域间的重叠部分，或产生同时属于两个区域的单元格。例如＝SUM(A2：B4　A1：C3)表示计算 A2：B4 和 A1：C3 两个单元格区域之间的交集，即 A2、B2、A3、B3 单元格的和。

注意：

公式中所有用到的数值和符号都必须是英文状态下的半角字符，否则 Excel 会将用户输入的数据判断成一个字符，从而无法得到正确的计算结果。

另外这几种运算符如果混合使用，会产生一个优先级的问题，即先进行哪些运算再进行哪些运算。总体来说，运算符的优先级由高到低为：引用运算符、算术运算符、文本运算符、比较运算符。其中，引用运算符又可分为三个等级，由高到低依次为区域运算符、交叉运算符、联合运算符；算术运算符可分为四个等级，由高到低依次为百分号(%)、乘方(^)、乘除(·、/)、加减(＋、－)。

如果公式中包含了相同优先级的运算符，则应按照从左到右的顺序进行计算，若想改变运算的顺序，可以使用括号。

5.7.3　输入公式

直接输入公式可以先选定需要输入公式的单元格，然后按照输入文本的方法，首先输入等号"＝"，然后再输入公式的内容。

1. 公式的复制

如果两个单元格中使用相同的公式，可以将公式复制使用，复制公式可以使用"控制柄"的快速填充功能，也可以使用"复制"和"粘贴"命令。

2. 单元格引用

对单元格的引用可以分为相对引用、绝对引用和混合引用 3 种。

- 相对引用：相对引用是 Excel 中最常用的引用方式，也是 Excel 的默认引用方式。在对单元格中的公式使用相对引用时，单元格的地址会随着公式位置的变化而变化。例如将 A6 单元格中的公式＝A1＋A2 复制到 B6 单元格中，则 B6 单元格中的公式会自动调整为＝B1＋B2；将 B3 单元格中的公式＝SUM(A3：A4)复制到 C6 单元格中，则 C6 单元格中的公式会自动调整为＝SUM(B6：B7)。
- 绝对引用：绝对引用，引用的是单元格的绝对地址。在对单元格中的公式使用绝对引用时，单元格的地址不会随着公式位置的变化而变化。单元格的绝对引用格式需要在行号和列号上加上"$"符号。例如，在 A8 单元格中输入＝$A$1＋$B$1 将此公式复制到 C9 单元格中后，公式依然会是＝A1＋B1，不会发生任何改变。
- 混合引用：混合引用指的是在单元格引用的行号或是列号前加上"$"符号，例如 $A1 表示在对公式进行引用时，列号不变，行号相对会改变；A$1 表示在对公式进行引用时，列号相对改变，而行号不变。

3. 单元格引用的转换

在公式中首先选定要引用的单元格，连续按下 F4 键后，可改变单元格的引用方式，例如选择 C3 后连续按下 F4 键后，它的变化过程就是：C3→C3→C$3→$C3→C3。

4. 公式输入中的常见错误

当公式输入错误时，Excel 会给出提示，便于用户查找错误的原因。常见的公式错误有以下几种：

- "被 0 除"错误，即分母或除数为 0。
- 在参数之间缺少逗号。
- 引用了空白的单元格。
- 删除了公式正在使用的单元格。

常见的错误代码有以下两种：＃DIV/0 表示公式中试图除以 0；＃N/A! 表示公式中执行计算的数据不可用。

5.7.4　公式的命名

在创建公式时，用户可对没有命名的公式进行命名。定义名称，用户可单击"插入"菜单，选择"插入"|"名称"|"定义"命令，打开"定义名称"对话框，或者在编辑栏左边的名称框中进行定义。对公式命名的规则如下：

- 名称中可包含 A～Z 的大写或小写字母、数字、句点"."和下划线"_"。
- 开头的第一个字母必须是字母或者下划线。
- 名称长度小于等于 256 个字符。
- 名称不能与单元格的任何引用方式相同。
- 名称中不能含有空格。

5.8　函数的应用

函数是预先定义的公式，可以说是公式的特殊形式，是 Excel 自带的内部公式。函数主要按照特定的语法顺序，使用参数(特定的数值)进行计算操作。

5.8.1　函数的语法

在 Excel 中引用函数的格式为：函数名(参数 1，参数 2，…)。参数指的是用来执行操作或计算的特定的数值，它们可以是字符、文本、单元格或单元格区域引用等。例如在函数 MIN(A1，A2)中，MIN 是函数名，A1、A2 是函数引用的参数。

函数可以单独引用，也可以出现在公式中。若要单独引用函数，那么在输入函数时，需要像输入公式那样，在函数前面加上等号"＝"。例如单独引用函数＝MAX(A3、A5、A6、A8)。

5.8.2　函数的分类

在 Excel 中，系统提供有数百个函数，它们大致可以分为以下几类：

1．数学与三角函数

数学与三角函数指的是在数学计算中经常用到的函数，一般用来进行科学计算，例如正弦函数、余弦函数等。

2．逻辑函数

逻辑函数指的是对逻辑数进行计算的函数，其计算结果也是逻辑值，例如 AND 函数等。

3．查找与引用函数

查找与引用函数是用来对工作表、数组、矩阵等进行数据查询或引用的函数，例如

CHOOSE 函数等。

4．日期与时间函数

日期与时间函数指可对日期和时间进行操作的函数，包括日期和时间之间的相互转换等，例如 DATA 函数和 HOUR 函数等。

5．统计函数

统计函数主要用来对一组数据进行概率分析、估计，进而可以得到各种各样的统计结果，以供研究使用，例如 MAX 函数和 MIN 函数等。

6．数据库函数

数据库函数是可以对整个数据库进行操作的函数，例如 DSTDEV 函数(以选定数据库的项为样本预估其标准方差)等。

7．财务函数

财务函数是可以帮助用户分析和计算证券投资等的函数，例如 IRR 函数(返回某一数值，表示连续先进流量的内部报酬率)等。

8．信息函数

信息函数是对工作表中的单元格进行计算、判断和获取信息的函数，在进行计算时还可很快地进行错误判断，例如 CELL 函数等。

9．文本函数

文本函数指可对单元格中的文本进行操作的函数，例如查找文本、文本间的数据转换等，例如 VALUE 函数和 CODE 函数等。

5.8.3　常用函数简介

本节主要介绍在实际应用中经常用到的几种函数，包括求和函数和求平均值函数。首先来介绍如何插入函数。

插入函数的方法如下：选定需要插入函数的单元格，然后单击"插入"菜单，选择"插入"|"函数"命令，打开"插入函数"对话框，如图 5-42 所示。在"或选择类别"下拉列表框中可以选择需插入函数的类别，在"选择函数"列表框中可选择该类别下的某一项函数，选择完成后，单击"确定"按钮，打开"函数参数"对话框，如图 5-43 所示，在该对话框中可设置函数参数的范围，即参与计算的单元格或单元格区域。设置完成后，单击"确定"按钮，即可完成函数的插入。

图 5-42　"插入函数"对话框

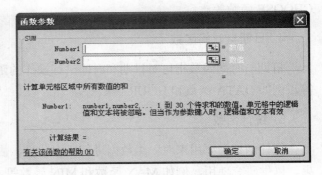

图 5-43　"函数参数"对话框

1. 求和函数

利用求和函数可以对一系列数据进行求和操作，常用于学生成绩求和、员工工资求和、销售业绩求和、收入支出求和等情况中。下面通过实例来介绍求和函数的用法。

【练习 5-3】利用求和函数，计算小明各科成绩的总和。

(1) 打开"学生成绩表"，选择 I3 单元格，如图 5-44 所示。

	A	B	C	D	E	F	G	H	I
1	学生成绩表								
2	姓名	数学	语文	英语	物理	化学	地理	生物	总分
3	小明	98	96	88	89	80	82	91	

图 5-44　学生成绩表

(2) 单击"插入"菜单，选择"插入"|"函数"命令，打开"插入函数"对话框，如图 5-45 所示。

(3) 在"或选择类别"下拉列表框中选择"常用函数"选项，然后在"选择函数"列表框中选择 SUM 函数，选择完成后，单击"确定"按钮。

(4) 此时打开"函数参数"对话框，如图 5-45 所示。单击 Number1 文本框右侧的 按钮，选择工作表中的 B3：H3 单元格区域，然后单击 按钮，效果如图 5-46 所示(选择单元格区域时，应先清空 Number1 单元格中的内容)。

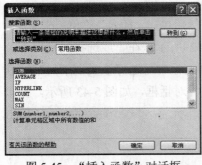

图 5-45　"插入函数"对话框

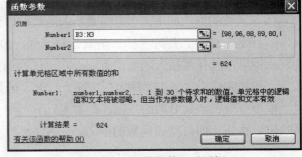

图 5-46　"函数参数"对话框

(5) 设置完成后单击"确定"按钮，Excel 会自动在 I3 单元格中插入求和函数并准确地计算出结果，如图 5-47 所示。

I3		fx	=SUM(B3:H3)					
	A	B	C	D	E	F	G	H	I
1	学生成绩表								
2	姓名	数学	语文	英语	物理	化学	地理	生物	总分
3	小明	98	96	88	89	80	82	91	624

图 5-47　插入函数并准确计算出结果

2. 求平均值函数

利用求平均值函数可计算出一系列数据的平均值，常用于在考试中对学生成绩求平均值、统计公司中某项数据的平均值等操作中。下面通过具体实例来介绍求平均值函数的用法。

【练习 5-4】利用求平均值函数，求××公司上半年的月收入平均值。

(1) 打开"××上半年销售收入一览表"，选定 H3 单元格，如图 5-48 所示。

H3		fx						
	A	B	C	D	E	F	G	H	I
1	××上半年销售收入一览表（单位：万元）								
2	项目	一月份	二月份	三月份	四月份	五月份	六月份	月平均收入	备注
3	量具	18	26	32	22	30	28		无

图 5-48　××公司上半年销售收入一览表

(2) 单击"插入"菜单，选择"插入"|"函数"命令，打开"插入函数"对话框，如图 5-49 所示。

(3) 在"或选择类别"下拉列表框中选择"常用函数"选项，然后在"选择函数"列表框中选择 AVERAGE 函数，选择完成后，单击"确定"按钮。

(4) 此时打开"函数参数"对话框，如图 5-50 所示。单击 Number1 文本框右侧的[图]按钮，选择工作表中的 B3：G3 单元格区域，然后单击[图]按钮，效果如图 5-50 所示。

图 5-49　"插入函数"对话框

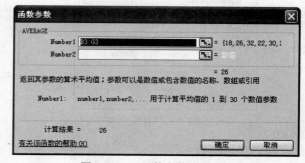

图 5-50　"函数参数"对话框

(5) 设置完成后单击"确定"按钮，Excel 会自动在 H3 单元格中插入求平均值函数并准确地计算出结果，如图 5-51 所示。

	A	B	C	D	E	F	G	H	I
	H3	▼		f_x	=AVERAGE(B3:G3)				
1	××上半年销售收入一览表（单位：万元）								
2	项目	一月份	二月份	三月份	四月份	五月份	六月份	月平均收入	备注
3	量具	18	26	32	22	30	28	26	无

图 5-51　插入函数并准确计算出结果

5.9　图表的应用

为了使 Excel 工作表中各种数据之间的关系更加直观和明了，可以使用 Excel 的图表功能。在 Excel 中添加图表，可以方便对数据的收集、分析和总结。

5.9.1　创建图表

Excel 2003 中提供了很多种图表可供用户选择，包括柱形图、条形图和折线图等。用户可根据实际应用中的需要，选择合适的图表。

创建图表时，用户可单击"常用"工具栏中的"图表向导"按钮■，或者单击"插入"菜单，选择"插入"|"图表"命令，打开"图表向导"对话框，如图 5-52 所示。用户可根据向导的提示创建图表。其操作步骤如下：

切换到"标准类型"选项卡，在"图表类型"列表框中选择图表的类型，例如此处选择"折线图"；在"子图表类型"列表框中，选择选定图表下的图表样式，然后单击"下一步"按钮，打开如图 5-53 所示的对话框。

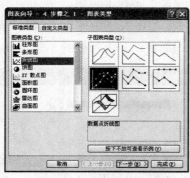

图 5-52　选择图表类型

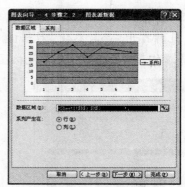

图 5-53　选择数据范围

在该对话框的"数据区域"选项卡中，用户可设置图表数据的区域。单击"数据区域"文本框后面的■按钮，可选择数据的显示区域，选择完成后，单击■按钮，返回对话框；在"系列产生在"单选框中，用户可选择"行"或"列"单选按钮。选择完成后，单击"下一步"按钮，打开如图 5-54 所示的对话框。

在该对话框中，切换到"标题"选项卡，从中可设置图表标题、X 轴、Y 轴的名称，在其他选项卡中，还可对图表进行更加详细的设置。设置完成后，单击"下一步"按钮，打开如图 5-55 所示的对话框。在该对话框中可设置图表的插入方式，包括"作为新工作表插入"和"作为其中的对象插入"两种选项，设置完成后，单击"完成"按钮，即可按照设置插入图表。

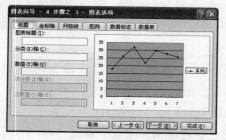

图 5-54　"标题"选项卡

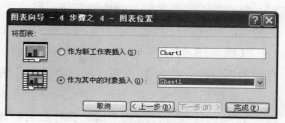

图 5-55　完成设置

5.9.2　编辑图表

图表创建完成后，若觉得图表有不太合适的地方，还可对图表进行编辑。编辑图表主要包括更改图表类型、修改图表数据等操作。

1. 更改图表类型

Excel 中提供了多个图表的类型，用户可根据实际需要进行修改。

【练习5-5】将图 5-56 中的月收入明细折线图改为条形图。

(1) 首先打开月收入明细工作表，选中其中的图表，然后在图表的绘图区上右击鼠标，在弹出的快捷菜单中选择"图表类型"命令，如图 5-57 所示。

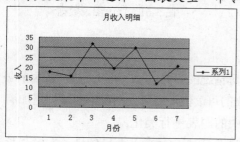

图 5-56　月收入明细折线图

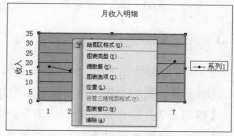

图 5-57　选择图表类型选项

(2) 系统打开"图表类型"对话框，如图 5-58 所示，在"图表类型"列表框中选中"柱形图"选项，在"子图表类型"列标框中选择任一种图表类型，然后单击"确定"按钮，即可将图表成功更改为柱形图，如图 5-59 所示。

图 5-58　选择柱形图

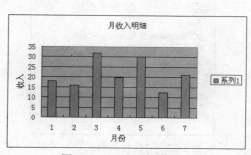

图 5-59　更改后的效果

2. 修改图表数据

当创建完成图表后，图表与单元格中的数据是动态链接的，即当修改单元格中的数据时，图表中的图形会发生同步的变化；修改图表中的数据区域时，单元格中的数据也会发生同步的变化。

【练习 5-6】打开"××上半年销售收入一览表"，通过在单元格中修改数据，将一月份的销售收入改为 20；通过调整折线图，将 6 月份的收入调整为 10。

(1) 打开"××上半年销售收入一览表"，选择 B3 单元格，将 B3 单元格中的数据改为 20，确认修改后，图表中该数据对应的折线图也会发生同步变化，如图 5-60 所示。

(2) 单击两次 6 月份所对应的折线上的控制柄，当鼠标指针变为 ↕ 形状时，按住鼠标左键不放，拖动鼠标指针至坐标 10 处，释放鼠标，即可调整该折线条对应的单元格数据，如图 5-61 所示。

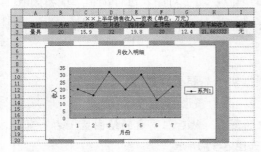

图 5-60　修改单元格数据

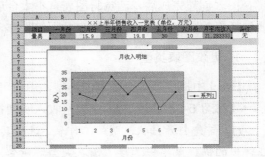

图 5-61　修改图表数据

5.9.3　美化图表

在 Excel 中创建图表后，其格式未必满足实际情况的需要，用户可以通过对图表的美化操作，使图表界面更加美观，这不仅可以增加图表的可读性，还可使图表中的数据更加清晰。

【练习 5-7】打开"学生成绩表"，将其中的图表进行美化。

(1) 打开"学生成绩表"，双击图表中的编号区域，打开"坐标轴格式"对话框，如图 5-62 所示。切换到"字体"选项卡，在"字体"列表框中选择"隶书"选项，在"字形"列表框中选择"加粗"选项，在"字号"列表框中选择 11 号字，单击"确定"按钮，效果如图 5-63 所示。

图 5-62　"坐标轴格式"对话框

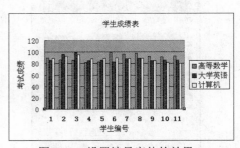

图 5-63　设置编号字体的效果

(2) 利用同样的方法将考试成绩坐标轴中的数字也设置成为相同的格式，效果如图 5-64 所示。

(3) 双击图表右侧的图例区域，打开"图例格式"对话框，如图 5-65 所示。在"字体"选项卡的"字体"列表框中选择"楷体"选项，在"字形"列表框中选择"加粗"选项，在"字号"列表框中选择 10 号字。单击"确定"按钮，效果如图 5-66 所示。

(4) 双击图表的绘图区域，打开"绘图区格式"对话框，选择图 5-67 所示的颜色，然后单击"确定"按钮，可为绘图区填充选中的背景颜色。

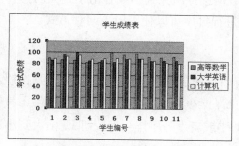

图 5-64　纵坐标字体效果

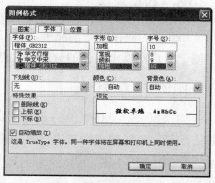

图 5-65　设置图例字体的格式

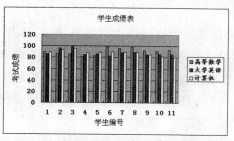

图 5-66　设置图例字体格式后的效果

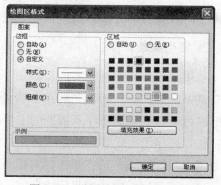

图 5-67　设置绘图区背景颜色

(5) 在图表的空白区域双击，打开"图表区格式"对话框，选择图 5-68 所示的颜色，然后单击"确定"按钮，即可为图表中的空白区域填充选中的颜色。最终效果如图 5-69 所示。

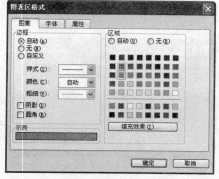

图 5-68　设置图表空白区域的背景颜色

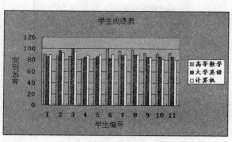

图 5-69　最终效果图

5.10　数据的管理

　　Excel 2003 不仅可以对数据进行各种计算，还能够对数据进行筛选、排序、分类汇总和数据透视表等操作，这些操作可以有效地管理数据并提高工作效率。

5.10.1　数据排序

　　Excel 的数据排序功能可以对工作表中的数据进行由大到小或者由小到大的排列，从而便于用户对表中数据的分析和管理。对数据进行排序可以使用以下两种方式。

1. 使用工具按钮

　　如果仅需对工作表中的某一列数据或者某一行数据进行排序，则可使用工具按钮。具体方法是：首先选中需要进行数据排序的列中的某一单元格，然后单击"常用"工具栏中的"升序排列"按钮💹(按照由小到大的顺序排列)或者"降序排列"按钮💹(由大到小进行排列)即可。

　　需要注意的是，使用排序按钮只能对整个工作表进行排序，而且只能对单一关键字进行排序，若要对部分数据或多关键字进行排序，则必须使用菜单命令。

2. 使用菜单命令

　　使用菜单命令进行排序的步骤如下：首先选定需要进行排序的数据范围，然后单击"数据"菜单，选择"数据"|"排序"命令，打开"排序"对话框，如图 5-70 所示。在该对话框中可以设置数据排序所依据的主要关键字、次要关键字和第三关键字以及依据这些关键字进行排序的方式等。设置完成后，单击"确定"按钮，即可按照设定进行排序。另外单击"选项"按钮，可在弹出的对话框中设置"按列排序"或者"按行排序"。

　　当对某个区域的数据进行排序时，必须选择完整，否则将会出现如图 5-71 所示的对话框，选择"扩展选定区域"单选按钮，系统将自动识别选定区域周围的数据，并进行扩展；选择"以当前选定区域排序"单选按钮，系统将仅对用户选定区域的数据进行排序，忽略其他数据。

图 5-70　"排序"对话框

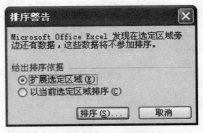

图 5-71　"排序警告"对话框

排序前最好给每个数据都增加一个编号列，以方便用户对多次进行排序后的数据进行恢复。另外数据排序既可以对数值型数据进行排序，也可以对文本型数据进行排序，对文本型数据进行排序，可依照字母顺序、拼音顺序或笔划顺序排序。

5.10.2　数据筛选

数据筛选功能可使工作表中只显示满足指定条件的数据，不满足条件的数据被自动隐藏。在 Excel 中可以使用以下两种方式对数据进行筛选。

1. 自动筛选

当需要查看特定的数据时，可以使用 Excel 提供的自动筛选功能，具体操作方法是：打开 Excel 工作表，单击“数据”菜单，选择“数据”|“筛选”|“自动筛选”命令，此时在表头中的各个单元格右侧会出现▼按钮，如图 5-72 所示。

例如，单击“性别”单元格右侧的▼按钮，在弹出的下拉列表中选择“女”，则表中仅显示性别为“女”的学生数据记录。如图 5-73 所示。

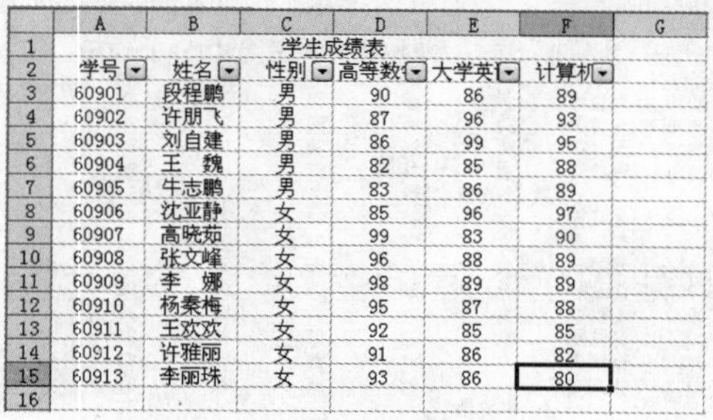

	A	B	C	D	E	F	G
1			学生成绩表				
2	学号	姓名	性别	高等数	大学英	计算机	
3	60901	段程鹏	男	90	86	89	
4	60902	许朋飞	男	87	96	93	
5	60903	刘自建	男	86	99	95	
6	60904	王　魏	男	82	85	88	
7	60905	牛志鹏	男	83	86	89	
8	60906	沈亚静	女	85	96	97	
9	60907	高晓茹	女	99	83	90	
10	60908	张文峰	女	96	88	89	
11	60909	李　娜	女	98	89	89	
12	60910	杨秦梅	女	95	87	88	
13	60911	王欢欢	女	92	85	85	
14	60912	许雅丽	女	91	86	82	
15	60913	李丽珠	女	93	86	80	
16							

图 5-72　自动筛选

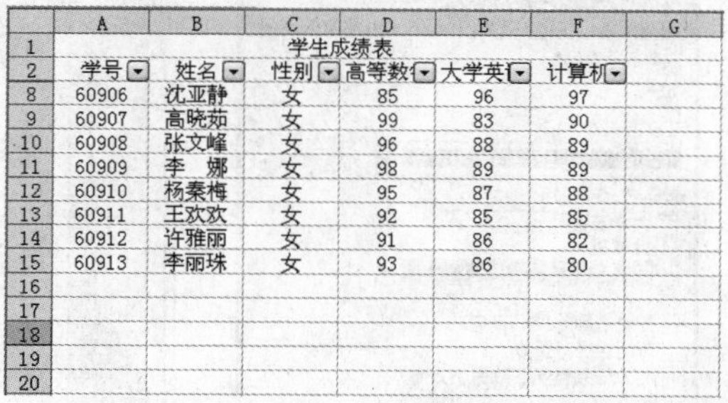

	A	B	C	D	E	F	G
1			学生成绩表				
2	学号	姓名	性别	高等数	大学英	计算机	
8	60906	沈亚静	女	85	96	97	
9	60907	高晓茹	女	99	83	90	
10	60908	张文峰	女	96	88	89	
11	60909	李　娜	女	98	89	89	
12	60910	杨秦梅	女	95	87	88	
13	60911	王欢欢	女	92	85	85	
14	60912	许雅丽	女	91	86	82	
15	60913	李丽珠	女	93	86	80	
16							
17							
18							
19							
20							

图 5-73　自动筛选结果

2. 自定义筛选

通过对数据进行自定义筛选，可以筛选出满足设置的一系列数据。自定义筛选的方法如下：打开 Excel 工作表，单击“数据”菜单，选择“数据”|“筛选”|“自动筛选”命令，此时在表头中的各个单元格右侧会出现▼按钮，如图 5-72 所示。例如，单击 E2 单元格右侧的▼按钮，在弹出的下拉列表中选择“自定义”选项，打开“自定义自动筛选方式”对话框，如图 5-74 所示。在“高等数学”下面的第一个下拉列表框中选择“大于”选项，第二个下拉列表框中输入 80，选定“与”单选按钮，在其下的第一个下拉列表框中选择“小于”选项，第二个下拉列表框中输入 85，然后单击“确定”按钮，Excel 会自动筛选出高等数学成绩高于 80 分而低于 85 分的所有学生的数据记录，如图 5-75 所示。

图 5-74　“自定义自动筛选方式”对话框

	A	B	C	D	E	F	G	H	I
1				学生成绩表					
2	编号	学号	姓名	性别	高等数	大学英	计算机	C语言	
6	4	60904	王　魏	男	82	85	88	86	
7	5	60905	牛志鹏	男	83	86	89	85	
16									
17									
18									
19									
20									
21									

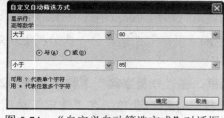

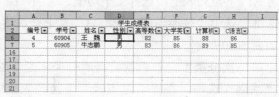

图 5-75　自定义筛选结果

5.10.3　数据分类汇总

利用数据的分类汇总功能可在对数据进行排序或筛选操作的同时，对同类数据进行统计运算。数据分类汇总包括基本分类汇总和嵌套分类汇总两种。

1. 基本分类汇总

单击"数据"菜单，选择"数据"|"分类汇总"命令，可实现对数据的分类汇总操作。为了得到期望的结果，在分类汇总前，必须先对分类字段进行排序操作。

例如，若要分别计算图 5-72 中的男生和女生的 C 语言成绩平均值，则可执行以下操作：首先对分类字段"性别"进行排序(升/降序都可)，使同类别的数据集中在一起，然后单击"数据"菜单，选择"数据"|"分类汇总"命令，打开"分类汇总"对话框，如图 5-76 所示。在该对话框的"分类字段"下拉列表框中选择"性别"选项，"汇总方式"下拉列表框中选择"平均值"选项，"选定汇总项"列表框中选择"C 语言"复选框，然后单击"确定"按钮，Excel 即可按照设置对数据进行分类汇总，结果如图 5-77 所示。

图 5-76　"分类汇总"对话框　　　　　　　　　图 5-77　分类汇总的结果

2. 嵌套分类汇总

如果需要根据工作表建立多次分类汇总即嵌套汇总，那么在进行第 2 个、第 3 个等分类汇总时，需要在"分类汇总"对话框中取消掉"替换当前分类汇总"复选框。

例如，要统计图 5-78 中的工作表中不同院系的学生人数和各院系每个学生高等数学的平均分，那么首先应对工作表中的数据，按照"系别"进行排序，使同一系别的学生集中在一起。

第一次分类汇总：单击"数据"菜单，选择"数据"|"分类汇总"命令，打开"分类汇总"对话框，如图 5-79 所示，在"分类字段"下拉列表框中选择"系别"选项，在"汇总方式"下拉列表框中选择"平均值"选项，在"选定汇总项"列表框中选中"高等数学"复选框，选中"替换当前分类汇总"复选框，然后单击"确定"按钮，第一次分类汇总效果如图 5-80 所示。

第二次分类汇总：再次打开"分类汇总"对话框，在"分类字段"下拉列表框中选择"系别"选项，在"汇总方式"下拉列表框中选择"计数"选项，在"选定汇总项"

列表框中仅选中“姓名”复选框，取消选中“替换当前分类汇总”复选框，如图 5-81 所示。

	A	B	C	D	E	F	G	H
1	学生成绩表							
2	编号	系别	姓名	性别	高等数学	大学英语	计算机	C语言
3	1	计算机系	段程鹏	男	90	86	89	85
4	2	计算机系	高晓茹	女	87	96	93	92
5	12	计算机系	杨素梅	女	91	86	82	83
6	6	体育系	牛志鹏	男	85	96	97	98
7	8	体育系	王　魏	男	96	88	89	80
8	10	体育系	许朋飞	男	95	87	88	86
9	3	外语系	李　娜	女	86	99	95	88
10	4	外语系	李丽珠	女	82	85	88	86
11	7	外语系	沈亚静	女	99	83	90	91
12	5	艺术系	刘自建	男	83	86	89	85
13	9	艺术系	王欢欢	女	98	89	89	85
14	11	艺术系	许雅丽	女	92	85	85	82
15	13	艺术系	张文峰	女	93	86	80	81

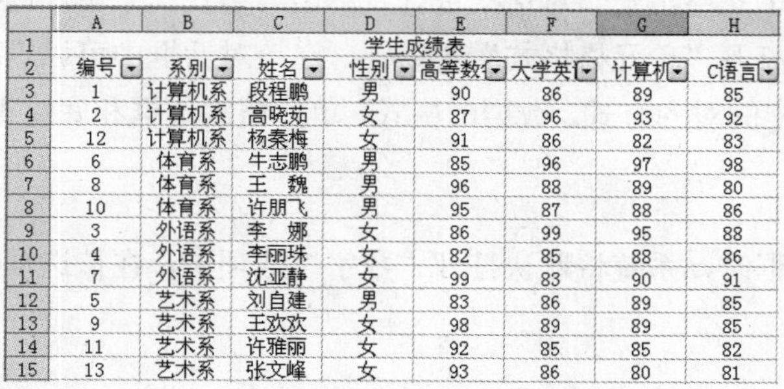

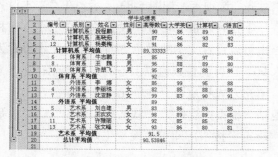

图 5-78　学生成绩表

图 5-79　“分类汇总”对话框

	A	B	C	D	E	F	G	H
1	学生成绩表							
2	编号	系别	姓名	性别	高等数学	大学英语	计算机	C语言
3	1	计算机系	段程鹏	男	90	86	89	85
4	2	计算机系	高晓茹	女	87	96	93	92
5	12	计算机系	杨素梅	女	91	86	82	83
6		计算机系 平均值			89.33333			
7	6	体育系	牛志鹏	男	85	96	97	98
8	8	体育系	王　魏	男	96	88	89	80
9	10	体育系	许朋飞	男	95	87	88	86
10		体育系 平均值			92			
11	3	外语系	李　娜	女	86	99	95	88
12	4	外语系	李丽珠	女	82	85	88	86
13	7	外语系	沈亚静	女	99	83	90	91
14		外语系 平均值			89			
15	5	艺术系	刘自建	男	83	86	89	85
16	9	艺术系	王欢欢	女	98	89	89	85
17	11	艺术系	许雅丽	女	92	85	85	82
18	13	艺术系	张文峰	女	93	86	80	81
19		艺术系 平均值			91.5			
20		总计平均值			90.53846			
21								

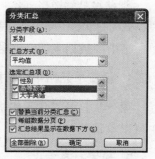

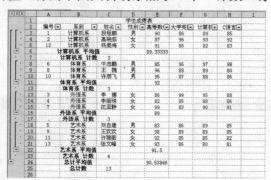

图 5-80　第一次分类汇总结果

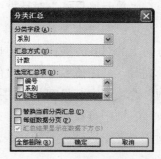

图 5-81　“分类汇总”对话框

设置完成后，单击“确定”按钮，第二次分类汇总效果如图 5-82 所示。从图中可以看到在每个系别的“平均值”行的下面又自动添加了一个“计数”行。

	A	B	C	D	E	F	G	H	I
1	学生成绩表								
2	编号	系别	姓名	性别	高等数学	大学英语	计算机	C语言	
3	1	计算机系	段程鹏	男	90	86	89	85	
4	2	计算机系	高晓茹	女	87	96	93	92	
5	12	计算机系	杨素梅	女	91	86	82	83	
6		计算机系 平均值			89.33333				
7		计算机系 计数	3						
8	6	体育系	牛志鹏	男	85	96	97	98	
9	8	体育系	王　魏	男	96	88	89	80	
10	10	体育系	许朋飞	男	95	87	88	86	
11		体育系 平均值			92				
12		体育系 计数	3						
13	3	外语系	李　娜	女	86	99	95	88	
14	4	外语系	李丽珠	女	82	85	88	86	
15	7	外语系	沈亚静	女	99	83	90	91	
16		外语系 平均值			89				
17		外语系 计数	3						
18	5	艺术系	刘自建	男	83	86	89	85	
19	9	艺术系	王欢欢	女	98	89	89	85	
20	11	艺术系	许雅丽	女	92	85	85	82	
21	13	艺术系	张文峰	女	93	86	80	81	
22		艺术系 平均值			91.5				
23		艺术系 计数	4						
24		总计平均值			90.53846				
25		总计数	13						
26									

图 5-82　第二次分类汇总结果

5.11　美化工作表

如果工作表中的内容比较多，数据比较复杂，面对这样一张工作表，可能会使人眼花缭乱，感觉数据杂乱无章。对工作表进行美化操作，不仅可以增强数据的可读性，而且能使数据更加清晰明了。

5.11.1　设置单元格格式

要设置单元格格式，可以通过"单元格格式"对话框进行。单击"格式"菜单，选择"格式"|"单元格格式"命令，即可打开"单元格格式"对话框。在该对话框中可以设置单元格中的数据类型、数据在单元格中的对齐方式、数据的格式、单元格的边框和底纹等。

1. 设置单元格中的数据类型

第一次打开"单元格格式"对话框时，系统将默认打开"数字"选项卡，在该选项卡中可以设置数据的类型。

2. 设置对齐方式

在"单元格格式"对话框中切换到"对齐"选项卡，如图 5-83 所示。在"文本对齐方式"选项组的"水平对齐"和"垂直对齐"下拉列表框中可分别设置数据在水平方向和垂直方向上的对齐方式；在"方向"选项组中可以设置文本的显示方向，如将文本设置为竖直排列时，可在该栏下方的数值框中输入 90，也可调整数值框上方的方向图示；在"文本控制"选项组中可设置数据的换行方式、填充方式和是否合并单元格等操作；在"文字方向"列表框中可设置数据的排列方式，包括"根据内容"、"总是从左到右"、"总是从右到左"三个选项。设置完成后，单击"确定"按钮，即可使设置生效。

3. 设置数据格式

在"单元格格式"对话框中切换到"字体"选项卡，如图 5-84 所示。Excel 默认输入的数据格式是"宋体"、12 号字，在该选项卡中可以修改数据的格式。在"字体"列表框中可以设置数据的字体("楷体"、"隶书"、"宋体"等)，在"字形"选项组中可以设置数据的字形("常规"、"倾斜"、"加粗"、"加粗倾斜")，在"字号"选项组中可以设置数据字体的大小。另外还可设置数据的颜色、是否带有下划线、上标和下标等。设置完成后，单击"确定"按钮，即可应用设置。

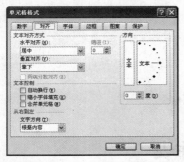

图 5-83　"对齐"选项卡

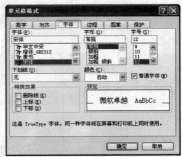

图 5-84　"字体"选项卡

4. 设置单元格边框

在"单元格格式"对话框中切换到"边框"选项卡，如图 5-85 所示。为工作表中的单元格或者单元格区域添加边框，不仅能使工作表看起来更加美观，还能使表中的数据更有层次感。在"预置"选项组中，可以选择边框的范围；在"边框"选项组中可选择边框的位置与形状；在"线条"选项组中，可以设置边框的线条类型；在"颜色"下拉列表框中可以设置边框的颜色。设置完成后，单击"确定"按钮，即可应用设置。

5. 设置单元格底纹

在"单元格格式"对话框中切换到"图案"选项卡，如图 5-86 所示。在"颜色"选项组中可以设置单元格底纹的颜色；在"图案"组合框中可以为单元格底纹设置图案；在"示例"选项组中可以预览设置的效果。设置完成后，单击"确定"按钮，即可使设置生效。

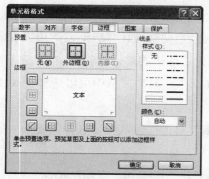

图 5-85　"边框"选项卡

图 5-86　"图案"选项卡

5.11.2　自动套用格式与设置工作表背景

自动套用格式是指把已有的格式自动套用到用户指定的区域。Excel 2003 提供了一套精美的制表样式，用户可以轻松地套用到自己的工作表中去。它的优点是易于使用、功能强大。套用已有的格式，一方面可以大大节约格式化报表的时间；另一方面，使用统一的格式，还可以使用户表格保持统一的风格。

单击"格式"菜单，选择"格式"|"自动套用格式"命令，打开"自动套用格式"对话框，如图 5-87 所示。从中选择合适的格式，然后单击"确定"按钮，即可使工作表应用选定的格式。

要设置工作表的背景，用户可单击"格式"菜单，选择"格式"|"工作表"|"背景"命令，打开"工作表背景"对话框，如图 5-88 所示。在该对话框中选择需要的图片，然后单击"插入"按钮，即可将选定的图片设置为工作表的背景。

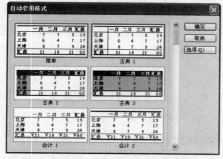

图 5-87　"自动套用格式"对话框

图 5-88　"工作表背景"对话框

5.11.3　插入图片

与 Word 2003 一样，Excel 2003 也自带有剪贴画、自选图形等图片。在 Excel 2003 中插入图片的方法如下：单击"插入"菜单，选择"插入" | "图片"命令，在其弹出的子菜单中有 6 个选项：

- "剪贴画"：选择该命令，可打开"剪贴画"任务窗格，从中可以搜索并使用 Excel 中的所有剪贴画。
- "来自文件"：选择该命令，将打开"插入图片"对话框，用户可选择使用本机上的图片。
- "来自扫描仪或照相机"：选择该命令，系统会自动检测计算机外接的扫描仪或照相机设备，若外接设备没有连好，则会给出无法连接的对话框。
- "自选图形"：选择该命令，可打开"自选图形"工具栏，从中可以选择 Excel 自带的各种自选图形。
- "艺术字"：选择该命令，可打开"艺术字库"对话框，从中可选择需要插入的艺术字样式。
- "组织结构图"：选择该命令，可插入组织结构图，并弹出"组织结构图"工具栏，方便用户对组织结构图进行编辑。

5.12　打印工作表

编辑完成工作表后，需要将其打印出来，以供使用或者存档。打印工作表的过程主要包括页面设置、打印预览和打印 3 个步骤。

5.12.1　页面设置

为了使打印的效果更加合理，需要在打印前对表格的页面进行设置。设置表格页面，可按照以下步骤进行：首先打开需要设置页面的工作表，单击"文件"菜单，选择"文件" | "页面设置"命令，打开"页面设置"对话框，如图 5-89 所示。具体设置方法如下：

- 切换到"页面"选项卡，在"方向"选项组中，可以设置页面的打印方向是"横向"还是"纵向"，在对话框的下方可对纸张的大小和打印质量等参数进行具体设置。
- 切换到"页边距"选项卡，如图 5-90 所示，从中可设置表格与页面四周以及页眉和页脚与页面四周的距离。
- 切换到"页眉/页脚"选项卡，如图 5-91 所示，在该选项卡中可以自定义页眉和页脚。
- 切换到"工作表"选项卡，如图 5-92 所示，在"打印区域"文本框中可设置打印的区域；在"打印标题"选项组中，可设置水平标题行和垂直标题列；在"打印"选项组中可指定工作表打印的方式；在"打印顺序"选项组中可控制打印输出的顺序。

图 5-89　"页面"选项卡

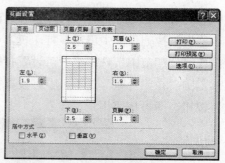

图 5-90　"页边距"选项卡

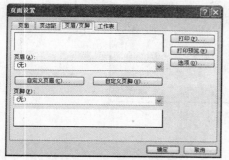

图 5-91　"页眉/页脚"选项卡

图 5-92　"工作表"选项卡

全部设置完成后，单击"确定"按钮，即可使设置生效。

5.12.2　打印预览

页面设置完成后，还需要对页面进行打印预览，打印预览的作用与在 Word 中打印预览的作用相同。打印预览的方法是：单击"文件"菜单，选择"文件"|"打印预览"命令，或者单击"常用"工具栏中的"打印预览"按钮 ，进入"打印预览"界面，如图 5-93 所示。在该界面中，用户可以看到打印后的真实效果。若没有问题，可单击"打印"按钮，进行打印；若发现错误，可按 Esc 键或者单击窗口上方的"关闭"按钮，退出预览模式，进行修改。

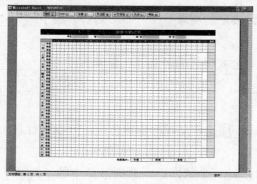

图 5-93　打印预览

5.12.3　打印输出

完成以上几个步骤后，就可以进行打印输出了，用户可单击"文件"菜单，选择"文

件"|"打印"命令，打开"打印内容"对话框，如图 5-94 所示。在"打印机"选项组中的
"名称"下拉列表框中可选择打印机，单击其后的"属性"按钮，可对打印机属性进行设
置；在"打印范围"选项组中可设置打印的页数；在"打印内容"选项组中可设置打印的
具体范围；在"份数"选项组中可设置打印的份数和打印的顺序。设置完成后，单击"确
定"按钮，即可按照用户的设置进行打印。

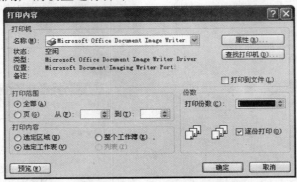

图 5-94　"打印内容"对话框

5.13　习　　题

一、填空题

1. 工作簿、工作表与单元格之间的关系是包含与被包含的关系，即_____由多个
_____组成，而_____又包含一个或多个_____。

2. 为了避免工作表中的重要数据外泄，可以设置_____工作表。

3. 当单元格中的数据无法正确、完整地显示时，则需要对调整该单元格_____
和_____。

4. 默认情况下，单元格中的文本_____对齐，数字_____对齐，逻辑值和错
误值_____对齐。

5. 在 Excel 2003 中，公式遵循的语法为：最前面是_____号，后面是参与计算的
_____和_____；而函数一般包含 3 个部分：_____、_____和
_____。

6. _____是 Excel 预先定义好的内置公式，可以进行数学、文本、逻辑的运算或
者查找工作表的信息。

7. 数据清单可以看作是一个数据库，数据清单中的_____相当于数据库中的字
段，_____相当于数据库中的字段名；数据清单中的_____相当于数据库中的记
录，_____相当于记录名。

8. 创建高级筛选的条件区域时，其第一行是所有作为筛选条件的_____，它们必
须与数据清单中完全一样，而条件区域的其他行则输入_____。

二、选择题

1. (　　)是工作表中的小方格，它是工作表的基本元素，也是 Excel 独立操作的最小单位。

　　A. 单元格区域　　　　　　　　　　B. 单元格

　　C. 任务窗格　　　　　　　　　　　D. 工作表标签

2. 以下关于工作表的操作，叙述错误的是(　　)。

　　A. 双击工作表标签，可以重命名工作表

　　B. 可以将工作表移动至其他工作簿中

　　C. 无法使用密码来保护工作表

　　D. 可以修改工作表标签的颜色

3. 在工作表中创建数据清单，输入行和列的内容时应该注意(　　)。

　　A. 在设计数据清单时，应尽量区分一列中的各行数据项

　　B. 使用空白行将列标志和第一行数据分开

　　C. 不能使用空白行隔开数据清单中的数据行

　　D. 在单元格的开始处不要插入多余的空格，因为多余的空格影响排序和查找

三、操作题

1. 制作如图 5-95 所示的"员工签到表"，要求"星期一到星期五"单元格区域使用快速填充法进行填充，制作完成后，将表格"横向"打印输出。

××公司人事部员工签到表										
姓名	第一周					第二周				
	星期一	星期二	星期三	星期四	星期五	星期一	星期二	星期三	星期四	星期五
王 芳										
刘 叶										
林大明										
王小刚										
赵小慧										
说明：请在自己名字对应的空格内签上上班时间，另外请假请标明"假"，休假请标明"休"，旷工请打"×"										

图 5-95　员工签到表

2. 输入并美化图 5-96 中的工作表，要求：(1)计算出每个项目第 1-8 月的支出总额；(2)计算出每个月份所有项目的支出总额。

	A	B	C	D	E	F	G	H	I	J
1	项目支出清单（单位：万元）									
2	项目	一月	二月	三月	四月	五月	六月	七月	八月	总额
3	医疗器械	￥0.90	￥0.80	￥1.20	￥3.20	￥0.80	￥0.70	￥0.90	￥1.10	
4	食　品	￥1.20	￥1.50	￥1.60	￥1.80	￥1.10	￥1.20	￥1.20	￥1.30	
5	药　品	￥2.30	￥2.10	￥2.20	￥2.50	￥2.00	￥2.60	￥2.20	￥2.80	
6	办公用品	￥0.90	￥0.60	￥0.70	￥0.80	￥0.50	￥0.90	￥0.60	￥0.70	
7	合　计									

图 5-96　"项目支出清单"工作表

第6章 PowerPoint 2003演示文稿制作软件

PowerPoint 是 Office 的重要组件之一，它是一个功能强大的演示文稿创作工具。通过它，用户可以轻松地制作出各种独具特色的演示文稿。PowerPoint 制成的演示文稿可以通过不同的方式播放：既可以打印成幻灯片，使用投影仪播放；也可以在文稿中加入各种引人入胜的视听效果，直接在计算机或互联网上播放。

本章要点：

- PowerPoint 2003 的操作界面
- 创建演示文稿
- 编辑幻灯片
- 编辑幻灯片中的文本和表格
- 设置演示文稿外观
- 在演示文稿中添加特殊效果
- 播放演示文稿

6.1 认识 PowerPoint 2003

PowerPoint 和 Word、Excel 等应用软件一样，是 Microsoft 公司推出的 Office 系列软件之一。它可以制作出集文字、图形、图像、声音、视频等多媒体对象为一体的演示文稿，把学术交流、辅助教学、广告宣传、产品演示等信息以更轻松、更高效的方式表达出来。

6.1.1 启动和退出 PowerPoint 2003

当用户安装完 Office 2003(典型安装)之后，PowerPoint 2003 也将自动安装到系统中，这时启动 PowerPoint 2003 就可以正常使用它来创建演示文稿了。常用的启动方法有两种：一是单击"开始"菜单，然后选择"开始"|"程序"| Microsoft Office | Microsoft Office PowerPoint 2003 命令，如图 6-1 所示；另一种是双击已经建立好的 PowerPoint 快捷图标，如图 6-2 所示。

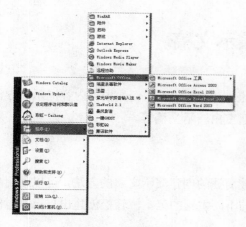

图 6-1 "开始"菜单

图 6-2 通过双击新建的图标启动 PowerPoint 2003

退出 PowerPoint 2003 系统有多种方式，用户可根据自己的习惯选择下面的任何一种：

● 单击 PowerPoint 2003 工作界面右上角的关闭按钮![×]。

● 单击 PowerPoint 2003 工作界面上的"文件"菜单，选择"文件"|"退出"命令。

● 直接按 Alt+F4 组合键。

● 双击 PowerPoint 2003 工作界面左上角的![图]图标。

与 Word 2003 和 Excel 2003 一样，如果幻灯片的内容自上次存盘之后做过了修改，则在退出 PowerPoint 之前，系统会提示是否保存修改的内容。单击"是"按钮，保存修改；单击"否"按钮，取消修改；单击"取消"按钮，则终止退出 PowerPoint 的操作。

6.1.2 PowerPoint 2003 的工作界面

启动 PowerPoint 2003 后，屏幕上会出现 PowerPoint 2003 的工作界面，如图 6-3 所示，PowerPoint 2003 的工作界面由标题栏、菜单栏、工具栏、状态栏、幻灯片编辑区、大纲/幻灯片预览窗格和任务窗格等几大块组成，中间比较大的白色区域是幻灯片编辑区。PowerPoint 2003 操作界面的主要组成元素和 Word 2003 相似，在此不做重复介绍。

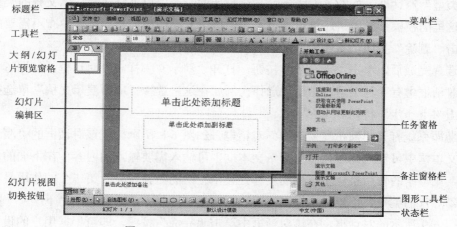

图 6-3 PowerPoint 2003 的工作界面

6.2　创建演示文稿

在 PowerPoint 2003 中，可以使用多种方法来创建演示文稿。例如根据内容提示向导创建演示文稿、根据设计模板创建演示文稿或创建空白演示文稿等。

6.2.1　根据内容提示向导创建演示文稿

根据内容提示向导创建演示文稿是一种比较简捷的创建演示文稿的方法，可以使用户不必为文稿的结构和版式费心，通过系统提供的不同主题的范本，轻松创建出自己满意的风格各异的演示文稿。

根据内容提示向导创建演示文稿的方法如下：启动 PowerPoint 2003，单击"文件"菜单，选择"文件"|"新建"命令，打开"新建演示文稿"任务窗格，如图 6-4 所示。在"新建"选项组中单击"根据内容提示向导"超链接，打开"内容提示向导"对话框，如图 6-5 所示。

图 6-4　"新建演示文稿"任务窗格　　　　　图 6-5　"内容提示向导"对话框

在该对话框中显示一些关于向导的介绍信息，直接单击"下一步"按钮，打开"演示文稿类型"对话框，如图 6-6 所示。在该对话框中，用户可以选择演示文稿的类型，如果觉得这里的模板不够用，还可单击"添加"按钮，添加模板；如果其中有不需要的模板，可单击"删除"按钮，将模板删除。

选择完成后，单击"下一步"按钮，打开"演示文稿样式"对话框，如图 6-7 所示。在该对话框中有 5 种类型可供用户选择，例如在这里选择"屏幕演示文稿"单选按钮，然后单击"下一步"按钮。

随即系统打开"演示文稿选项"对话框，如图 6-8 所示。在该对话框的"演示文稿标题"文本框中可输入标题，"页脚"文本框中可输入需要输入的内容；在下面的两个复选框中，第一个的作用是让幻灯片的页脚处显示上次的更新日期，第二个的作用是在页脚处显示幻灯片的编号，用户可以根据需要进行选择。选择完成后，单击"下一步"按钮，打开如图 6-9 所示的对话框，在该对话框中单击"完成"按钮，即可根据用户的设置创建幻灯片。

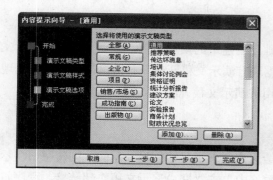

图 6-6　"演示文稿类型"对话框

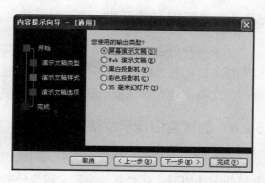

图 6-7　"演示文稿样式"对话框

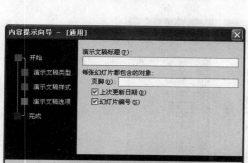

图 6-8　"演示文稿选项"对话框

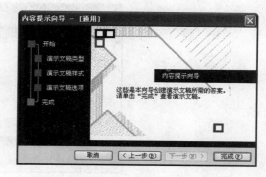

图 6-9　"完成"对话框

6.2.2　根据设计模板创建演示文稿

设计模板是预先定义好的演示文稿的样式、风格，包括幻灯片的背景、装饰图案、文字布局及颜色大小等，PowerPoint 2003 提供了许多美观的设计模板，用户在设计演示文稿时，可以先选择演示文稿的整体风格，然后再做进一步的编辑修改。

要根据设计模板创建演示文稿可在"新建演示文稿"任务窗格中单击"根据设计模板"超链接，打开"幻灯片设计"任务窗格，如图 6-10 所示。在"应用设计模板"列表框中选择一种模板，所选的模板就会应用到整个幻灯片文档中。

图 6-10　"幻灯片设计"任务窗格

6.2.3　根据现有演示文稿新建

如果用户想在以前编辑的演示文稿的基础上创建新的演示文稿，可以在"新建演示文稿"任务窗格的"新建"选项组中单击"根据现有演示文稿新建"超链接，打开"根据现有演示文稿新建"对话框，从中选择希望使用的演示文稿。

6.2.4　创建空白演示文稿

空白演示文稿的创建最为简单，同时也给用户留下了足够的设计空间，创建空白演示文稿的方法如下：在"新建演示文稿"任务窗格中单击"空白演示文稿"超链接，程序将自动创建一个空白演示文稿，如图 6-11 所示。

图 6-11　创建空白演示文稿

6.3　编辑幻灯片

在 PowerPoint 中，幻灯片作为一种对象，和一般对象一样，可以对其进行编辑操作。在对幻灯片的编辑过程中，最为方便的视图模式是幻灯片浏览视图，小范围或少量的幻灯片操作也可以在普通视图模式下进行。

6.3.1　幻灯片的视图

PowerPoint 2003 主要有 4 种视图：普通视图、幻灯片浏览视图、幻灯片放映视图和备注页视图。每种视图都有其特定的显示方式，因此在编辑文档时选用不同的视图可以使文档的浏览或编辑更加方便。

- 普通视图：是最常用的视图方式，可用于撰写或设计演示文稿，如图 6-12 所示。普通视图中主要包含 4 个窗格：大纲窗格(幻灯片预览窗格)、幻灯片编辑窗格、任务窗格和备注窗格。
- 幻灯片浏览视图：以缩略图的形式显示多张幻灯片，如图 6-13 所示。在该视图方式下可以很容易地添加、删除或移动幻灯片以及选择每张幻灯片的动画切换方式。

图 6-12　普通视图　　　　　　　　　图 6-13　幻灯片浏览视图

- 幻灯片放映视图：可以看到幻灯片的最终放映效果，如果不满意，可按 Esc 键退出放映并进行修改。
- 备注页视图：可以很方便地添加备注信息，并对其进行修改和修饰，也可以插入图形等信息，如图 6-14 所示。

图 6-14　备注页视图

注意：

单击屏幕左下角的 <img> 按钮可以切换当前的视图模式。单击 <img> 进入普通视图；单击 <img> 进入幻灯片浏览视图；单击 <img> 进入幻灯片放映视图，并从当前幻灯片向后放映。

6.3.2　幻灯片的编辑

对幻灯片的编辑包括：添加新幻灯片、选择幻灯片、复制幻灯片、调整幻灯片顺序和删除幻灯片等操作。

1．添加新幻灯片

启动 PowerPoint 2003 后，程序会自动建立一张空白幻灯片，而大多数演示文稿需要两张或更多的幻灯片来表达主题，这时就需要添加幻灯片。添加新的幻灯片主要有以下几种方法。

- 单击“插入”菜单，选择“插入”|“新幻灯片”命令。
- 单击“格式”工具栏上的“新幻灯片”按钮 <img> 。

- 在普通视图左侧的"大纲"或"幻灯片"选项卡中，右击任意一张幻灯片，从打开的快捷菜单中选择"新幻灯片"命令。
- 按 Ctrl+M 组合键。

2. 选择幻灯片

若想编辑幻灯片，首先要选中幻灯片。在 PowerPoint 中可以一次选中一张幻灯片，也可以同时选中多张幻灯片。

- 选择单张幻灯片：无论是在普通视图的"大纲"或"幻灯片"选项卡中，还是在幻灯片浏览视图中，只需单击需要的幻灯片，即可选中该张幻灯片。
- 选择编号相连的多张幻灯片：单击起始编号的幻灯片，然后按住 Shift 键，再单击结束编号的幻灯片，此时将有多张幻灯片被同时选中。
- 选择编号不相连的多张幻灯片：在按住 Ctrl 键的同时，依次单击需要选择的每张幻灯片，此时被单击的多张幻灯片被同时选中。在按住 Ctrl 键的同时再次单击已被选中的幻灯片，则该幻灯片被取消选择。

3. 复制幻灯片

PowerPoint 支持以幻灯片为对象的复制操作，可以将整张幻灯片及其内容进行复制。方法为：选中需要复制的幻灯片，单击"编辑"菜单，选择"编辑"|"复制"命令，或单击"常用"工具栏上的"复制"按钮，在需要插入幻灯片的位置单击，然后单击"编辑"菜单，选择"编辑"|"粘贴"命令，或单击"常用"工具栏上的"粘贴"按钮。

4. 调整幻灯片的顺序

如果对当前演示文稿中的幻灯片顺序不满意，可以对其进行调整。方法为：选中需要移动的幻灯片，单击"编辑"菜单，选择"编辑"|"剪切"命令，或单击"常用"工具栏上的"剪切"按钮，在需要插入幻灯片的位置单击，然后单击"编辑"菜单，选择"编辑"|"粘贴"命令，或单击"常用"工具栏上的"粘贴"按钮。

移动幻灯片后，PowerPoint 会对所有的幻灯片重新编号，因此从幻灯片的编号上不能看出哪张幻灯片被移动了，只能通过幻灯片中的内容进行区别。

另外，在普通视图或幻灯片浏览视图中，直接对幻灯片进行选择拖动，就可以实现幻灯片的移动。

5. 删除幻灯片

删除多余的幻灯片，是快速清除演示文稿中大量冗余信息的有效方法。其方法主要有以下两种：

- 选中要删除的幻灯片，然后按 Delete 键。
- 右击要删除的幻灯片，从弹出的快捷菜单中选择"删除幻灯片"命令。
- 选中要删除的幻灯片，然后按 Ctrl＋X 组合键，剪切幻灯片。

6.3.3　保存演示文稿

和 Word 和 Excel 一样，保存文档是最重要的一个操作。用户在编辑演示文稿的过程中一定要随时注意保存，以免由于突然断电、死机、自动重启、非正常关机等因素而造成还未来得及保存的文稿丢失。

如果要直接保存，单击"文件"菜单，选择"文件"|"保存"命令，或者单击"常用"工具栏中的"保存"按钮■即可。如果需要在另一个位置再保存一份文件，则可以单击"文件"菜单，选择"文件"|"另存为"命令，在打开的对话框中选择保存路径保存。

6.4　编辑幻灯片中的文本和表格

文本是演示文稿中至关重要的部分，它对文稿中的主题、问题的说明与阐述具有其他方式不可替代的作用。使用表格可以满足不同文本格式的需要。

6.4.1　输入文本

在 PowerPoint 中，不能直接在幻灯片中输入文字，只能通过占位符或文本框来添加文本。

1．占位符

占位符是 Excel 中预先设置好的具有一定格式的文本框，在 Excel 的许多模板中就包含有标题、正文和项目符号列表的文本占位符。单击占位符，激活该区域，就可以在其中输入文本。在幻灯片的空白处单击，即可退出文字编辑状态。

2．文本框

文本框是一种可移动、可调整大小的文字或图形容器，特性与占位符非常相似。使用文本框，可以在幻灯片中放置多个文字块，可以使文字按不同的方向排列，可以打破幻灯片版式的制约，实现在幻灯片中的任意位置添加文字信息的目的。

6.4.2　编辑文本

刚刚编辑好的文本，格式未必会达到最好的效果，这时就可以对文本的格式进行设置和修饰，力求达到最佳效果。

1．设置文本格式

在演示文稿中设置字形、字号、字体颜色等基本属性与在 Word 中的设置基本相似。选取需要设置的文本，单击"格式"菜单，选择"格式"|"字体"命令，打开"字体"对话框，如图 6-15 所示，在该对话框中可以对字体、字形、字号及字体颜色等进行设置。

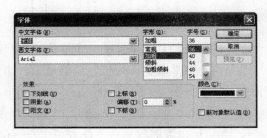

图 6-15　"字体"对话框

2. 设置段落格式

在 PowerPoint 中，可以使用"行距"对话框和"亚洲换行符"对话框对行距及段落换行的方式进行设置。

(1) 设置段落行距

要设置段落行距，可以单击"格式"菜单，选择"格式"|"行距"命令，打开"行距"对话框，如图 6-16 所示。该对话框中各选项的功能如下。

● "行距"文本框：设置段落中行与行之间的距离，默认值为 1，表示正常行距。
● "段前"文本框：设置当前段落与前一段落之间的距离。
● "段后"文本框：设置当前段落与下一段落之间的距离。

(2) 设置换行格式

要设置换行格式，可单击"格式"菜单，选择"格式"|"换行"命令，打开"亚洲换行符"对话框，如图 6-17 所示。

图 6-16　"行距"对话框

图 6-17　"亚洲换行符"对话框

在"亚洲换行符"对话框中，选择"按中文习惯控制首尾字符"复选框，可以使段落中的首尾字符按中文习惯显示；选择"允许西文在单词中间换行"复选框，可以使行尾的单词有可能被分为两部分显示；选择"允许标点溢出边界"复选框，可以使行尾的标点位置超过文本框边界而不会换到下一行。

6.4.3　使用表格

在 PowerPoint 中同样可以插入表格和图表，它们的使用方法和在 Word 中相同，下面通过一个具体实例来加以说明。

【练习 6-1】在幻灯片中添加表格并进行编辑。

(1) 新建一空白幻灯片，单击"插入"菜单，选择"插入"|"表格"命令，打开"插

入表格"对话框，如图 6-18 所示。

　　(2) 在"列数"列表框中输入 2，在"行数"列表框中输入 3，单击"确定"按钮，即可插入一个 3 行 2 列的表格，如图 6-19 所示(如果用不到占位符，可用鼠标选定占位符，然后按 Delete 键，将其删除)。

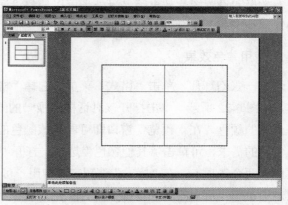

图 6-18　"插入表格"对话框　　　　　　　　　图 6-19　插入的表格

　　(3) 单击"常用"工具栏中的"表格和边框"按钮，系统即自动打开"表格和边框"工具栏，如图 6-20 所示。可以看出这和 Word 中的"表格和边框"工具栏基本相同，其用法也基本相似。另外 PowerPoint 中的表格也可进行美化、合并和拆分等操作，如图 6-21 所示，具体方法可参照 Word 中表格的操作方法，在这里就不再重复讲述了。

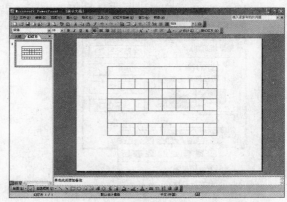

图 6-20　"表格和边框"对话框　　　　　　　　　图 6-21　编辑表格

6.5　设置演示文稿的外观

　　PowerPoint 2003 提供了大量的预设格式，例如设计模板、配色方案、动画方案及幻灯片版式等，应用这些格式，可以轻松地制作出具有专业效果的演示文稿。此外，还可为演示文稿添加背景和填充效果，使演示文稿更加美观。

6.5.1　为演示文稿添加背景

当用户需要制作一张独具特色的幻灯片时，可为演示文稿添加背景。根据背景种类的不同，设置背景可分为以下几种方式：设置单色效果、设置渐变效果、设置纹理效果、设置图案效果和设置图片效果等。另外，可以使整篇演示文稿使用一个背景效果，也可让每张幻灯片使用一个单独的背景效果。

1. 使用单色效果

选中一张幻灯片，单击"格式"菜单，选择"格式"|"背景"命令，打开"背景"对话框，如图 6-22 所示。单击打开该对话框中唯一的一个下拉列表框，在弹出的下拉列表中选择合适的颜色，在"预览"窗口即可看到该颜色的预览效果。如果该列表中的颜色不能满足使用的需求，可单击"其他颜色"选项，打开"颜色"对话框，如图 6-23 所示。该对话框包含两个选项卡，在"标准"选项卡中，用户可选择系统定义好的颜色；在"自定义"选项卡中，用户可自定义并选择更多种颜色。选择完成后，可单击"背景"对话框中的相应按钮来应用设置。"背景"对话框中的几个按钮和选项的含义如下。

- "全部应用"：可使设置的背景效果应用到当前演示文稿的所有幻灯片中。
- "应用"：可使设置的背景仅用于选中的幻灯片中。
- "取消"：不做任何背景设置。
- "预览"：预览设置背景后的效果，若要应用该效果，可单击"全部应用"或"应用"按钮，否则，设置的效果在退出"背景"对话框后将自动取消。

图 6-22　"背景"对话框

图 6-23　"颜色"对话框

- "忽略母版的背景图形"：选中此选项可使原母版中的背景图形保持不变，只改变母版的背景颜色。

2. 使用渐变效果

选中一张幻灯片，打开图 6-22 所示的对话框，选择"填充效果"选项，打开"填充效果"对话框，如图 6-24 所示。切换到"渐变"选项卡，在"颜色"组合框中有三个单选按钮，它们的含义分别如下。

- 单色：选择的是一种颜色，但是可在该颜色的深浅之间进行调节，也可达到双色效果。
- 双色：比较常用的效果，可设置"颜色 1"和"颜色 2"两种颜色，可使背景颜色在这两种颜色之间进行渐变，形成双色效果。
- 预设：可以选择使用 Excel 内置的多种特殊多色渐变效果。

在"底纹样式"选项组中，用户可选择 6 种渐变样式，包括"水平"、"垂直"、"斜上"、"斜下"、"角部辐射"、"中心辐射"。选择完成后，可在"变形"选项组中选择一种变形方式的预览效果，然后单击"确定"按钮，返回"背景"对话框，选择相应的应用方式，即可应用设置的背景效果。

3. 使用纹理效果

"纹理"是填充效果的另一种形式，在"填充效果"对话框中切换到"纹理"选项卡，如图 6-25 所示。在"纹理"选项组中，系统提供了多种纹理样式，用户可拖动滚动条选择合适的纹理。另外用户还可单击"其他纹理"按钮，在弹出的"选择纹理"对话框中选择本机上的图片作为幻灯片的纹理进行填充。

图 6-24　"渐变"选项卡

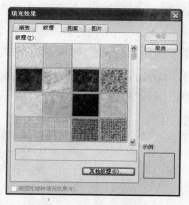

图 6-25　"纹理"选项卡

4. 使用图案效果

在"填充效果"对话框中切换到"图案"选项卡，如图 6-26 所示。在"图案"选项组中，可以选择包括网格、砖形、瓦形、棋盘形、菱形等 48 种常用图案，对于每一种图案还可改变其前景颜色和背景颜色。设置完成后，单击"确定"按钮，该纹理将会在"背景"对话框的预览窗口中进行预览，选择相应的应用方式，即可为幻灯片应用设置。

5. 使用图片效果

在"填充效果"对话框中切换到"图片"选项卡，如图 6-27 所示。在该选项卡中可单击"选择图片"按钮，打开"选择图片"对话框，用户可选择计算机中的图片作为幻灯片的背景图案。当图片被设置为背景后，将不能再对该图片进行编辑、缩放和移动等操作。

图 6-26　"图案"选项卡

图 6-27　"图片"选项卡

6.5.2　应用设计模板

　　幻灯片设计模板对用户来说已不再陌生，使用它可以快速统一演示文稿的外观。在 PowerPoint 2003 中，一个演示文稿还可以应用多种设计模板，使幻灯片具有不同的外观。

　　在同一个演示文稿中应用多个模板与应用单个模板的步骤非常相似。在普通视图中，选择要应用模板的幻灯片，然后单击"格式"菜单，选择"格式" | "幻灯片设计"命令，打开"幻灯片设计"任务窗格，在"应用设计模板"列表中，单击所需模板右侧的 按钮，从弹出的快捷菜单中选择"应用于选定幻灯片"命令，此时，该模板将应用于所选中的幻灯片上，如图 6-28 所示。

图 6-28　应用多模板

　　在同一演示文稿中应用了多个模板后，添加的新幻灯片会自动应用与其相邻的前一张幻灯片所应用的模板。

6.5.3　应用配色方案

　　利用 PowerPoint 中自带的配色方案可以直接设置幻灯片的颜色，如果感到不满意，还可以对其进行修改，使用十分方便。

1. 应用配色方案

单击"格式"菜单，选择"格式"|"幻灯片设计"命令，打开"幻灯片设计"任务窗格，单击"配色方案"按钮，打开"幻灯片设计-配色方案"任务窗格，如图 6-29 所示。

在"应用配色方案"列表框中选择一种配色方案，默认情况下，演示文稿中的所有幻灯片都应用为选定的配色方案。单击某个配色方案右侧的 按钮，从弹出的列表中选择"应用于所选幻灯片"命令，该配色方案只会被应用到当前选定的幻灯片中。

2. 编辑配色方案

如果对已有的配色方案都不满意，可以在"幻灯片设计-配色方案"任务窗格中，单击"编辑配色方案"超链接，打开"编辑配色方案"对话框，如图 6-30 所示。

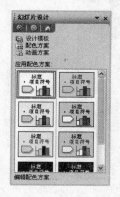
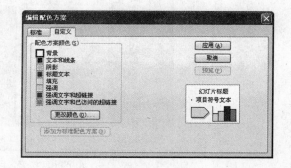

图 6-29　"配色方案"任务窗格　　　　图 6-30　　"编辑配色方案"对话框

在"自定义"选项卡中，可以重新设置背景、文本和线条、阴影等项目的颜色；另外，在"标准"选项卡中，还可以将不需要的已存在的配色方案删除。

6.5.4　使用模板

母版可用来制作统一标志和背景的内容，设置标题和主要文字的格式。也就是说，母版是为所有幻灯片设置默认版式和格式，而修改母版就是创建新的模板。

在 PowerPoint 2003 中主要包含 3 种母版：幻灯片母版、讲义母版和备注母版。单击"视图"菜单，选择"视图"|"母版"命令的子命令，就可以选择相应的母版。

- 幻灯片母版：存储模板信息的一个元素，包括字形、占位符的大小和位置、背景设计和配色方案。通过更改这些信息，就可以更改整个演示文稿中幻灯片的外观，如图 6-31 所示。
- 讲义母版：主要是设置每页纸打印的幻灯片的张数和位置，且可以设置讲义页面中的页眉和页脚的位置、大小及文字外观等属性，如图 6-32 所示。
- 备注母版：可以设置或修改幻灯片内容、备注内容及页眉页脚内容在页面中的位置、比例及外观等属性，如图 6-33 所示。

图 6-31　幻灯片母版

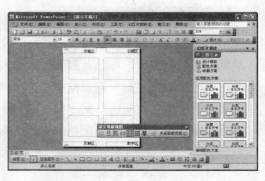

图 6-32　讲义母版

图 6-33　备注母版

6.5.5　添加页眉和页脚

制作幻灯片时，可以使用 PowerPoint 提供的页眉页脚功能，为每张幻灯片添加相对固定的信息，例如公司名称、制作时间、页码等。

【练习 6-2】为幻灯片添加页眉和页脚。

(1) 启动 PowerPoint 2003，打开"古典文学作品赏析"演示文稿，选中第 2~5 张幻灯片，单击"视图"菜单，选择"视图"|"页眉和页脚"命令，打开"页眉和页脚"对话框。

(2) 切换到"幻灯片"选项卡，选择"自动更新"单选按钮，在"日期"下拉列表框中选择一种日期形式，选择"幻灯片编号"复选框，在"页脚"文本框中输入"××工作室制作"，并选择"标题幻灯片中不显示"复选框，如图 6-34 所示。

(3) 切换到"备注和讲义"选项卡，选择"自动更新"单选按钮，在"日期"下拉列表框中选择一种日期形式，在"页眉"文本框中输入"古典文学作品赏析系列之醒世恒言"，在"页脚"文本框中输入"××工作室制作"，如图 6-35 所示。

(4) 单击"全部应用"按钮，完成页眉页脚的设置，效果如图 6-36 所示。

(5) 单击"视图"菜单，选择"视图"|"备注页"命令，切换到备注视图下，效果如图 6-37 所示。

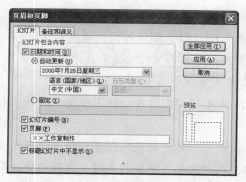
图 6-34　"幻灯片"选项卡

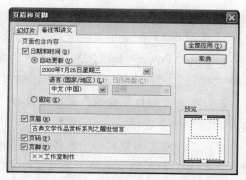
图 6-35　"备注和讲义"选项卡

图 6-36　添加页眉和页脚

图 6-37　备注页视图下的效果

6.6　在演示文稿中添加特殊效果

　　演示文稿制作完成后，还可以为幻灯片添加一些特殊效果，例如飞入动画、插入图片、添加音乐和声音效果、添加动作按钮等。

6.6.1　使用动画方案

　　动画是为文本或其他对象添加的、在幻灯片放映时产生的特殊视觉或声音效果。在 PowerPoint 中，演示文稿中的动画有两种主要类型：一种是幻灯片切换动画，另一种是自定义动画。其中，幻灯片切换动画又称为翻页动画，是指幻灯片在放映时更换幻灯片的动画效果；自定义动画是指为幻灯片内部各个对象设置的动画。

1. 设置幻灯片的切换效果

　　在普通视图或幻灯片浏览视图中都可以设置幻灯片的动画切换效果，但在幻灯片浏览视图中更有利于在设置幻灯片动画效果时把握演示文稿的整体风格。在 PowerPoint 中，可以给每张幻灯片添加不同的动画效果。这里的动画效果主要是指整张幻灯片进入屏幕时的动画效果。

【练习 6-3】在演示文稿"古典文学作品赏析"中，设置幻灯片切换动画效果。

(1) 启动 PowerPoint 2003，打开演示文稿"古典文学作品赏析"。单击"视图"菜单，选择"视图"|"幻灯片浏览"命令，切换到幻灯片浏览视图，如图 6-38 所示。

(2) 单击"幻灯片放映"菜单，选择"幻灯片放映"|"幻灯片切换"命令，打开"幻灯片切换"任务窗格。

(3) 在幻灯片浏览窗格中选择第 1 张幻灯片，在"幻灯片切换"任务窗格的"应用于所选幻灯片"列表框中选择"垂直百叶窗"选项，在"速度"下拉列表框中选择"中速"命令，如图 6-39 所示。此时，在幻灯片的左下角将显示动画标志 ☆。

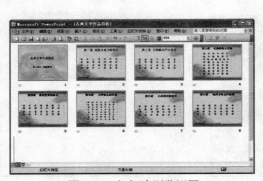
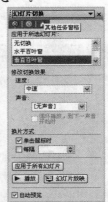

图 6-38　幻灯片浏览视图　　　　　图 6-39　"幻灯片切换"任务窗格

(4) 使用同样的方法，为其他幻灯片设置切换效果，并保存幻灯片设置。

2. 自定义动画

在设置自定义动画时，可以对幻灯片中的文本、图形、表格等对象设置不同的动画效果，如进入动画、强调动画、退出动画等。

● 制作进入式的动画效果

进入动画可以让文本或其他对象以多种动画效果进入放映屏幕。在添加动画效果之前，需要先选中对象。对于占位符或文本框来说，应选中占位符或文本框，或者在进入其文本编辑状态时，也可以为它们添加动画效果。

在普通视图中，选中对象后，单击"幻灯片放映"菜单，选择"幻灯片放映"|"自定义动画"命令，打开"自定义动画"任务窗格，如图 6-40 所示，单击"添加效果"按钮，从打开的列表中选择选项，就可以添加动画效果。

【练习 6-4】在演示文稿"古典文学作品赏析"中，为第一张幻灯片的标题和副标题文本添加进入动画效果。

(1) 启动 PowerPoint 2003，打开演示文稿"古典文学作品赏析"，单击"幻灯片放映"菜单，选择"幻灯片放映"|"自定义动画"命令，打开"自定义动画"任务窗格。

(2) 在第 1 张幻灯片中，选择标题文字，单击"添加效果"按钮，从弹出的列表中选择"进入"|"飞入"选项，将该标题应用飞入效果。

(3) 选择副标题文字，单击"添加效果"按钮，从弹出的列表中选择"进入"|"其他效果"选项，打开"添加进入效果"对话框，如图 6-41 所示。

(4) 在"温和型"选项组中选择"颜色打字机"选项，应用"颜色打字机"效果。

注意：

为幻灯片中的对象添加动画效果后，在每个对象的左侧都会显示一个带有数字的矩形标记。这个小矩形表示已经对该对象添加了动画效果，中间的数字表示该动画在当前幻灯片中的播放次序。在添加动画效果时，如果添加的第一个动画次序为 1，则它在幻灯片放映时是出现最早的自定义动画。

图 6-40 "自定义动画"任务窗格 　　　图 6-41 "添加进入效果"对话框

● 制作强调式的动画效果

强调动画是为了突出幻灯片中的某部分内容而设置的放映时的特殊动画效果。添加强调动画的过程与添加进入效果的过程大体相同，单击需要添加强调效果的对象，然后在"自定义动画"任务窗格中单击"添加效果"按钮，在弹出的列表中，选择"强调"菜单中的选项，即可为幻灯片中的对象添加强调动画效果。选择"强调"|"其他效果"命令，可以打开"添加强调效果"对话框，如图 6-42 所示，以添加更多强调动画效果。

3. 制作退出式的动画效果

除了可以给幻灯片中的对象添加进入、强调动画效果外，还可以添加退出动画。退出动画可以设置幻灯片中的对象退出屏幕的效果。添加退出动画的过程和添加进入、强调动画效果的过程大体相同。

在幻灯片中选中需要添加退出效果的对象，在"自定义动画"任务窗格中单击"添加效果"按钮，选择"退出"菜单中的选项，即可为幻灯片中的对象添加退出动画效果。选择"退出"|"其他效果"命令时，将打开"添加退出效果"对话框，如图 6-43 所示，然后在该对话框中为对象添加更多不同的退出动画效果。退出动画名称有很大一部分与进入动画名称相同，所不同的是，它们的运动方向存在差异。

图 6-42 "添加强调效果"对话框

图 6-43 "添加退出效果"对话框

4. 利用动作路径制作动画效果

动作路径动画又称为路径动画，用户可以指定文本等对象沿预定的路径运动。PowerPoint 中的动作路径动画不仅提供了大量可供简单编辑的预设路径效果，还可以自定义路径，进行更为个性化的编辑。

添加动作路径效果的步骤与添加进入动画的步骤基本相同，在"自定义动画"任务窗格中单击"添加效果"按钮，选择"动作路径"菜单中的命令，即可为幻灯片中的文本添加动作路径动画效果。也可以选择"动作路径"|"其他动作路径"命令，打开"添加动作路径"对话框，如图 6-44 所示，选择更多的动作路径。

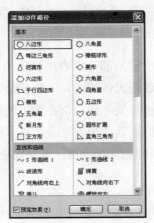
图 6-44 "添加动作路径"对话框

另外，选择"动作路径"|"绘制自定义路径"命令的子命令，可以在幻灯片中拖动鼠标绘制出需要的图形，当双击鼠标时，结束绘制，动作路径即出现在幻灯片中。

5. 设置动画选项

为对象添加动画效果后，该对象就应用了默认的动画格式。这些动画格式主要包括动画开始运行的方式、变化方向、运行速度、延时方案、重复次数等。用户还可以为对象重新设置动画选项。

● 更改动画效果

在"自定义动画"任务窗格中，在"修改"列表中，在"开始"、"方向"和"速度"3 个下拉列表框中选择需要的选项，可以设置动画开始方式、变化方向和运行速度等参数，如图 6-45 所示。

另外，右击某个动画效果，从弹出的快捷菜单中选择"效果选项"命令，即可打开效果设置对话框，如图 6-46 所示，在其中也可以设置动画效果。

● 调整动画播放序列

在给幻灯片中的多个对象添加动画效果时，添加效果的顺序就是幻灯片放映时的播放次序。当幻灯片中的对象较多，难免在添加效果时使动画次序产生错误，就可以在动画效果添加完成后，再对其重新调整。

在"自定义动画"窗格的列表中单击需要调整播放次序的动画效果，然后单击窗格底部的上移按钮◆或下移按钮◆来调整该动画的播放次序。其中，单击上移按钮表示可以将该动画的播放次序提前，单击下移按钮表示将该动画的播放次序向后移一位。

图 6-45　更改动画效果时的窗格

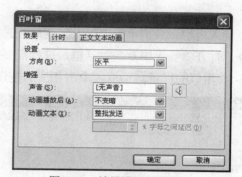

图 6-46　效果设置对话框

6.6.2　添加音乐或声音效果

除了可以为幻灯片添加动画效果外，还可以为幻灯片添加音乐或声音效果。

1. 添加幻灯片切换时的声音效果

单击"幻灯片放映"菜单，选择"幻灯片切换"命令，打开"幻灯片切换"任务窗格，在"修改切换效果"组合框中，单击打开"声音"下拉列表可选择动画播放时的声音效果，如图 6-47 所示。除了可以使用系统提供的几种声音外，还可以使用用户计算机中的声音。选择"声音"下拉列表中的"其他声音"命令，打开"添加声音"对话框，如图 6-48 所示，从中可以选择需要添加的声音。

图 6-47　添加声音

图 6-48　"添加声音"对话框

2. 插入声音和电影

插入声音和电影的方法基本相同，单击"插入"菜单，选择"插入"|"影片和声音"|"文件中的声音"命令，即可打开"插入声音"对话框，如图 6-49 所示。在该对话框中选择需要插入的声音，然后单击"确定"按钮，打开"你希望在幻灯片放映时如何开始播放声音？"提示对话框，单击"自动"或"在单击时"按钮，即可将选定的声音插入到幻灯片中。

若要插入电影，只需单击"插入"菜单，选择"插入"|"影片和声音"|"文件中的影片"命令，打开"插入影片"对话框，选择需要插入的影片，然后单击"确定"按钮，弹出与图 6-50 相似的提示对话框，单击相应的按钮，即可将影片插入到幻灯片中。

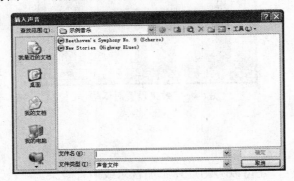

图 6-49　"插入声音"对话框

图 6-50　插入声音提示框

6.6.3　添加动作按钮

在 PowerPoint 中设置动作按钮，可以增强演示文稿的交互性，这相当于为幻灯片中的文本、图形、图片等可显示的对象添加动作或超链接。当放映幻灯片时，用户可以通过单击这些超链接来打开相应的对象或者跳转到任意一个页面，而不用从头到尾，一张一张地连续播放。

添加动作按钮时，首先应选定一张预放置动作按钮的幻灯片，然后单击"幻灯片放映"菜单，选择"幻灯片放映"|"动作按钮"子菜单中的某个按钮(鼠标指针放置在按钮上时，

会显示该按钮的简单提示信息)，此时鼠标指针将变成"＋"形状，在幻灯片上按住鼠标左键不放拖动，即可绘制出所选择的按钮。同时，系统会弹出"动作设置"对话框，在对话框中用户可设置鼠标的动作并具体定义按钮的作用。按钮设置完成后，还可以复制按钮，复制后的按钮和原按钮可起到相同的作用。

6.7　播放演示文稿

PowerPoint 2003 提供了多种控制放映演示文稿的方法，例如正常放映、计时放映、跳转放映等，用户可以选择最为理想的放映速度与放映方式，使幻灯片的放映结构清晰、节奏明快、过程流畅。

6.7.1　启动演示文稿的放映

根据演示文稿保存的文件类型和放映目的的不同，启动演示文稿的放映也有很多方式。常用的启动演示文稿放映的方式有以下几种。

1. 在 PowerPoint 中启动幻灯片放映

首先启动 PowerPoint 2003，并打开准备放映的演示文稿，然后执行下列操作之一，即可放映演示文稿。

- 单击演示文稿左下角的 🖵 按钮。
- 按下 F5 键。
- 单击"幻灯片放映"菜单，选择"幻灯片放映"|"观看放映"命令。
- 单击"视图"菜单，选择"视图"|"幻灯片放映"命令。

2. 使用鼠标右键快速放映幻灯片

在演示文稿文件上右击，在弹出的快捷菜单中选择"显示"命令，即可在打开演示文稿的同时进行放映，放映结束后，该演示文稿将被自动关闭。

3. 选择演示文稿放映文件(*.pps)放映幻灯片

使用演示文稿放映文件(*.pps)可以在打开该文件的同时开始自动播放幻灯片，还可以防止其他用户修改演示文稿。使用此种方式的前提是：应把演示文稿文件(*.ppt)保存为演示文稿放映文件(*.pps)的形式。保存为放映文件的方法如下：

在要保存的演示文稿中单击"文件"菜单，选择"文件"|"另存为"命令，打开"另存为"对话框，单击"保存类型"下拉列表框右侧的倒三角按钮，在弹出的下拉列表中选择"PowerPoint 放映"选项，单击"保存"按钮，即可将演示文稿保存为放映文件(*.pps)的格式。

6.7.2　控制演示文稿的放映

PowerPoint 2003 提供了多种控制幻灯片放映的方法，最常用的是对幻灯片页面的演示控制，主要有幻灯片的定时放映、连续放映及循环放映。

1．定时放映幻灯片

在设置幻灯片切换效果时，可以设置每张幻灯片在放映时停留的时间，当等待到设定的时间后，幻灯片将自动向下放映。

在"幻灯片切换"任务窗格中，可以设置幻灯片切换时的效果，还可以设置换片方式。默认情况下，换片方式是单击鼠标，当选中"换片方式"选项组中的"每隔"复选框，可在其后面的文本框中设置时间(单位为秒)，演示文稿将根据设置的时间定时放映幻灯片。

2．连续放映幻灯片

在"幻灯片切换"任务窗格中，可以为当前选定的幻灯片设置自动切换时间，再单击"应用于所有幻灯片"按钮，为演示文稿中的每张幻灯片设定相同的切换时间，这样就实现了幻灯片的连续自动放映，不必干预，就可以实现幻灯片的自动定时连续播放。

需要注意的是，由于每张幻灯片的内容不同，放映的时间可能不同，所以设置连续放映的最常见方法是通过"排练计时"功能完成。当然，也可以根据每张幻灯片的内容，在"幻灯片切换"任务窗格中为每张幻灯片设定放映时间。

3．循环放映幻灯片

制作好的演示文稿还可以设置为循环放映(该放映模式适用于如展览会场的展台等场合)，让演示文稿自动运行并循环播放。

单击"幻灯片放映"菜单，选择"幻灯片放映"|"设置放映方式"命令，打开"设置放映方式"对话框，在"放映选项"选项组中选中"循环放映，按 Esc 键终止"复选框，则在播放完最后一张幻灯片后，会自动跳转到第一张幻灯片，而不是结束放映，直到用户按键盘上的 Esc 键退出放映状态。

4．自定义放映幻灯片

自定义放映是指通过创建自定义放映使一个演示文稿适用于多种观众，即可以将一个演示文稿中的多张幻灯片进行分组，以便给特定的观众放映演示文稿中的特定部分。

6.7.3　设置演示文稿的放映方式

PowerPoint 2003 提供了演讲者放映、观众自行浏览及在展台浏览 3 种不同的放映方式，供用户在不同的环境中可以方便选用。

单击"幻灯片放映"菜单，选择"幻灯片放映"|"设置放映方式"命令，打开"设置放映方式"对话框，如图 6-51 所示。在该对话框中用户可设置三种放映方式，它们各自的含义如下。

1. 演讲者放映(全屏幕)

演讲者放映是系统默认的放映类型，也是最常见的放映形式，采用全屏幕方式。在这种放映方式下，演讲者现场控制演示节奏，具有放映的完全控制权。用户可以根据观众的反应随时调整放映速度或节奏，还可以暂停下来进行讨论或记录观众即席反应，甚至可以在放映过程中录制旁白。一般用于召开会议时的大屏幕放映、联机会议或网络广播等。

2. 观众自行浏览(窗口)

观众自行浏览是在标准 Windows 窗口中显示的放映形式，放映时的 PowerPoint 窗口具有菜单栏、Web 工具栏，类似于浏览网页的效果，便于观众自行浏览，如图 6-52 所示。该放映类型用于在局域网或 Internet 中浏览演示文稿。

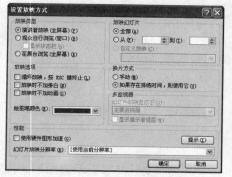
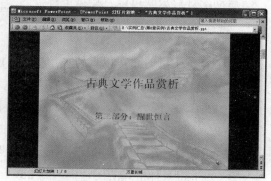

图 6-51　"设置放映方式"对话框　　　　　图 6-52　观众自行浏览窗口

3. 在展台浏览(全屏幕)

该放映类型的最主要特点是不需要专人控制就可以自动运行，在使用该放映类型时，如超链接等控制方法都失效。当播放完最后一张幻灯片后，会自动从第一张重新开始播放，直至按 Esc 键才会停止播放。该放映类型主要用于展览会的展台或会议中的某部分需要自动演示等场合。需要注意的是使用该放映方式时，用户不能对其放映过程进行干预，必须设置每张幻灯片的放映时间或预先设定排练计时，否则可能会长时间停留在某张幻灯片上。

6.8 习　　题

一、填空题

1. PowerPoint 2003 主要有 4 种视图：_____、_____、_____和_____。

2. 选择编号相连的多张幻灯片时，需要按住_____键；选择编号不相连的多张幻灯片时，需要按住_____键。

3. 在插入图片时,根据图片的存储位置的不同,有_____和_____两种方式。

4. PowerPoint 的图示库主要包括_____、循环图、_____、棱锥图、维恩图和目标图。

5. 在同一演示文稿中应用了多模板后,添加的新幻灯会自动应用与其相邻的一张幻灯片所应用的模板。

6. 在 PowerPoint 中有 3 个主要的母版,它们是_____、_____和_____。只有在_____视图模式下,对备注母版所做的修改才能表现出来。

7. 当放映类型设置为_____时,系统默认为当播放到最后一张幻灯片时自动重新播放第一张幻灯片,直至用户按下_____键后才会退出放映状态。

8. 启动幻灯片放映可以直接按下键盘的_____键。

二、选择题

1. 添加新的幻灯时,可以直接使用(　　　)快捷键完成添加操作。

　　A. Ctrl+M　　　　　　　　　B. Ctrl+V

　　C. Ctrl+F　　　　　　　　　D. Ctrl+N

2. 在 PowerPoint 中,下列说法错误的是(　　　)。

　　A. 允许插入在其他图形程序中创建的图片

　　B. 为了将某种格式的图片插入到 PowerPoint 中,必须安装能够显示该图形的程序

　　C. 对插入的图片可以进行编辑操作

　　D. 在插入图片前,不能预览图片

3. 有关幻灯片配色方案,下列叙述正确是(　　　)。

　　A. 应用配色方案后,系统会根据配色方案自动设置演示文稿中的文本、占位符、背景等内容的颜色

　　B. 同一个演示文稿中的幻灯片只能同时应用一种配色方案

　　C. 配色方案以文件的形式单独存储在系统文件夹下

　　D. 在同一个演示文稿中用户可以添加任意多个配色方案

三、操作题

1. 制作如图 6-53 所示的幻灯片。

2. 使用"吉祥如意"模板设置如图 6-54 所示的幻灯片,要求:

(1) 设置页脚文字字体为"楷体",字号为 16。

(2) 更改配色方案,设置"强调"颜色属性为"绿色","强调文字和已访问的超链接"颜色属性为"浅黄"。

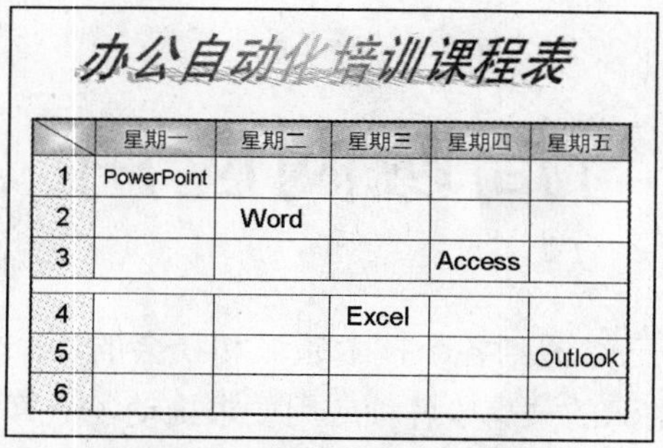

	星期一	星期二	星期三	星期四	星期五
办公自动化培训课程表					
1	PowerPoint				
2		Word			
3				Access	
4			Excel		
5					Outlook
6					

图 6-53　插入表格与艺术字

图 6-54　使用模板"吉祥如意"制作的幻灯片

产品简介

内存	VDATA 512MB DDRII 533
主板	精英 915-M5GL
显卡	影驰 Geforce 6600火枪手
显示器	明基 FP71G+s
声卡	主板集成
网卡	主板集成
光驱	BenQ 1650V
音箱	慧海 乐吧D-102
机箱	永阳YY-A209
电源	航嘉 BS3000P4节能版

2006-10-20　　　　长江电脑公司　　　　1

第7章 网络基础与局域网应用

随着计算机技术的迅猛发展，计算机的应用已渗透到各个技术领域和社会的各个方面。社会信息化、数据的分布处理、各种计算机资源的共享等各种应用要求推动了计算机朝着群体化方向发展，促进了计算机技术和通信技术的紧密结合。计算机网络就是这两大现代技术相结合的产物，它代表了当前计算机体系结构发展的一个重要方向。通过网络，无论是大到全球范围，还是小到几个人组成的工作组，都可以根据需要实现资源共享及信息传输。

本章要点：

- 计算机网络的功能与类型
- 计算机网络的拓扑结构
- 网络协议的作用和功能
- 局域网的类型
- 组建局域网的硬件设备
- 共享网络资源

7.1　计算机网络的组成

计算机网络是指通过数据通信系统把地理上分散的、具有独立功能的多台计算机通过通信媒体连接在一起，并配以相应的网络软件，以达到数据通信和资源共享的目的。如图7-1 所示就是一个典型的计算机网络。

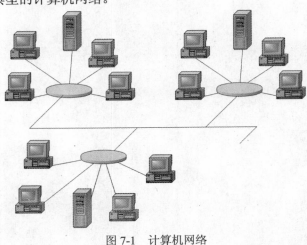

图 7-1　计算机网络

在计算机网络中，局域网应用最广泛。它是由计算机、网卡、局域网电缆、网络操作系统以及局域网应用软件组成的。在局域网中，除了一台或数台被指定为文件服务器(File Server)的计算机外，其他个人计算机都被称为工作站(Workstation)。每个工作站和文件服务器都包含一个网卡。局域网电缆或其他媒体将所有工作站和文件服务器连接在一起。每个工作站除了有自己的操作系统外，还运行使工作站与文件服务器通信的网络软件。文件服务器同样要运行与工作站通信的网络软件，并为这些工作站提供文件。适用于局域网的应用软件在每个工作站上运行，并在需要读写文件时与文件服务器进行通信。

7.1.1　网络硬件设备

网络硬件设备是指用于建立网络连接的各种设备，主要包括网络传输介质、网卡、调制解调器、集线器、交换机、路由器和网关等。

7.1.2　网络协议

无论是在人与人之间的通信中，还是在有计算机参与的通信中，协议都必须存在，换句话说，"哪里有通信，哪里就有协议"。

网络协议是为保证计算机通过网络互相通信的一套规则和约定。计算机通信离不开通信协议，通信双方只有遵循相同的或兼容的协议，通信才能进行。

在网络技术的开发中形成了多种协议，不同的网络通常采用不同的协议，例如，NetWare 系统中常用 IPX/SPX 协议，UNIX 和 Windows 系统中使用 TCP/IP 协议。TCP/IP 协议目前广泛应用于 Internet、Intranet 和小型局域网中。

7.1.3　网络操作系统

网络操作系统是完成网络通信、控制、管理和资源共享的系统软件的集合，它是局域网的一个重要部分，一般安装在网络中作为服务器的计算机上，用来控制和管理网络资源。

对于一台联网的计算机系统，它的资源既包括本地资源，也包括网络资源，它应该既能为本地用户使用资源提供服务，也能为远地网络用户使用本地资源提供服务。网络操作系统的基本任务就是要屏蔽本地资源与网络资源的差异性，为用户提供各种基本网络服务功能，完成网络资源的管理，并提供网络系统的安全性服务。

目前，并没有单一的网络操作系统一统天下，而是存在着多种网络操作系统并存的局面。UNIX、Linux、NetWare、Windows NT、Windows 2000 Server、Windows 2003 Server 等都是获得了广泛使用的网络操作系统。

7.1.4　服务器

服务器是指能向网络用户提供特定服务的计算机。服务器的定义包含以下两方面内容：一方面，服务器的作用是为网络提供特定的服务，人们通常会以服务器提供的服务来命名服务器，如提供文件共享服务的服务器称为文件服务器，提供打印队列共享服务的服务器称为打印服务器等；另一方面，服务器是软件和硬件的统一体，特定的服务程序需要运行在特定的硬件基础上，如大量内存、高速大容量硬盘等，服务器要完成服务功能，需要由服务程序完成服务策略，并通过硬件实现所需的服务，如文件服务依靠大容量硬盘，打印服务需要高速打印机。

由于整个网络的用户均依靠不同的服务器提供不同的网络服务，因此，网络服务器是网络资源管理和共享的核心。网络服务器的性能对整个网络的共享性能有着决定性的影响。

服务器运行网络操作系统，为网络提供通信控制、管理和共享资源。每个独立的计算机网络中至少应该有一台服务器。在低成本局域网中，可以直接采用高性能的 PC 作为网络服务器。

7.2　计算机网络的功能与类型

计算机技术与通信技术的结合形成了计算机网络技术，计算机网络在当今社会中越来越体现出它的作用与价值。要建立计算机网络，首先应了解网络的基本概念、网络的功能与结构、网络的类型及组网所必需的软、硬件设备等方面的知识。

通过通信设施(通信线路及设备)将地理上分布的具有独立自治能力的多个计算机系统互连(Interconnection)起来，进行信息交换(Information Exchange)、资源共享(Resource Share)、可互操作(Interoperability)和协同处理(Interworking)的系统，称为计算机网络。

计算机网络一般应具备这些功能：数据信息通信交换，资源共享，网络计算、分布处理、均衡负载，系统安全可靠，集中分布控制，提供给网络用户最佳性价比，以及提供大量的服务项目和协同工作能力。

计算机网络根据不同的划分标准，有不同的分类方式。例如，可以按地理分布将其分为局域网、城域网和广域网。

7.2.1　局域网

从广义上讲，局域网(Local Area Network，LAN)是联网距离有限的数据通信系统，它支持各种通信设备的互联，并以廉价的媒体提供宽频带的通信来完成信息交换和资源共享，而且通常是为用户自己专有的。

根据网络规模的大小，可将局域网分为大型局域网和小型局域网。大型局域网主要指企业 Intranet 网络、学校的校园网等，其特点是设备多，管理和维护比较复杂。小型局域网是指家庭、办公室和网吧等组织所构建的小型网络，其特点是设备较少，管理和维护比较简单。如图 7-2 所示就是一个简单的小型局域网。

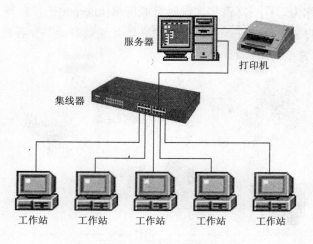

图 7-2　小型局域网

7.2.2　城域网

城域网(Metropolitan Area Network，MAN)的作用范围比局域网大得多(作用距离为 5~50km)，采用与局域网相同的联网技术。它一般覆盖一座城市。

城域网的传输速率比局域网高。从广义上讲，城域网也是一种广域网，通常为高速的光纤网络，在一个特定的范围内将局域网段，如校园、工业区等连接起来，满足几十公里范围内的大量企业、机关、公司与社会服务部门的计算机联网需求，实现大量用户、多种信息(数据、语音、图像)传输的综合信息网络，如图 7-3 所示。

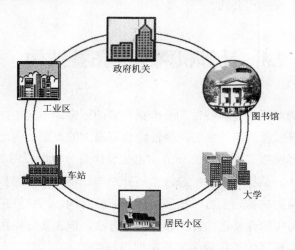

图 7-3　城域网示意图

7.2.3　广域网

广域网(Wide Area Network，WAN)也称远程网络。从广义上讲，广域网是将远距离的网络和资源连接起来的任何系统。广域网分布的地理范围很广，它所覆盖的地理范围从几十公里到几千公里，它可以是一个地区、一个国家，甚至是全球，形成国际性的远程网络。

因此，广域网又被称为远程网。例如，国际互联网络(Internet)把全世界 170 多个国家的数千万台计算机和用户紧密地连在一起，使用户之间互通信息，共享各种资源。图 7-4 就是 Internet 某一分支的典型结构。

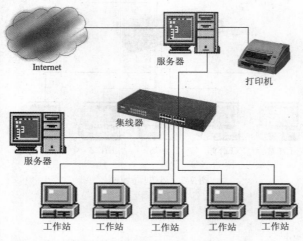

图 7-4　广域网某一分支的典型结构

广域网传输的距离很远，所以，其传输的设备和介质一般由电信部门提供，例如，长途电话线、微波和卫星通道、光缆通道等，也有使用专线电缆的。广域网络由多个部门或多个国家联合建立，具有很大规模，能够实现较大范围内的资源共享。但由于广域网使用公共传输网，信号传输时误码率较高、速率较低是需要解决的技术问题，这就要求联网用户必须严格遵守一定的规则和公约。

7.3　计算机网络的拓扑结构

拓扑结构是区分局域网类型和特性的一个很重要的因素。不同拓扑结构的局域网中所采用的信号技术、协议以及所能达到的网络性能会有很大的差别。因此，熟悉局域网的拓扑结构及其特点是选择网络类型的重要环节，也是设计与分析局域网的前提。

局域网最基本的拓扑结构有 3 种：总线型拓扑结构、环型拓扑结构和星型拓扑结构。另外，在这 3 种基本结构的基础上可以拓展出树型拓扑结构、网状型拓扑结构等。虽然将局域网中的各种设备用传输介质连接在一起有多种方法，但在实际应用中，用户可能只用到其中的一种，现在局域网中使用最多的是星型拓扑结构。

7.3.1　总线型拓扑结构

总线型拓扑结构采用单根数据传输线作为通信介质，所有的站点都通过相应的硬件接口直接连接到一根中央主电缆上，任何一个节点的信息都可以沿着总线向两个方向传输扩散，并且能够被总线的任何一个节点接受，其传输方式类似于广播电台，因而总线网络也被称为广播式网络。图 7-5 所示为总线型拓扑结构示意图。

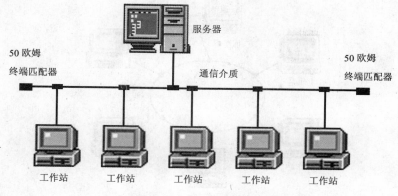

图 7-5　总线型网络拓扑结构

总线型网络结构中的节点为服务器或工作站，通信介质为同轴电缆。

由于所有的节点共享一条公用的传输链路，所以一次只能由一个设备传输。这样就需要某种形式的访问控制策略，来决定下一次哪一个节点可以发送。一般情况下，总线型网络采用载波监听多路访问/冲突检测(CSMA/CD)控制策略。

总线型网络信息发送的过程为：发送时，发送节点对报文进行分组，然后一次一个地址依次发送这些分组，有时要与其他工作站传来的分组交替地在通信介质上传输。当分组经过各节点时，目标节点将识别分组的地址，然后将属于自己的分组内容复制下来。

总线型拓扑结构的特点如下：

- 设备量少，价格低，安装使用方便。
- 网络结构简单灵活，节点的插入、删除都比较方便，因此易于扩展。
- 可靠性高，由于总线通常用无源工作方式，因此任何一个节点的故障都不会造成整个网络的故障。
- 网络响应速度快，共享资源能力强，便于广播式工作。
- 故障诊断和隔离困难，网络对总线比较敏感。

7.3.2　环型拓扑结构

环型拓扑结构是一个像环一样的闭合链路，在链路上有许多中继器和通过中继器连接到链路上的节点。也就是说，环型拓扑结构网络是由一些中继器和连接到中继器的点到点链路组成的闭合环。在环型网中，所有的通信共享一条物理通道，即连接网中所有节点的点到点链路。图 7-6 所示为环型拓扑结构示意图。

其中，每个中继器通过单向传输链路连接到另外两个中继器，形成单一的闭合通路，所有的工作站都可通过中继器连接到环路上。任何一个工作站发送的信号都可以按照事先约定的方向，从一个节点单向传送到另一个节点，没有路径的选择问题。

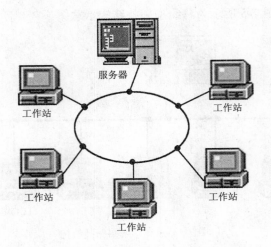

图 7-6   环型网络拓扑结构

环型拓扑结构的交换方式采用分组交换。由于多个工作站共享同一环，因此需要对此进行控制，以便决定每个站在什么时候可以把分组放在环上。一般情况下，环型拓扑结构网络采用令牌环(Token Ring)的介质访问控制。信息发送的过程为：如果一个站点希望将报文发送到某一目的站点，那么它需要将这个报文分成若干个分组。每个分组包括一段数据再加上一些控制信息，其中控制信息包括目的站点的地点。发送信息的站点依次把每个分组放到环上之后，通过其他中继器进行循环；环中的所有中继器都将分组的地址与该中继器连接的节点的地址相比较，当地址符合时，该站点就接收该分组，此后的信息继续流向下一环路接口，一直流回到发送信息环路接口节点为止。在整个收发信息过程中，任何一个接口损坏，将导致整个网络瘫痪。

环型拓扑结构的特点如下：

- 信息在网络中沿固定方向流动，两个节点仅有唯一通路，大大简化了对路径选择的控制。
- 由于信息是串行穿过多个节点环路接口的，所以当节点过多时，会影响传输的效率，使网络响应时间变长。
- 环路中每一节点的收发信息均由环路接口控制，控制软件较简单。
- 当网络固定后，其延时也确定，实时性强。
- 在网络信息流动过程中，由于信息源节点到目的节点都要经过环路中的各个节点，所以，任何两点的故障都能导致环路失常，可靠性差。
- 环路是封闭的，不易扩展。

7.3.3   星型拓扑结构

星型拓扑结构是以中央节点为中心与各节点连接组成的，各节点与中央节点通过点到点的方式连接。利用星型拓扑结构的交换方式有电路交换和报文交换，以电路交换方式更为普遍。一旦建立了通道连接，可以没有延迟地在连通的两个节点之间传送数据。工作站到中央节点的线路是专用的，不会出现拥挤的瓶颈现象。图 7-7 所示为星型拓扑结构示意图。

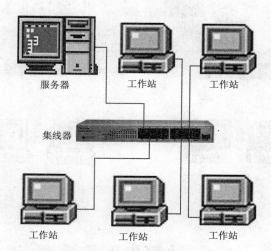

图 7-7　星型网络拓扑结构

星型拓扑结构中，中央节点为集线器(HUB)，其他外围节点为服务器或工作站，通信介质为双绞线或光纤。由于所有节点的往外传输都必须经过中央节点来处理，因此，对中央节点的要求比较高。

星型拓扑结构信息发送的过程为：某一工作站有信息发送时，将向中央节点申请，中央节点响应该工作站，并将该工作站与目的工作站或服务器建立会话。此时，就可以进行无延时的会话了。

目前，用于数据处理和声音通信的信息网大多采用星型网络结构。星型拓扑结构的特点如下：

- 网络结构简单，便于安装。
- 网络延迟时间较短，误码率较低。
- 故障诊断容易。如果网络中的节点或者通信介质出现问题，只会影响到该节点或者通信介质相连的节点，不会涉及整个网络，从而比较容易判断故障的位置。
- 网络共享资源能力较差，通信线路利用率不高。
- 节点间的通信必须经过中央节点转换，中央节点工作复杂、负担较重。

7.3.4　其他拓扑结构

总线型拓扑结构、环型拓扑结构和星型拓扑结构是局域网的 3 种基本结构。在实际应用中，往往并不采用单纯的某一种结构，而是在 3 种基本结构的基础上进行扩展而形成混合型拓扑结构，如图 7-8 所示。

常见的混合型拓扑结构有树型结构、星型总线结构、星环型结构、网状结构等。组建混合型拓扑结构的网络有利于发挥网络拓扑结构的优点，克服相应的局限。

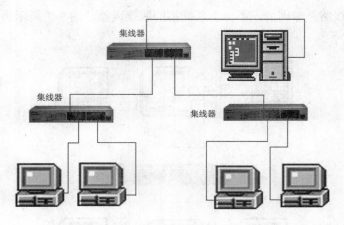

图 7-8　树型网络的拓扑结构

7.4　计算机网络模型

通过前面的介绍可以知道，网络中包含了众多类型的计算机硬件设备和软件。要使整个网络系统协调工作，必须遵循一定的标准。早在 1980 年，国际标准化组织(ISO)就着手解决这个问题，并于 1983 年成功地创建了开放系统互联参考模型 (Open System Interconnect Reference Model，OSI/RM)，为不同厂商之间创建可互操作规程的网络软硬件提供了基本依据。

7.4.1　OSI 划分层次的原则

提供各种网络服务功能的计算机网络系统是非常复杂的，根据分而治之的原则，OSI将整个通信功能划分为 7 个层次，划分层次的原则如下：

- 网络中各节点都有相同的层次。
- 不同节点的同等层具有相同的功能。
- 同一节点内相邻层之间通过接口通信。
- 每一层可以使用下层提供的服务，并向上层提供服务。
- 不同节点的同等层按照协议来实现对等层之间的通信。

根据以上原则划分的 OSI 参考模型的逻辑结构如图 7-9 所示。最低 3 层是依赖于网络的，涉及到将两台通信计算机连接在一起所使用的数据通信网的相关协议。高 3 层是面向应用的，涉及到允许两个末端用户应用进程交互作用的协议，通常是由本地操作系统提供的一套服务。中间的传输层为面向应用的上 3 层遮蔽了与网络有关的下 3 层的详细操作，即传输层是建立在由下 3 层提供的服务上，为面向应用的高层提供与网络无关的信息交换服务。

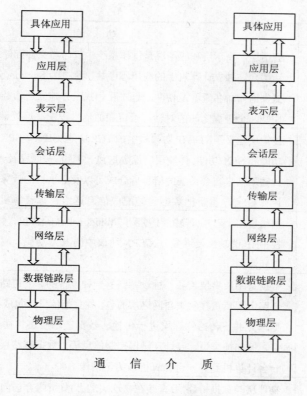

图 7-9　OSI 参考模型结构

7.4.2　各分层的主要功能

OSI 参考模型采用了分层的方法，将网络通信按功能划分为 7 个标准层，并定义了各层的功能、层与层之间的关系、相同层次的两端如何通信等，OSI 参考模型各层的关系与功能如表 7-1 所示。

表 7-1　OSI 参考模型各层的关系与功能

OSI 参考模型各层名称	功　　能
应用层	Windows 网络部件主要操作在应用层上，即 OSI 模型中的最高层。应用层提供直接支持用户应用程序的服务，诸如数据库访问、电子邮件及文件传输等。应用层也允许应用程序运行于不同的计算机上，像在同一台计算机上一样进行通信。当程序员编写一个使用网络服务的应用程序时，应用程序将访问这一层
表示层	表示层在网络需要的格式和计算机期望的格式之间翻译数据。表示层执行协议转换、数据翻译、压缩与加密及字符集转换，表示层也可以解释图形命令，重定向程序操作在表示层与应用层上。表示层使文件服务器上的文件对客户计算机可见。重定向程序也对远程打印机起作用，就像远程打印机直接连接到本地计算机上一样

(续表)

OSI 参考模型各层名称	功　能
会话层	会话层、表示层和应用层是操作系统中打印与文件存储之类的网络服务。会话层允许独立计算机上的应用程序共享称之为 Session(会话)的连接。会话层提供诸如命名查看及使两个程序互相找到并建立通信链路的安全性服务，也控制两个进程之间的对话，确定在通信过程中在何处谁能传输及谁能接收
传输层	传输层定义了 TCP/IP 协议栈中的 TCP 功能及 IPX／SPX 协议中的好几种 IPX 功能和 SPX 功能。传输层确保数据包无差错、按顺序及无丢失或多余的传输。传输层把来自会话层的信息拆分成可以发送给目的计算机的数据包，在目的计算机上，重新把数据包装配成信息送给目标计算机的会话层
网络层	网络层与上一层(传输层)包括了 Windows 传输协议，网络层定义了 TCP/IP 栈中 IP 的功能及许多 IPX/SPX 协议中的 IPX 功能。网络层负责在网络之间查找路由
数据链路层	数据链路层实现了从一种设备到另一种设备的单一链路上的数据流动。数据链路主要负责接收来自网络层的包，并且把信息打包成被称为帧(Frame)的数据单元并下传给物理层进行传输。数据链路层还将在数据包中增加控制信息，例如帧类型、寻址及错误控制信息等。数据链路层的主要功能是确保从一台计算机到另一台计算机帧的无错传输
物理层	物理层与数据链路层(直接在物理层之上)负责媒介访问控制。物理层仅仅负责从一台计算机到另一台计算机发送比特位(比特位是数字通信的二进制 0 和 1)，物理层并不关心比特位的含义。物理层处理与网络的物理连接和信号的发送与传输

7.5　网络通信协议

在网络中，网络协议扮演着重要的角色，无论使用哪一种网络连接方式，都需要相应的网络协议的支持，如果没有网络协议，资源的共享就无法实现，网络连接也就失去了意义。在所有的操作系统中，都内置了管理和配置网络协议的功能，只要选择相应的协议并进行配置，就可以使用相应的连接方式组网。

7.5.1　网络协议的作用和功能

协议定义了设备之间相互通信、管理数据交换的整套规则，通过这些彼此接受的一整套规则，计算机之间就有了"共同的语言"，只有能"讲"并能"理解"这些语言的计算机才可以和网络上其他计算机彼此通信。

作为一整套规范数据交换的规则，协议都会定义如下功能。

● 分割：将较大的数据单元分成较小的数据包(相反的过程称为重新组合)。

● 寻址：设备的彼此识别，路径选择。

- 封装：在数据单元(数据包)的始端增加控制信息。
- 排序：报文发送与接收的顺序。
- 信息流控制：收、发双方在信息流过大时采取的一系列措施。
- 同步：保持收、发双方对数据传输单元的一致性认同。
- 干路传输：多个用户信息共用干路。
- 连接控制：通信实体之间建立和终止链路的过程。

7.5.2 常用的网络协议

在连接网络时，必须选用正确的网络协议，以保证不同连接方式和操作系统的计算机之间可以进行数据传输。可以使用的网络协议有很多，主要有以下几种。

1. TCP/IP 协议

TCP/IP 协议是 Internet 中进行通信的标准协议。TCP/IP 协议是对 OSI 参考模型的简化，其主要功能集中在 OSI 的网络层和传输层。其中 IP(Internet Protocol，网际协议)对应 OSI 的网络层，提供网络节点间的数据分组传递服务；TCP(Transmission Control Protocol，传输控制协议)对应 OSI 的传输层，提供用户之间的可靠数据流服务。

TCP/IP 协议具有以下特点：

- 开放的协议标准，可以免费使用，并且独立于特定的计算机硬件与操作系统。
- 提供预定带宽服务。
- 独立于特定的网络硬件，可以运行在局域网、广域网，更适用于互联网中。
- 统一的地址分配方案，使得 TCP/IP 设备在网中都具有唯一的地址。
- 支持移动用户和新型网络终端设备。

网络中的计算机根据计算机的网络地址相互识别和通信。网络地址是指连入网络的计算机的编号。Internet 将用户数据分隔成一定大小的信息包，由 IP 协议进行分组传递，因此将计算机的地址称为 IP 地址。每个 TCP/IP 主机都有一个全网唯一的 IP 地址。

每个 IP 地址都是由 32 位，即 4 个字节表示的，为了便于阅读和理解，将每个字节转换为十进制数表示，并用点分隔，例如 211.162.16.132。每个 IP 地址内部分成两部分，即网络标识(网络 ID)和主机标识 (主机 ID)。网络 ID 用于标识大规模 TCP/IP 网际网络(由网络组成的网络)内的单个网段。主机 ID 用于标识每个网络内部的 TCP/IP 节点。例如，Bookhome 网站的 WWW 服务器的 IP 地址是 211.162.16.132，表示是 211.162.16 网络中编号为 132 的主机。

通过 IP 地址，人们可以方便地在网络中识别不同的计算机。但是数字形式的 IP 地址不容易记忆，人们也不习惯直接采用 IP 地址进行通信，因此，在 TCP/IP 协议中提供了称为域名解析服务(DNS)的方案，它可以将 IP 地址转化为用文字表示的计算机名称。每个入网主机的 IP 地址对应于一个唯一的域名。域名系统采用嵌套结构，由一系列的"域"和"子域"组成，子域名之间用点分隔，其一般形式为"计算机名.组织机构名.网络名.最高层域名"。

例如，www.tupwk.com.cn是"清华文康"的WWW服务器主机域名。这种用文字表示主机的方法，可以使用户更加容易理解IP地址所代表的含义或者拥有该地址的计算机所代表的公司或提供服务的领域，避免了纯数字的枯燥乏味。

为了在网络通信中快速区分 IP 地址中的网络标识和主机标识，引入了子网掩码的概念，子网掩码的位模式中 1 代表网络标识部分，0 代表主机部分，例如，地址 202.119.24.11 所对应的子网掩码是 255.255.255.0。TCP/IP 协议通过识别子网掩码，可以在多个网络间传递和复制信息。

在 Windows 系统中，TCP/IP 协议是和 DNS 以及动态主机配置协议(DHCP)配合使用的。DHCP 用来分配 IP 地址，当用户计算机登录网络时，会自动寻找网络中的 DHCP 服务器，以便从 DHCP 服务器获得网络连接的动态配置，并获得 IP 地址。

2. NetBEUI 协议

NetBEUI 协议是 NetBIOS Extended User Interface 的缩写，又称 NetBIOS 扩展用户接口。它是专门为小型局域网设计的协议，主要用于 Windows 98/Me、Windows 2000、Windows XP、Windows NT、LAN Manager 和 Windows for Workgroups 的联网。在小型网络中，NetBEUI 是一种速度很快的协议，在构建对等网时必须安装 NetBEUI 协议，它的缺点是不能在跨路由器的网络中使用。

3. IPX/SPX 及其兼容协议

IPX/SPX 协议的全称为"网际包交换/顺序包交换(Internetwork Packet Exchange /Sequences Packet Exchange)"，它是 Novell 公司开发的通信协议集，也是一种常用的兼容传输协议，它支持将 Windows 2000 Server、Windows 2003 Server 服务器连接到 Novell NetWare 服务器上，访问 Novell NetWare 服务器上运行的客户和服务器应用程序。通过使用 IPX/SPX 的兼容协议 NWLink IPX/SPX，NetWare 客户也可以访问在 Windows 2000 Server、Windows 2003 Server 服务器上运行的客户和服务器应用程序。用户也可以在使用 Windows 2000、Windows XP 或者 Microsoft 公司的其他客户软件在小型网络中使用该协议。

7.5.3　选择网络协议

在实际组建局域网时，网络中可能包含了不能确定类型的计算机硬件设备和软件，用户可以参照以下建议来选择网络协议。

- 如果要建立一个小型的工作组或者局域网，并且不需要访问其他网络中的资源，可以使用 NetBEUI 协议，这种协议可以满足用户的需求，并且有着较高的速度和效率。在构建对等网时，建议选择 NetBEUI 协议。
- 如果要求 Windows 网络的计算机可以访问 Novell NetWare 的资源，可以选用 IPX/SPX 兼容协议。
- 如果要将计算机连接到 IBM 大型机或将计算机作为惠普打印机的打印服务器，可以选用 DLC 协议。

- 如果要求连接到苹果机或者要使 Windows 2000 Server、Windows 2003 Server 服务器为苹果机提供文件和打印服务，可以选用 AppleTalk 协议。
- 如果要组建一个大型的网络，或者要将计算机连接到 Internet 上，则必须使用 TCP/IP 协议。

在实际的组网中用户的需求是千差万别的，单一的协议可能无法满足需要，用户可以根据需要选择一种或者多种相关的协议，以达到不同的组网要求，使服务器能够提供相应的服务，或者解决不同操作系统、不同网络之间的通信问题，从而组建高效的网络，满足工作和业务的需求。

7.6　局域网的类型

近年来，局域网技术得到了广泛应用，因为局域网能支持标准化协议、终端接口，网络的安装、配置、管理和维护比较简单，并且具有较高的稳定性和可扩充性。在局域网内计算机之间的传输速度不少于 10Mb/s，通常可达 100Mb/s，甚至可达 1000Mb/s。由于局域网的传输距离较短(联网计算机的距离一般小于 10km)，经过的网络连接设备较少，因而受外界干扰的程度较轻，传输时数据的误码率也就较低。此外，局域网还可以提供数据、语音、视频图形和图像等综合服务。

7.6.1　以太网

以太网是目前最为流行的网络结构，目前约 80%的局域网都是以太网。同时，目前主流操作系统 Netware、Windows NT 和 Windows 2000/XP/2003 都支持它。

1. 以太网的工作机制

以太网中使用的数据传输机制为 CSMA/CD(Carrier Sense Multiple Access with Collision Detection，载波监听多路访问/冲突检测)，这是一种"先监听后发送"的访问方式。在此种访问方式下，网络中的所有用户共享传输介质，信息通过广播方式传送到所有端口。网络中的工作站对接收到的信息进行确认，如果是发给自己的便接收，否则不予理睬。

从发送端情况看，当一个工作站有数据要发送时，它首先监听信道并检测网络上是否有其他的工作站正在发送数据。如果检测到信道忙，工作站将继续等待并检测；如果发现信道空闲，则开始发送数据。信息发送出去以后，发送端还要对发送出去的信息进行确认，以了解接收端是否已正确接收到数据。如果收到则发送结束，否则将再次发送。

2. 以太网的发展

通常所说的以太网从提出到现在主要经历了 3 个不同的技术阶段。

- 10 Mb/s 以太网，即传统上说的以太网，采用同轴电缆作为通信介质，传输速率达到 10 Mb/s。
- 100 Mb/s 以太网，又称为快速以太网，采用双绞线作为通信介质，传输速率达到 100 Mb/s。
- 1000 Mb/s 以太网，又称为千兆位以太网，采用光缆或双绞线作为通信介质，传输速率达到 1000 Mb/s(1Gb/s)。

随着以太网技术的提高，下一代以太网发展的目标将是万兆位以太网(10 Gigabit Ethernet)。

7.6.2　ATM 网络

ATM 是 Asynchronous Transfer Mode(异步传输模式)的缩写，它是一种可以在局域网、城域网和广域网中传送声音、图像、视频和数据的技术。

20 世纪 70 年代中期，远程数据通信使用 X.25 传输协议，这种技术使用同轴电缆传输数据帧。但是，由于线路抗电磁干扰性能差，在链路级上需要纠错措施，一旦发现传输差错，要求发送方重发。因此，数据通信速率低，每个端口为 64Kb/s，称为慢包技术。

20 世纪 80 年代中期，在 X.25 协议的基础上，又发展了帧中继(Frame Relay)技术，它用于在光纤介质上传输可变长度的数据帧。由于光纤介质传输品质高，可以大幅度提高通信速率，最高带宽可以达到 T3(44.7Mbit/s)，称为快包技术。

但是，帧中继网络技术是对数据通信进行优化的，它所使用的长短不等的数据帧不适用于要求低延时、可控制和可预测的实时动态信息的传输。随着对多媒体信息通信应用的需要，又发展了信元中继(Cell Relay)技术。信元中继技术使用短的、固定长度的数据包作为传输信息的单位，因此具有高速、可控制、低延时的传输特性。ATM 网络则是使用信元中继的主要网络技术。

ATM 网络主要用作多媒体通信的远程网络干线，它具有高速的通信能力，而且可以根据需要提供可扩展的带宽。配合同步数字系列光通信体系(SDH)，具有多种速率档次，依次为 OC(光信道)-1(255Mb/s)、OC-3(155Mb/s)、OC-12(622Mb/s)，直到 OC-255(13.22 Gb/s)。

与千兆以太网相比，ATM 的优点主要是能够对流量进行精确控制，从而便于收费。但是，由于该网络造价高、管理复杂，因此，ATM 网络主要用于广域网(WAN)。

7.6.3　FDDI 网络

FDDI(Fiber Optic Distributed Data Interface,光纤分布数据接口)是由 ANSI X3T9.5 委员会于 1990 年标准化的一种环形共享介质网络，它融合了 IBM 令牌环网的许多特征，加上以太网和令牌环网所没有的管理、控制和可靠性设施，可选择的第二环路可全面提高可靠性。传输速率可达 100 Mb/s，可支持长达 2km 的多模光缆。为了使 FDDI 在双绞线上运行，又设计了使用 MLT-3(多层传输-3)传输方法的 TP-PMD(双绞线物理介质相关法)标准。该标准使用 2 对 5 类数据级双绞线，支持最大距离 100m，也被称为 CDDI(铜质分布式数据接口)。IBM 等厂商又开发了在 STP 上运行的 FDDI 产品,主要用在令牌环网上,称为 SDDI(屏蔽分布式数据接口)。就目前来说,FDDI 比较适合较大区域内(50km)的网络。

7.6.4 无线局域网

无线局域网络(Wireless Local Area Networks,WLAN)是一种相当便利的数据传输系统,它是利用射频技术取代双绞线所构成的局域网络,通过无线介质发送和接收数据(如图 7-10 所示),使得无线局域网络能利用简单的存取架构,让用户通过它达到"信息随身化、便利走天下"的理想境界。

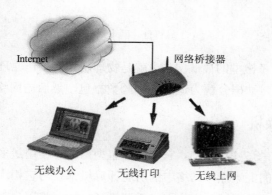

图 7-10 无线网络的简单示例

一般地,无线网络的作用距离与环境有关。若不加外接天线,则在视野所及范围约 250m;若属半开放性空间,有隔间之区域,则约 35~50m;若加上外接天线,则距离可以更远,这由天线本身之增益而定,需视客户需求而加以规划。

无线局域网络不是用来取代有线局域网络的,而是用来弥补有线局域网络的不足,以达到网络延伸的目的。特别是在有线局域网络架设受环境限制时可采用无线局域网络。

7.7 组建局域网的硬件设备

通过前面的介绍可以知道,组建局域网的主要设备有集线器、交换机、网卡等通信设备,以及连接这些通信设备的同轴电缆、双绞线、光纤等通信介质。

7.7.1 网卡

网卡(Network Interface Card,NIC)也叫网络适配器,是连接计算机和网络硬件的设备。网卡插在计算机或服务器主板的扩展槽中,而网卡上有一个连接到网络通信介质的端口,通过网线(如双绞线、同轴电缆和光纤等)与网络交换数据,共享资源。如图 7-11 左图所示是常用的 RJ-45 接口网卡,右图则为无线网卡。

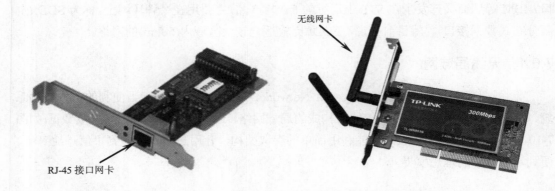

图 7-11　网卡

网卡工作于 OSI 参考模型的最低层，也就是物理层。其工作原理是：整理计算机上要向网络发送的数据，并将数据分解为适当大小的数据包，然后向网络上发送。

7.7.2　集线器与交换机

集线器又称 Hub(如图 7-12 所示)，它是构建星型网络时使用最多的设备之一。Hub 在星型网络中处于各分支的汇集点，网络中的所有计算机都要与它相连。交换机也叫交换式集线器(如图 7-13 所示)，是局域网中的一种重要设备。它可将用户收到的数据包根据目的地址转发到相应的端口。

图 7-12　24 端口集线器

非对称交换机　　　　　　　　　　　对称交换机

图 7-13　对称交换机与非对称交换机

交换机与集线器的不同之处是：集线器是将数据转发到所有的集线器端口，即同一网段的计算机共享固有的带宽，传输通过碰撞检测进行，同一网段计算机越多，传输碰撞也越多，传输速率会变慢；而交换机的每个端口为固定带宽，有独特的传输方式，传输速率不受计算机台数增加影响，所以它更优秀。

7.7.3　双绞线和同轴电缆

双绞线是最常见的一种电缆传输介质，它使用一对或多对按规则缠绕在一起的绝缘铜芯导线传输信号。目前，在局域网中常见的双绞线是将 4 对铜芯电线缠绕在一起，并封装在一个绝缘外套中而形成的一种传输介质，如图 7-14 所示。双绞线中的每一对都是由两根绝缘铜导线相互缠绕而成的，这是由于铜线经过特定次数的扭转产生一个磁场，降低了信号的干扰程度。

漏电线
金属隔离膜

图 7-14　5 类非屏蔽双绞线和 5 类屏蔽双绞线

同轴电缆是由一根空心的外圆柱导体(铜网)和一根位于中心轴线的内导线(电缆铜芯)组成，并且内导线和圆柱导体及圆柱导体和外界之间都用绝缘材料隔开，如图 7-15 所示。它的特点是抗干扰能力好，传输数据稳定，价格也便宜，同样被广泛使用，如闭路电视线等。

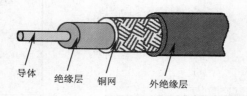

导体　绝缘层　铜网　外绝缘层

图 7-15　同轴电缆示意图

7.8　组建 Windows 局域网

在组建局域网之前，需要考虑局域网的联网方式，并对网络进行整体规划。网络规划主要指操作系统的选择和网络结构的确定，目前应用较为广泛的小型局域网主要有对等网(Peer-to-Peer)和客户机/服务器(Client/Server)网络两种结构。

● 对等网：在对等网络中没有专用的服务器，各站点既是服务器，又是工作站，所以又称为点对点网络(Peer To Peer)。对等网建网容易，成本较低，易于维护，适用于微机数量较少、布置较集中的单位。在对等网中，每台微机不但有单机的所有自主权限，而且可共享网络中各计算机的处理能力和存储容量，并能进行信息交换。

● 客户机/服务器网络：客户机/服务器网络中至少有一台专用服务器来管理、控制网络的运行。所有工作站均可共享文件服务器中的软、硬件资源。客户机/服务器网络运行稳定，信息管理安全，网络用户扩展方便，易于升级，与对等网相比有着突出的优点。

下面将讲述对等局域网的设置方法。要创建 Windows 对等网，在安装了网卡以及驱动程序之后，就需要配置网络协议。对于 Windows XP 操作系统来说，在安装操作系统的过程中安装向导会自动完成 Microsoft 网络客户端、Microsoft 网络文件和打印机服务、QoS 数据包计划程序和 Internet 协议(TCP/IP)等组件的添加。

【练习 7-1】配置对等网中的网络协议。

(1) 在桌面上右击"网上邻居"图标，在弹出的快捷菜单中选择"属性"命令，打开"网络连接"窗口，如图 7-16 所示。

(2) 在"网络连接"窗口中，右击"本地连接"图标，从弹出的快捷菜单中选择"属性"命令，打开"本地连接 属性"对话框，如图 7-17 所示。

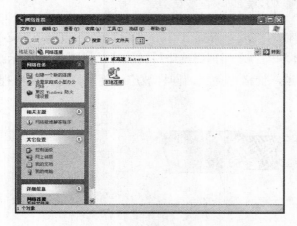

图 7-16　"网络连接"窗口　　　　　　图 7-17　"本地连接 属性"对话框

(3) 在"本地连接 属性"对话框中，选中"Internet 协议(TCP/IP)"复选框，并单击"属性"按钮，打开"Internet 协议(TCP/IP)属性"对话框，如图 7-18 所示。

(4) 由于现在创建的是对等型局域网，因此没有专用的 DHCP 服务器为客户机分配动态 IP 地址，用户必须手动指定一个 IP 地址。例如，用户可以输入一个标准的局域网 IP 地址 192.168.0.74，子网掩码取 255.255.255.0。

(5) 按照上述步骤对网络中其他计算机进行 TCP/IP 协议的设置，需要注意的是其余计算机的 IP 地址也应设置为 192.168.0.*，即所有的 IP 地址必须在一个网段中，*的范围是 1~254，并且最后一位 IP 地址不能重复。

(6) 完成设置后网络即可连接，这时用户可以通过"网上邻居"访问其他计算机，图 7-19 所示为本机浏览到的联网计算机。

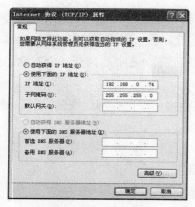

图 7-18　"常规"选项卡

图 7-19　访问局域网中的计算机

7.9　访问 Windows 局域网

完成了局域网的创建后，就可以访问联网的计算机并实现资源共享了。根据需要不同，用户可以采用不同的方式来访问局域网中的计算机和共享资源。

7.9.1　通过"网上邻居"访问网络

"网上邻居"主要是用来进行网络管理的，通过它用户可添加网上邻居、访问网上资源和访问网络计算机等。双击桌面上的"网上邻居"图标，打开"网上邻居"窗口，如图 7-20 所示。在"网上邻居"窗口的"网络任务"窗格中列出了 4 个超链接任务，这一点与以前版本的 Windows 有很大不同。

图 7-20　"网上邻居"窗口

- "添加一个网上邻居"超链接：通过该链接，可以打开"添加网上邻居"向导，创建与网上共享资源的直接链接。

- "查看网络连接"超链接：通过该链接可以查看本机的网络连接情况，例如，如果本机安装有两块网络适配器，一块用于本地连接，另一块用于连接 Internet(如使用 ADSL)，这样查看网络连接时将会显示两个网络连接，通常是只有一个本地连接(在只有一块网络适配器的情况下)。
- "设置家庭或小型办公网络"超链接：通过该链接可以运行网络安装向导，通过网络安装向导可以完成以下工作：
  - 使用一台计算机来保护整个网络的安全，并保护 Internet 连接。
  - 使网络中的所有计算机共享一个 Internet 连接。
  - 处理存储在网络中其他计算机上的文件。
  - 与所有计算机共享打印机。
  - 玩联网游戏。
- "查看工作组计算机"超链接：通过该链接可查看本地工作组中的所有计算机。

如果用户需要的资源在本地机所属的工作组的其他计算机上，并且拥有这些资源的使用权限，可直接访问本地机所属的工作组，查找需要的共享资源。在"网上邻居"窗口单击"查看工作组计算机"超链接，即可列出本地工作组中的计算机，窗口名为本地机所属的工作组的组名，如图 7-21 所示。

双击需要访问的共享资源所处的计算机图标，即可打开该计算机窗口。假设共享资源在计算机名为 cx 的计算机上，双击该计算机图标，打开 Cx 窗口，如图 7-22 所示。

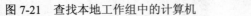

图 7-21　查找本地工作组中的计算机　　　　图 7-22　访问计算机名为 Cx 的计算机

在打开的计算机窗口中，双击共享资源所在的文件夹图标，即可查找到共享资源。假设共享资源在"共享文档"文件夹中，双击"共享文档"文件夹图标，即可显示该共享文件夹中的内容，如图 7-23 所示。

如果用户希望访问整个 Windows 网络中的计算机和共享资源，可在本地工作组窗口中单击工具栏上的"向上"按钮，窗口中将显示整个局域网中的所有工作组图标，如图 7-24 所示。

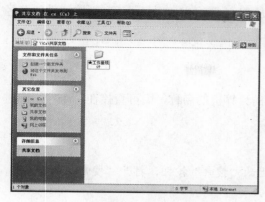
图 7-23　访问共享的文件和文件夹

图 7-24　浏览整个 Windows 网络

如果用户需要访问其他工作组中的计算机或共享资源，可在图 7-24 所示的窗口中双击该工作组图标，例如，双击名称为 Workgroup 的工作组图标后，窗口中将显示出该工作组中的所有计算机，如图 7-25 所示。

图 7-25　访问其他工作组中的计算机

7.9.2　通过计算机名称直接访问网络中的计算机

对于经常使用网络资源的用户来说，了解网络资源命名的语法规则是非常必要的，这有利于自己查找和使用网络上的资源。本地计算机上的文件都拥有自己独立的路径，它指出了文件所在的驱动器和目录。同样，网络计算机上的文件也拥有自己的路径，这个路径指明了文件所在的网络计算机和共享的名称。

所有 Windows 的计算机都使用统一命名约定(UNC)以指定文件的位置。UNC 的格式是：\\计算机名\共享名。例如，在名为 Cx 的计算机里，名为“证明.doc”的文件被放在共享目录“NJWK 最新图书备份”下，则该文件的路径名称为：\\Cx\NJWK 最新图书备份\证明.doc。

如果用户访问一台 NetWare 服务器，网络的路径名称稍有不同。用户必须使用标准的 NetWare 格式：计算机名\卷名：路径\文件名。例如，在 NetWare 网络中，在名为 Guests

的网络计算机里，名为 StarCraft.mp3 的文件被放在 C 盘的 Music 目录下，则该文件的路径名称为：\\Guests\C:Music\StarCraft.mp3。

7.9.3　搜索网络中的计算机

如果用户知道自己要访问的共享资源所在的计算机的名称，则可直接在整个网络中进行搜索，不必按照上面的步骤去访问共享资源。

【练习7-2】搜索网络中的计算机。

(1) 在"网上邻居"窗口中，单击工具栏上的"搜索"按钮，打开"搜索助理"窗格，如图 7-26 所示。

(2) 在"计算机名"文本框中输入计算机的名称，单击"搜索"按钮，系统会将搜索到的计算机列在窗口右边的列表框中。假设搜索计算机名为 cx 的计算机，则搜索结果如图 7-27 所示。

图 7-26　搜索计算机　　　　　　　　图 7-27　搜索计算机名为 cx 的计算机

(3) 搜索到计算机并双击，即可访问该计算机上的共享资源。

7.10　共享网络资源

组建计算机网络的主要目的就是为了进行资源共享和数据通信。用户可以根据需要授权他人来访问自己计算机中的部分或者全部资源。同时，并非网络中的每台计算机都有自己的打印机，因而网络打印服务是服务器为客户机提供的一项重要服务。

对于不同的操作系统来说，设置共享的方法也不尽相同。对于安装 Windows 9x 的用户来说，设置共享的方法比较简单，但是对于安装了 Windows 2000/XP/2003 的用户来说，设置资源共享的操作就比较复杂了。

7.10.1　创建网络资源的快速访问方式

当用户知道网络中某台计算机上有自己需要的共享信息时，就可像使用本地资源一样，在自己的计算机上使用这些资源(假设用户有使用这些资源的权限)。

1. 映射网络驱动器

用户在网上共享资源时，如果需要经常访问某个文件夹，可为它设置一个逻辑驱动器——映射网络驱动器。网络驱动器设置好之后，就会出现在"我的电脑"窗口和资源管理器中。打开"我的电脑"，双击代表共享文件夹的网络驱动器的图标，即可直接访问该驱动器下的文件夹。

【练习 7-3】映射网络驱动器。

(1) 按照前面介绍的方法，查找到需要映射网络驱动器的文件夹。

(2) 右击需要经常访问的共享文件夹，在弹出的快捷菜单中，选择"映射网络驱动器"命令，如图 7-28 所示。

(3) 系统将打开图 7-29 所示的"映射网络驱动器"对话框，在"驱动器"下拉列表框中选择一个驱动器号。

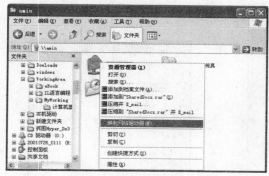

图 7-28　选择"映射网络驱动器"命令

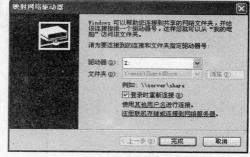

图 7-29　选择网络驱动器号

(4) 单击"完成"按钮，就可映射网络驱动器。同时打开驱动器，列出所有映射的文件和文件夹。

(5) 打开"我的电脑"窗口，用户会发现映射的网络驱动器出现在窗口中，如图 7-30 所示，其中 Z 驱动器为网络驱动器。双击代表共享文件夹的网络驱动器的图标，即可直接访问该驱动器下的文件和文件夹。

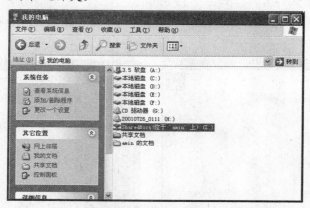

图 7-30　网络驱动器显示在"我的电脑"窗口中

2. 建立网上共享资源的直接链接

建立网上共享资源的直接链接是 Windows 的网络功能之一，它使用户可以直接访问其他计算机上的共享文件、文件夹或其他设备，而不必在整个网络中去寻找，这就大大提高了用户访问网络资源的速度，方便用户利用网络资源。在"网上邻居"窗口中，双击文件夹图标，即可直接打开链接的文件夹，并访问其中的文件和文件夹。

【练习 7-4】创建网上共享资源的直接链接。

(1) 在"网上邻居"窗口中，单击"添加一个网上邻居"超链接，打开"添加网上邻居向导"对话框。

(2) 在打开的对话框中(如图 7-31 所示)单击"浏览"按钮，打开"浏览文件夹"对话框，如图 7-32 所示，从中选择一个共享文件夹，单击"确定"按钮返回到"添加网上邻居向导"对话框。

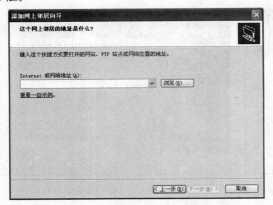

图 7-31　输入 Internet 或网络地址

图 7-32　选择共享文件夹

(3) 如果"浏览文件夹"对话框中没有列出共享文件夹所在的计算机，可以直接在"Internet 或网络地址"文本框中输入共享资源的完整路径。

(4) 选定共享资源后，单击"下一步"按钮，在打开的对话框中输入共享文件夹的名称，通常使用系统默认的名称，如图 7-33 所示。

(5) 单击"下一步"按钮，在打开的对话框中显示"正在完成添加网上邻居向导"，如图 7-34 所示。

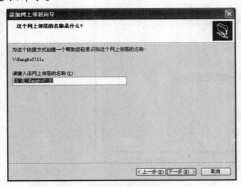

图 7-33　输入共享文件夹的名称

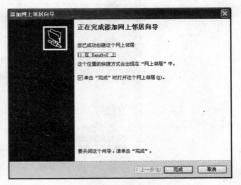

图 7-34　完成添加网上邻居向导

(6) 单击"完成"按钮，即可创建共享文件夹的直接链接，随后共享文件夹图标就出现在"网上邻居"窗口中，如图 7-35 所示。窗口中的"11 在 Kangbo2 上"文件夹图标便是新建的共享文件夹的直接链接，双击它可访问计算机名为 Kangbo2 上的"11 在 Kangbo2 上"文件夹。

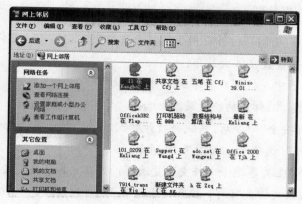

图 7-35　"网上邻居"窗口

3. 创建网络资源的快捷方式

无论是映射网络驱动器还是建立网上共享资源的直接链接，都不能在桌面上直接访问网上资源；用户只有为网上资源创建了快捷方式，才能够实现快速访问桌面的功能。

【练习 7-5】创建网络资源快捷方式。

(1) 按照上面所讲的方法，查找到需要创建快捷方式的网络资源。假设需要创建快捷方式的网络资源是 amin 计算机上的 ShareDocs 文件夹，在网络中找到它。

(2) 右击 ShareDocs 文件夹，在弹出的快捷菜单中选择"创建快捷方式"命令，如图 7-36 所示。

(3) 选择"创建快捷方式"命令之后，系统自动弹出"快捷方式"对话框，如图 7-37 所示。

图 7-36　创建网络资源的快捷方式

图 7-37　把快捷方式放在桌面上

(4) 在"快捷方式"对话框中，系统提示用户不能在当前位置创建快捷方式，是否把快捷方式放在桌面上，单击"是"按钮即可完成在桌面上创建网络资源快捷方式的操作。

7.10.2　共享文件和文件夹

在 Windows 中，用户可以将自己计算机上的文件和文件夹设置为共享，供网络上的其他用户访问。

1. 直接设置文件夹共享

如果希望其他用户访问自己计算机上的某个文件夹，也可将该文件夹设置为共享。

【练习 7-6】直接设置文件夹共享。

(1) 在资源管理器中，找到要共享的文件夹。

(2) 右击该文件夹，在弹出的快捷菜单中选择"共享和安全"命令，如图 7-38 所示。

(3) 选择"共享和安全"命令后，系统将打开"××属性"对话框(例如本例中的 Dowloads 文件夹)，选择"共享"选项卡，如图 7-39 所示。

(4) 选中"在网络上共享这个文件夹"复选框，并在"共享名"文本框中输入共享名。如果希望网络用户对该文件夹有写入权限，可选中"允许网络用户更改我的文件"复选框，否则网络用户只具有读取权限。

(5) 单击"确定"按钮将该文件夹设置为共享。

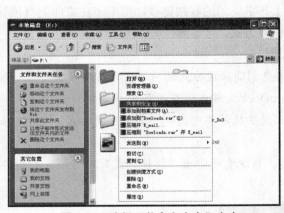

图 7-38　选择"共享和安全"命令

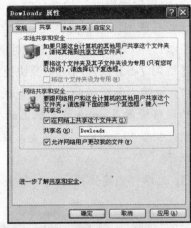

图 7-39　设置文件夹共享

2. 直接放入共享文档中

在默认情况下，Windows XP 中包含一个专门供用户存放共享资源的文件夹，即"共享文档"。用户可以通过直接将文件或文件夹放入 Windows 的"共享文档"文件夹来实现对文件或文件夹的共享。例如将名为 Music 的文件夹复制到本机的"共享文档"文件夹中，如图 7-40 所示。当登录 Windows 网络后查看本机的共享资源，会看到在"共享文件"文件夹中包含了 Music 这个刚刚放入的文件夹。

注意：

放入"共享文档"文件夹中的文件和文件夹，网络用户拥有完全的控制权限，即读写的权限。

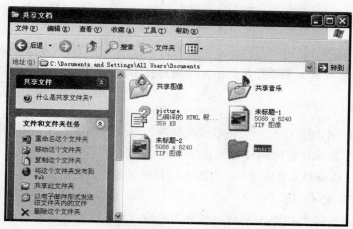

图 7-40　将文件或文件夹放入"共享文档"中

3. 取消共享文件夹

当用户不再希望其他用户访问自己的共享文件和文件夹时，可取消该文件和文件夹的共享状态。文件和文件夹的共享被取消之后，就不能被其他用户使用了。针对不同的共享方式，用户需要采用不同的方式来取消文件或文件夹的共享。

当文件夹是通过设置共享属性来实现共享时，需要在资源管理器中右击要取消共享属性的文件夹，从弹出的快捷菜单中选择"共享和安全"命令，在打开的属性对话框中选择"共享"选项卡，禁用"在网络上共享这个文件夹"复选框，然后单击"确定"按钮即可，如图 7-41 所示。

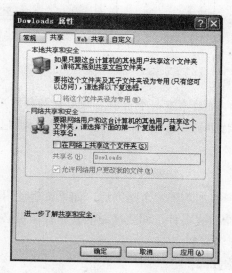

图 7-41　取消文件夹的共享属性

如果共享的文件或文件夹存放在"共享文档"文件夹中，取消这些文件或文件夹的共享很简单，只要将它们删除或移动到其他非共享文件夹中即可。

7.10.3　共享打印机

在网络中，用户可以访问其他计算机上的共享打印机来打印本机上的文档，同时也可将本机上的打印机设置为共享打印机供其他用户使用。

1．共享本地打印机

若用户安装了本地打印机，可将其设为共享，以便网络中的其他用户可以使用。

【练习 7-7】将本地打印机设置为共享。

(1) 在"打印机和传真"窗口中，右击本地打印机图标，在弹出的快捷菜单中选择"共享"命令，如图 7-42 所示。

(2) 在打开的如图 7-43 所示的对话框中，选择"共享这台打印机"单选按钮，然后输入共享名，单击"确定"按钮应用设置。这样本地打印机就成了网络中的共享打印机，可供其他网络用户访问了。

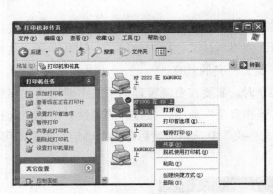

图 7-42　选择需要共享的打印机

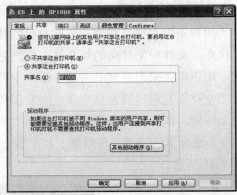

图 7-43　设置本地打印机共享

注意：

设置共享文件夹和打印机共享有一个前提，即用户必须启用 Windows 网络组件中的"Microsoft 网络的文件和打印机共享"服务，否则无法设置本机上的文件夹和打印机共享。

2．安装网络打印机

使用 Windows 的用户在加入到一个网络后，如果希望使用网络上的共享打印机来打印本地文档，需要具备一个前提条件，即要使用的共享打印机必须处于工作状态，否则将无法打印。

【练习 7-8】配置网络打印机。

(1) 在"打印机和传真"窗口中，单击"添加打印机"超链接，打开添加打印机向导的"欢迎使用添加打印机向导"对话框，如图 7-44 所示。单击"下一步"按钮，打开"本地或网络打印机"对话框，如图 7-45 所示。

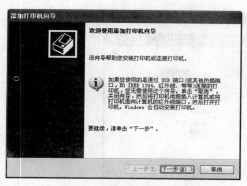
图 7-44　打开添加打印机向导

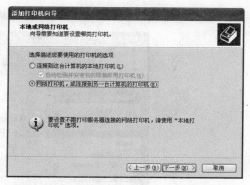
图 7-45　"本地或网络打印机"对话框

(2) 选择"网络打印机，或连接到另一台计算机的打印机"单选按钮，然后单击"下一步"按钮，打开"指定打印机"对话框，如图 7-46 所示。如果用户知道共享打印机的名称，可以选择"连接到这台打印机"单选按钮，然后直接在"名称"文本框中输入共享打印机的完整路径和名称；如果不知道共享打印机的名称，可以选择"浏览打印机"单选按钮，然后单击"下一步"按钮，打开如图 7-47 所示的"浏览打印机"对话框，选择一个共享打印机。

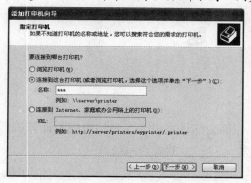
图 7-46　"指定打印机"对话框

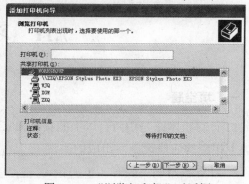
图 7-47　"浏览打印机"对话框

(3) 直接输入打印机的路径和名称或者是选择了网络打印机后，在"指定打印机"对话框或"浏览打印机"对话框中单击"下一步"按钮，向导提示用户需要添加网络打印机的驱动程序，并打开图 7-48 所示的添加驱动程序对话框。只需在"厂商"列表框中选择打印机的生产商，然后在"打印机"列表框中选择打印机的型号，单击"确定"按钮，向导就会自动完成驱动程序的安装，并打开"正在完成添加打印机向导"对话框，如图 7-49 所示。

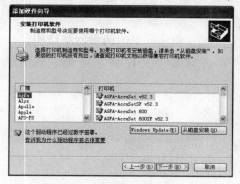
图 7-48　添加打印机的驱动程序

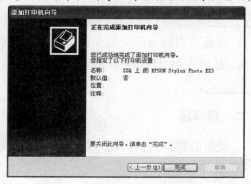
图 7-49　完成网络打印机的添加

(4) 单击"完成"按钮，返回到"打印机和传真"对话框，如图 7-50 所示。

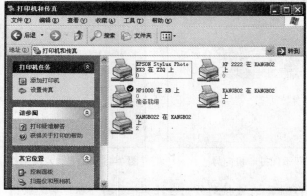

图 7-50 "打印机和传真"对话框

至此便完成了网络打印机的全部安装过程，如果将网络打印机设置为默认打印机，则今后的打印任务都会默认由这台打印机来完成。

7.11 习 题

一、填空题

1. 计算机网络是由两台以上的具有独立工作能力的计算机连在一起组成的计算机群，再加上相应的通信设施而组成的实现_____和_____的综合系统。

2. 计算机网络主要有_____、_____、_____、_____和_____功能。

3. 局域网的类型主要有_____、_____、_____和_____ 4 种。

4. 以太网中使用的数据传输机制为_____，这是一种"先监听后发送"的访问方式。

5. 无线局域网络是一种相当便利的数据传输系统，它是利用_____取代双绞线所构成的局域网络。

6. ATM 网络是使用_____的主要网络技术。

7. 对等网络中没有专用的服务器，各站点既是服务器，又是工作站，所以又称为_____。

8. 目前应用较为广泛的小型局域网主要有_____和_____两种网络结构。

9. 用户在网上共享资源时，如果需要经常访问某个文件夹，可把它设置为一个_____。

二、选择题

1. 使用的数据传输机制为 CSMA/CD 访问方式的局域网类型是(　　)。

A. 以太网　　　　　　　　　　B. ATM 网络

C. FDDI 网络　　　　　　　　D. 无线局域网

2. 下面不是计算机网络所具有的功能是(　　)。

    A. 资源共享　　　　　　　　　B. 数据通信

    C. 综合信息服务　　　　　　　D. 提供硬件升级

3. ATM 的优点主要是能够对流量进行精确控制，从而便于收费。由于该网络造价高、管理复杂，因此主要用于(　　)中。

    A. 局域网　　　　　　　　　　B. 广域网

    C. ATM 网　　　　　　　　　　D. FDDI 网络

4. 通过 Windows XP 的网络安装向导不能够完成的工作是(　　)。

    A. 玩多人游戏　　　　　　　　B. 使网络中的所有计算机共享一个 Internet 连接

    C. 与所有计算机共享打印机　　D. 连接多个 LAN 网络

5. 在名为 Guester 的计算机里，名为 Green.mp3 的文件被放在 D 盘下的 Music 目录下，则该文件的路径名称应为(　　)。

    A. \\Guester\ D: Green.mp3　　　　　B. \\Guester\ D:Music \ Green.mp3

    C. \\Guester\ Green.mp3　　　　　　D. \\Guester\ D:Music

6. 网络用户对其他计算机上"共享文档"文件夹中的文件和文件夹具有(　　)权限。

    A. 可读　　　　　　　　　　　B. 可写

    C. 读写　　　　　　　　　　　D. 不可读也不可写

7. 如果要使用网络打印机完成本地打印任务，则要添加网络打印机，并在本机上添加(　　)才可以。

    A. 本地打印机驱动程序　　　　B. 网络打印机驱动程序

    C. 打印任务　　　　　　　　　D. 打印机路径

三、操作题

1. 在单位或学校将两台计算机创建为对等网。

2. 将自己计算机中的一些比较好的音乐或文章共享给网络上的其他用户。

3. 在自己的计算机上安装网络打印机。

第8章　Internet 应 用

Internet 是通过各种通信设备和 TCP/IP 等协议，将分布在世界各地的几百万个网络、几千万台计算机和上亿用户连接在一起的全球性网络。它提供的服务非常广泛，如电子邮件服务、文件传输服务、地址查询服务、网络媒体服务和 WWW 服务等。随着计算机技术与网络技术的不断发展，Internet 在人们生活、工作和学习中已经成为了一种不可替代的信息平台。

本章要点：

- Internet 概述
- 使用 ADSL 连接 Internet
- 使用 Internet Explorer 浏览器
- 使用搜索引擎
- 收发电子邮件
- 下载网络资源

8.1　Internet 概 述

Internet 即因特网，是国际互联网的简称，它是由数不胜数的计算机和网络组成的一个庞大的系统。利用它，用户可以非常方便地相互通信和浏览其他计算机上的文件、数据和设备等资源。目前，一些规模较大的组织，例如政府部门、军事机构、大专院校、大型公司和重点实验室等都有自己的网络，Internet 的作用就是将无数个此类网络用电话线、光纤电缆和卫星线路连接起来，使人们在获取信息、自由交谈、资源共享的范围、速度和能力上取得质的飞跃。

Internet 主要由 3 个基本元素组成，如表 8-1 所示。

表 8-1　Internet 的基本组成元素

设　　备	功　　能
服务器(Server)	向其他计算机或计算机中的程序提供数据的计算机
客户机(Client)	向服务器请求数据的计算机
网络(Network)	各台计算机之间相互通信的互联系统

8.1.1　Internet 的发展

Internet 的历史要追溯到 20 世纪 70 年代中期，当时的 ARPA(Advanced Research Project

Agency，美国国防部高级研究计划署)为了在不同地域之间实现互联，资助了网间互联的研究和开发工作，并且在后来逐渐促成了 TCP/IP 的体系结构和协议规范。到了 1979 年，越来越多的人开始研究 TCP/IP，于是，DARPA(由 ARPA 发展而来)组织了 Internet 控制与配置委员会来协调各个方面的工作。

进入 20 世纪 80 年代，Internet 得到了 DARPA 的大力推广，并开始用于各个大学的校园网中，并且在这一时期，还出现了用于 UNIX 上的 TCP/IP 协议。1985 年以后，美国国家科学基金会开始涉足 Internet 的开发和应用，并进一步推动了 Internet 的发展。美国国家科学基金会首先建立了一个主干网 NSFNET，并资助了地区网的建设，这样使全美主要的科研机构都连入了 NSFNET。后来随着 Internet 的发展，NSFNET 逐渐成为新的主干网络。

在 Internet 早期时代，为了检索信息，必须确切地知道信息的位置——并不存在索引站点。虽然使用诸如 Archie、Veronica 及 Gopher 之类的更高级协议进行信息组织的几种尝试都相当有效，但是这些高级协议并不容易使用。后来，Web 的应用使得 Internet 对于非专业人员更易于接近。Web 使用了称为超文本传输协议(Hypertext Transport Protocol，HTTP)的高层协议发送包含文本、图形及到其他 Web 文档(称为页面)的链接，供 Web 浏览器应用程序使用。用户仅仅单击链接就可以打开由该链接所指向的文件，这使得 Internet 在全世界范围内迅速发展起来。

从 1994 年开始，世界各地都出现了一股连接 Internet 的潮流。在短短几年中，大多数企业、组织、学校和政府等单位纷纷开发了自己的 Web 站点，并且数以百万计的计算机用户开始通过拨号访问 Internet。Internet 迅速成为主要的全球通信媒体，并且开始在社会效应及重要性方面与无线广播和电视展开竞争。

随着经济的发展和信息技术的进步，Internet 将全面进入人们的生产和生活，成为人类最主要的信息传递方式。可以说，21 世纪是信息技术高度发展的世纪，也是 Internet 快速发展和广泛应用的世纪。

8.1.2　Internet 提供的服务

Internet 提供的服务很多，而且新的服务还不断推出，目前最基本的服务有：WWW 服务、电子邮件服务、远程登录服务、文件传送服务、电子公告牌、网络新闻组、检索和信息服务。

1. WWW 服务

WWW 是 World Wide Web 的简称，也称万维网。WWW 是目前广为流行的、最受欢迎的、最方便的信息服务。它具有友好的用户查询界面，使用超文本(Hypertext)方式组织、查找和表示信息，摆脱了以前查询工具只能按特定路径一步步查询的限制，使得信息查询能符合人们的思维方式，随意地选择信息链接。WWW 目前还具有连接 FTP、BBS 等服务的能力。总之，WWW 的应用和发展已经远远超出网络技术的范畴，影响着新闻、广告、娱乐、电子商务和信息服务等诸多领域。可以说，WWW 的出现是 Internet 应用的一个革命性的里程碑。

下面介绍几个和 WWW 相关的术语。

(1) 浏览器

WWW 服务采用客户机/服务器工作模式，客户端需使用应用软件——浏览器，这是一种专用于解读网页的软件。目前常用的是 Microsoft 公司的 IE(Internet Explorer)。浏览器向 WWW 服务器发出请求，服务器根据请求将特定页面传送至客户端。页面是 HTML 文件，需经浏览器解释，才能使用户看到图文并茂的页面。

(2) 主页和页面

Internet 上的信息以 Web 页面来组织，若干主题相关的页面集合构成 Web 网站。主页(Home Page)就是这些页面集合中的一个特殊页面。通常，WWW 服务器设置主页为默认值，所以主页是一个网站的入口点，就好似一本书的封面。目前，许多单位都在因特网上建立了自己的 Web 网站，进入一个单位的主页以后，通过网页上的链接即可访问更多网页的详细信息。

(3) HTTP 协议

WWW 服务中，客户机和服务器之间采用超文本传输协议(HTTP)进行通信。从网络协议的层次结构上看，HTTP 协议应属于应用层的协议。使用 HTTP 协议定义的请求和响应报文，客户机发送"请求"到服务器，服务器则返回"响应"。

(4) 超文本和超媒体

超文本技术是将一个或多个"热字"集成于文本信息之中，"热字"后面链接新的文本信息，新文本信息中又可以包含"热字"。通过这种链接方式，许多文本信息被编织成一张网。无序性是这种链接的最大特征。用户在浏览文本信息时，可以随意选择其中的"热字"而跳转到其他文本信息上，浏览过程无固定的顺序。更进一步地说，"热字"不仅能够链接文本，还可以链接声音、图形、动画等，因此也被称为超媒体。

(5) 统一资源定位器(URL)

统一资源定位器(Uniform Resource Locator，URL)体现了因特网上各种资源统一定位和管理的机制，极大地方便了用户访问各种 Internet 资源。URL 的组成为：

<协议类型>://<域名或 IP 地址>/路径及文件名

其中协议类型可以是 http(超文本传输协议)、ftp(文件传输协议)、telnet(远程登录协议)等，因此利用浏览器不仅可以访问 WWW 服务，还可以访问 FTP 服务等。域名或 IP 地址指明要访问的服务器；路径及文件名指明要访问的页面名称。

在 HTML 文件中加入 URL，则可形成一个超链接。

(6) 搜索引擎

随着 Internet 的迅速发展，网上信息以爆炸式的速度不断扩展，这些信息散布在无数的服务器上。为了能在数百万个网站中快速、有效地查找到想要得到的信息，Internet 上提供了一种称为"搜索引擎"的 WWW 服务器。用户借助搜索引擎可以快速查找到所需要的信息。

搜索引擎是 Internet 上的 WWW 服务器，它使得用户在数百万计的网站中快速查找信息成为可能。用户通过搜索引擎的主机名进入搜索引擎以后，只需输入相应的关键字即可找到相关的网址，并能提供相关的链接。

2. 电子邮件服务(E-mail)

电子邮件服务以其快捷便利、价格低廉而成为目前因特网上使用最广泛的一种服务。用户使用这种服务传输各种文本、声音、图像、视频等信息。这里，电子邮件服务器是 Internet 邮件服务系统的核心。用户将邮件提交给己方的邮件服务器，由该邮件服务器根据邮件中的目的地址，将其传送到对方的邮件服务器，然后由对方的邮件服务器转发到收件人的电子邮箱中。

用户首次使用电子邮件服务发送和接收邮件时，必须在该服务器中申请一个合法的账户，包括账户名和密码。

3. 文件传输服务(FTP)

文件传输服务允许 Internet 上的用户将文件和程序传送到另一台计算机上，或者从另一台计算机上复制文件和程序。目前常使用 FTP 文件传输服务从远程主机上下载需要的各种文件及软件。特别是 FTP 匿名服务，使得用户不注册就能从远程主机下载文件，为用户共享资源提供了极大的方便。

4. 远程登录服务(Telnet)

用户计算机需要和远程计算机协同完成一个任务时，就需要使用 Internet 的远程登录服务。Telnet 采用客户机/服务器模式，用户远程登录成功后，用户计算机暂时成为远程计算机的一个仿真终端，可以直接执行远程计算机上拥有权限的任何应用程序。

5. 网络新闻服务(Usenet 和 BBS)

网络新闻组是利用网络进行专题讨论的国际论坛。Usenet 是规模最大的一个网络新闻组。用户可以在一些特定的讨论组中，针对特定的主题阅读新闻、发表意见、相互讨论、收集信息等。

电子公告牌(Bulletin Board System，BBS)是一种电子信息服务系统。通过提供公共电子白板，用户可以在上面发表意见，并利用 BBS 进行网上聊天、网上讨论、组织沙龙、为别人提供信息等。

8.2 使用 ADSL 连接 Internet

接入 Interent 的方式多种多样。目前，常用的 Internet 接入方式包括调制解调器、ADSL Modem、小区宽带、无线网络和电力线上网等。其中，ADSL(Asymmetrical Digital Subscriber Line，非对称数字用户线路)是一种可以让家庭或小型企业利用现有电话网，采用高频数字压缩方式进行宽带接入的技术。ADSL 具有高速以及不影响通话的优势，中国大部分城市已开通了这项服务，目前已渐渐取代了调制解调器成为用户上网的首选接入方式。

8.2.1　选择 ADSL Modem

由于 ADSL Modem 的安装与调试相对来说更为复杂一些，不会像普通的 Modem 那样可以轻松地完成。因此，在选购时应根据以下建议，购买适合自己的 ADSL Modem。

1. 接口类型

目前 ADSL Modem 接口方式有以太网、USB 和 PCI 3 种。USB、PCI 适用于家庭用户，性价比好，小巧、方便、实用。外置以太网口的Modem 只适用于企业和办公室的局域网，它可以方便快捷地实现多台计算机同时上网。其中，有的以太网接口的 ADSL Modem 同时具有桥接和路由的功能，相当于一个路由器。外置以太网口的 ADSL Modem 支持 DHCP、NAT、RIP 等路由功能，有自己的 IP 池(IP Pool)，可以为连接至局域网的用户自动分配 IP 地址，方便企业进行网络搭建，同时为企业节约了成本。

2. 是否附带分离器

ADSL Modem 传输信道与普通 Modem 不同，它利用电话介质但不占用话音信道，因此需要一个分离器。目前，有些厂家为了追求低价，将分离器单独出售，这样 ADSL Modem 会相对便宜，用户在购买时要注意。

3. 支持协议

ADSL Modem 上网拨号方式有两种，即专线方式(静态 IP)、PPPoA、PPPoE。一般普通用户都是以 PPPoA、PPPoE 虚拟拨号的方式上网。现在，一般的 ADSL Modem 厂家只供给 PPPoA 的外置拨号软件，没有 PPPoE 的软件，例如，全向公司的外置 ADSL Modem 产品 QL1680，它采用 Conexant 芯片，就同时内置有 PPPoA、PPPoE 的拨号器，用户只需将用户名和密码添加至拨号器中，ADSL Modem 就会自动拨号，操作起来很方便。

4. ADSL 的硬件要求

ADSL Modem 同样有内置和外置之分，在价格上还是内置的 ADSL Modem 更占优势，如图 8-1 所示。外置的 ADSL Modem 在性能上具有一定的优势，如图 8-2 所示。用户可以根据自己的实际情况选择内置或外置 ADSL Modem。

图 8-1　内置的 ADSL Modem　　　　图 8-2　外置 ADSL Modem

8.2.2　安装 ADSL Modem

申请 ADSL 接入服务需要一台 Pentium 以上或同档次的兼容机、网卡、滤波器、ADSL Modem 和一条电话线，两条 100Mb/s 标准的局域网双绞线(即交叉网线)等。不过，最重要的是申请者到当地电信局开通此项业务，然后到电信局办理 ADSL 业务。办完手续后会有专业人员在规定的时间内上门调试好网络连接。ADSL 硬件安装通常包括网络的安装与配置以及安装 ADSL 调制解调器。

1. 安装网卡

网卡(也叫网络适配器，或者网络接口卡)作为计算机与网络的接入点，在计算机联网时起着重要的作用。目前，市场上最常见的网卡有两种，一种是 10/100Mb/s 自适应网卡，如图 8-3 所示。另一种是 10/100/1000Mb/s 自适应网卡，如图 8-4 所示。

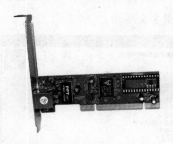

图 8-3　10/100Mb/s 自适应网卡

图 8-4　10/100/1000Mb/s 自适应网卡

计算机通过网卡接入网络后，一方面接受网络上传送过来的数据包，将数据通过主板总线传送到计算机；另一方面它将本地计算机的数据打包之后上传到网络。

网卡在主板上固定好之后，用户就可以打开计算机，这时计算机会提示用户发现新硬件，一般情况下，系统会自动完成网卡驱动的安装，但是也有一些系统没有内置驱动程序，就需要用户手动安装。根据系统的提示进行安装，就可以很快地完成。

【练习 8-1】在 Windows XP 下安装网卡驱动程序。

(1) 选择"开始"|"控制面板"命令，打开"控制面板"窗口。

(2) 双击"添加硬件"图标，打开"添加硬件向导"对话框，显示"欢迎使用添加硬件向导"页面。

(3) 单击"下一步"按钮，系统开始搜索最近连接的、还没有安装驱动程序的硬件。

(4) 搜索结束后，在打开的"硬件连接好了吗？"对话框中选择"是，我已经连接了此硬件"单选按钮，如图 8-5 所示。

(5) 单击"下一步"按钮，打开"以下硬件已安装在您的计算机上"对话框，在"已安装的硬件"列表框中，选择"添加新的硬件设备"选项，如图 8-6 所示。

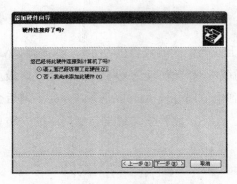

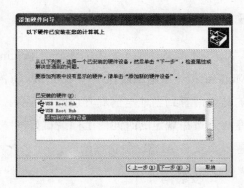

图 8-5　确认硬件连接到计算机上　　　　　　　图 8-6　选择硬件设备

(6) 单击"下一步"按钮，在打开的"这个向导可以帮助您安装其他硬件"对话框中选择"安装我手动从列表选择的硬件"单选按钮，如图 8-7 所示。

(7) 单击"下一步"按钮，打开"从以下列表，选择要安装的硬件类型"对话框，在"常见硬件类型"列表框中选择"网络适配器"选项，如图 8-8 所示。

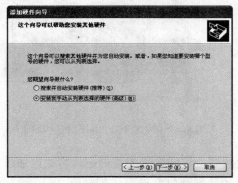

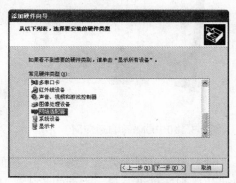

图 8-7　"这个向导可以帮助您安装其他硬件"对话框　　　图 8-8　选择硬件类型

(8) 单击"下一步"按钮，打开"选择网卡"对话框，如图 8-9 所示。

(9) 如果 Windows XP 提供了网卡驱动程序，可以直接从"厂商"列表框中选择生产厂商，并在"网卡"列表框中选择网卡的型号。

(10) 如果系统没有提供网卡驱动程序，则单击"从磁盘安装"按钮，打开"从磁盘安装"对话框，如图 8-10 所示。

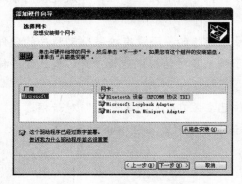

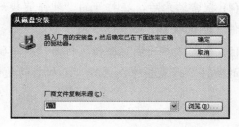

图 8-9　"选择网卡"对话框　　　　　　　图 8-10　"从磁盘安装"对话框

(11) 单击"浏览"按钮，在打开的"查找文件"对话框中选择网卡驱动程序所在的驱动器、文件夹和文件名，选择好驱动程序所在的路径后，单击"打开"按钮，回到"从磁盘安装"对话框。

(12) 单击"确定"按钮，系统将安装网卡需要的所有程序复制到计算机硬盘中，安装结束时，系统会提示用户重新启动计算机。

2 安装分离器

分离器(Splite，又称滤波器)主要用来将电话线路中的高频数字信号和低频语音信号分离开来。低频语音信号由分离器接电话机，用来传输普通语音信息；高频数字信号则接入 ADSL Modem，用来传输上网信息和 VOD 视频点播节目。这样，用户在使用电话时，就不会因为高频信号的干扰而影响话音质量，也不会因为在上网时，打电话而由于语音信号的串入影响上网的速度。如图 8-11 所示的就是分离器。

分离器通常都是一分二接口的，也就是说一端一个接口地连接入户电话线，另一端有两个接口分别连接电话和 ADSL Modem。首先将电话线连接到分离器的外线接口，然后将连接固定电话机的标准电话线接插到标有 Phone 接口上。安装正常后，用户提起电话会听见"嘟、嘟"的盲音。另一个标有 ADSL 的接口与 ADSL Modem 上的 Line 接口相连，这样，我们就完成了安装语音分离器的工作。

注意：

在采用 G.Lite 标准的系统中由于降低了对输入信号的要求，就不需要安装分离器了，这就使得该 ADSL Modem 的安装更加简单和方便了。

3. 安装 ADSL Modem

ADSL Modem 的安装是一个最简单的过程，既不需要拧螺丝也不需要拆机器。只需用前面准备好的另一根电话线将来自于滤波器的 ADSL 高频信号接入 ADSL Modem 的 ADSL 插孔，再用一根五类双绞线，一头连接 ADSL Modem 的 10BaseT 插孔，另一头连接计算机网卡中的网线插孔，如图 8-12 所示。

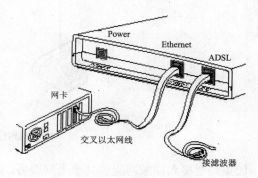

图 8-11　ADSL 分离器　　　　　　　　　图 8-12　连接 ADSL Modem

注意:

对于支持 ATM 网卡的 ADSL Modem,如果 ISP 提供的是 ATM 方式,就需要用 ATM 网线连接计算机的 ATM 网卡,最后接上电源。

安装完毕后,启动用户的计算机和按下 ADSL Modem 的电源,如果两边连接网线的插孔所对应的指示灯都亮了,说明硬件连接成功。

在 ADSL Modem 上通常有 4 个指示灯,依次是 LINE、Ethernet、Data、Power,通过这些指示灯的信号用户可以了解到 ADSL 的工作状况。其指示的信息包括以下几种情况,如表 8-2 所示。

表 8-2　指示灯信息

指 示 灯	工 作 状 态
LINK 黄灯	指示 ADSL 线路状态。闪烁时表示线路正在连接;常亮时表示线路已连接好,可以使用
Data 绿灯	表示 ADSL Modem 正在收发数据
Ethernet 灯	代表与局域网网卡的连接没有正常工作或没有连接网卡,绿色常亮表示工作正常,闪动代表 ADSL Modem 和网卡之间正在传送数据
Power 灯	表示通电与否

由于 ADSL 本身的技术复杂,它是在普通电话线的低频语音上叠加高频数字信号,ADSL Modem 不可与电话并联,电话只能从分离器后的 Phone 接口引出,否则 ADSL Modem 不能正常工作。分离器从左到右的联线顺序是:电话入户线、电话信号输出线(连接普通电话)、数据信号输出线(连接 ADSL Modem)。如图 8-13 所示就是 ADSL 的联线示意图。

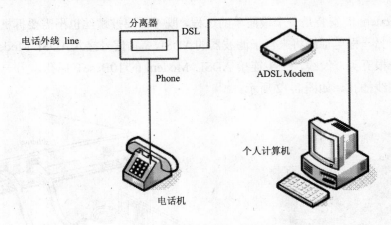

图 8-13　ADSL 联线示意图

如果需要接入局域网提供共享上网服务,只需要把 ADSL Modem 的 Ethernet 接口直接连接到网络交换机或者集线器的一个接口中,如图 8-14 所示。

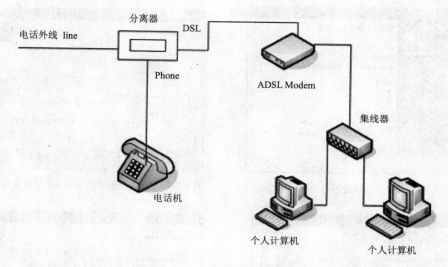

图 8-14　ADSL 连接局域网

8.2.3　安装 ADSL 拨号软件并建立拨号连接

目前多数电信运营商都使用 PPPoE 虚拟拨号来管理宽带用户，由于 ADSL Modem 一般都没有拨号功能，所以在完成了 ADSL 线路的硬件安装后，用户需要在计算机上安装 PPPoE 虚拟拨号软件，来实现拨号功能。

安装好ADSL硬件后，ADSL 还不能接入 Internet，还需要对 ADSL 安装 PPPoE 虚拟拨号软件及相关设置。目前 ADSL 都采用虚拟拨号也就是 PPPoE 技术(传统拨号方式上网，ISP 分配动态 IP)。

Windows XP 及其以后推出的 Windows操作系统一般都集成了对 PPPoE 协议的支持，所以使用Windows XP 的ADSL用户不需要再安装任何其他PPPoE软件，直接使用Windows XP 的连接向导就可以轻而易举地建立自己的 ADSL 虚拟拨号上网文件，实际使用效果完全和其他 PPPoE 软件一样，由于与操作系统更加紧密结合，使用更方便。下面将介绍如何在 Windows XP 中建立拨号虚拟连接。

【练习 8-2】使用 Windows XP 的连接向导建立自己的 ADSL 虚拟拨号连接。

(1) 选择"开始"|"所有程序"|"附件"|"通讯"|"新建连接向导"命令，打开"新建连接向导"对话框，如图 8-15 所示。

(2) 单击"下一步"按钮，打开网络选择类型对话框，选中"连接到 Internet"单选按钮，如图 8-16 所示。

(3) 单击"下一步"按钮，打开"准备好"对话框，选中"手动设置我的连接"单选按钮，如图 8-17 所示。

(4) 单击"下一步"按钮，打开"Internet 连接"对话框，选中"用要求用户名和密码的宽带连接来连接"单选按钮，如图 8-18 所示。

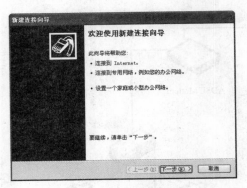

图 8-15　新建连接向导

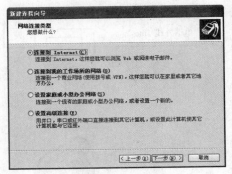

图 8-16　选中"连接到 Internet"单选按钮

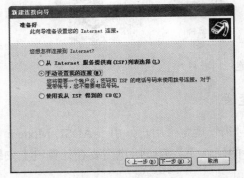

图 8-17　选中"手动设置我的连接"单选按钮

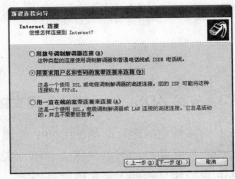

图 8-18　"Internet 连接"对话框

(5) 单击"下一步"按钮，打开"连接名"对话框，输入 ISP 名称，如图 8-19 所示。

(6) 单击"下一步"按钮，打开"Internet 账户信息"对话框，在其中输入账户名、密码和确认密码，如图 8-20 所示。

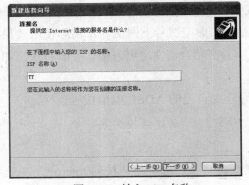

图 8-19　输入 ISP 名称

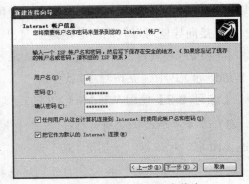

图 8-20　输入 Internet 账户信息

(7) 单击"下一步"按钮，打开正在完成新建连接向导的对话框，选中"在我的桌面上添加一个到此连接的快捷方式"复选框，如图 8-21 所示。

(8) 单击"完成"按钮，即可在桌面上显示连接图标。

(9) 右击该图标，从弹出的快捷菜单中选择"打开网络连接"命令，即可打开"网络连接"窗口，并显示网络图标，如图 8-22 所示。

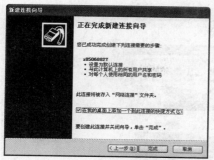

图 8-21　正在完成新建连接向导

图 8-22　显示网络图标

(10) 右击该网络图标，从弹出的快捷菜单中选择"连接"命令，打开"连接"对话框，如图 8-23 所示，输入账户和密码后，单击"连接"按钮即可拨号连接。

图 8-23　"连接"对话框

8.3　使用 Internet Explorer 浏览器

Internet Explorer(IE)浏览器又被称为 Web 客户程序，它是一种非常优秀的浏览器软件。Windows XP 操作系统内置了 Internet Explorer 6.0 中文版，用户的计算机连接到 Internet 上后，可以通过 IE 浏览器从 Web 服务器上查找信息并显示 Web 页面。

8.3.1　IE 浏览器界面

通常情况下，在 Windows 操作系统中，双击桌面上的 Internet Explorer 图标即可启动 IE 浏览器。启动后，系统将显示如图 8-24 所示的窗口，显示的页面被称为主页，它是用户进入 Internet 的起点。当然，用户也可以根据自己的需求更改主页。

IE 的主界面由标题栏、工具栏、菜单栏、地址栏、状态栏、滚动条和网页显示区等组成。

● 标题栏：显示所打开的网站的名称，标题栏的右侧分别包含三个按钮：最小化按钮、最大化/还原按钮和关闭按钮。

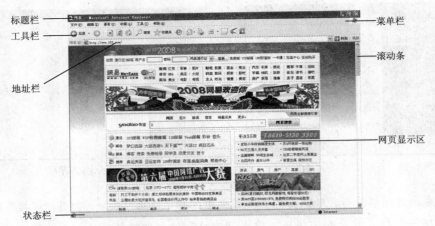

图 8-24　IE 的用户界面

- 菜单栏：包含了 IE 浏览器的全部命令，其中最常用的命令图标显示在工具栏中。
- 工具栏：工具栏中包含了浏览网页时比较常用的几个工具，包括后退、前进、关闭、刷新、搜索和收藏夹等。
- 地址栏：显示当前正在查看的 Web 地址(即 URL 地址)，如果用户想要访问新的 Web 节点，则可以直接在该栏中输入节点的 Web 地址，输入完成后，按 Enter 键即可。
- 网页显示区：IE 的主窗口，显示正在浏览的网页信息。
- 滚动条：当网页太大而无法在一个窗口中完全显示时，会出现滚动条，拖动滚动条可以查看没有完全显示的页面。
- 状态栏：显示正在处理的状态信息，可用来了解当前的状态，当鼠标指针在网页显示区指向某一个超链接时，该栏中会显示链接的目的地。

8.3.2　打开网页

在使用 IE 浏览网页前，必须确认相关的软、硬件都已经安装完毕。只有安装完上网所需的软、硬件设备后，才能上网冲浪。对于初学者而言，第一次上网冲浪可能充满了神秘感。实际上这些上网操作很简单，只要掌握了 IE 基础知识，就能在网络中自如发挥。

地址栏 URL(Uniform Resource Location，统一资源地址)又称为 Internet 或 Web 地址，是 Internet 上用来描述信息资源的字符串，主要用在各种 WWW 客户端程序和服务器程序上。URL 的格式由下列 3 部分组成：

第一部分是协议(或称服务方式)；

第二部分是存有该资源的主机 IP 地址(有时也包括端口号)；

第三部分是主机资源的具体地址，如目录和文件名等。

其中第一部分和第二部分之间用"://"符号隔开，第二部分和第三部分用"/"符号隔开。第一部分和第二部分是不可缺少的组成部分，而第三部分有时可以省略，例如 http://www.microsoft.com/。

如果用户清楚地记得某个网页的网址，在打开网页时，可以直接在 IE 地址栏 URL 中输入相应的网址，然后按 Enter 键。

【练习 8-3】通过在地址栏 URL 中输入 www.163.com，打开相应的网页。

(1) 选择"开始"|"所有程序"|Internet Explorer 命令，启动 IE 浏览器。

(2) 在地址栏中输入网址"www.163.com"，并按 Enter 键，即可打开相应的网页，如图 8-25 所示。

图 8-25　网页地址

通过地址栏打开网页首先要知道网页的地址，但网络上的网站不计其数，用户不可能、也没有必要全部记住所有的网址。事实上，借助"中文上网"功能，在地址栏中直接输入要打开的网页的关键字，然后按 Enter 键，即可在浏览器窗口中打开相应的网页。用户在使用中文上网之前，首先需要开启"中文上网"功能。

【练习 8-4】开启"中文上网"功能，通过地址栏搜索"清华大学出版社"。

(1) 启动 IE 浏览器，在地址栏中输入网址 www.3721.com，并按 Enter 键，打开中文上网首页，如图 8-26 所示。

(2) 单击"开启中文上网"链接，打开下载安装网页，如图 8-27 所示。

图 8-26　中文上网首页

图 8-27　下载安装网页

(3) 单击"下载安装"按钮，即可下载安装"中文上网"程序，并提示用户成功开启中文上网功能，如图 8-28 所示。

(4) 重新启动 IE 浏览器，在地址栏中输入文字"清华大学出版社"，并按 Enter 键，即可看到页面中有关清华出版社的网页，如图 8-29 所示。

图 8-28　开启中文上网功能　　　　　　　图 8-29　通过中文上网功能搜索相应的网页

8.3.3　浏览网页

打开网页后，用户就可以浏览网页中的相关内容。浏览网页通常有以下两种常用的方法。

1. 使用超链接浏览网页

超链接在本质上属于网页的一部分，是一种允许用户同其他网页或站点之间进行连接的元素。各个网页连接在一起后，才真正构成一个网站。所谓的超链接，是指一种对象以特殊编码的文本或图形的形式来实现链接。单击该链接，即可打开一个新的网页，或打开某一个新的 WWW 网站中的网页。在网页中，一般文字上的超链接都是蓝色，文字下面有一条下划线。当将光标移动到超链接上时，光标就会变成一只手的形状，如图 8-30 所示。此时单击该链接，即可直接跳转到与这个链接相连接的网页(或 WWW 网站中)，如图 8-31 所示。

图 8-30　显示超链接　　　　　　　图 8-31　打开超链接网页

2. 全屏浏览网页

如果要浏览整个网页的内容，可以进入全屏浏览窗口，方法很简单，在菜单栏上选择"查看"|"全屏"命令(或者按 F11 键)，如图 8-32 所示，即可打开全屏模式，其效果如图 8-33 所示。再次按 F11 键，即可返回恢复原窗口大小。

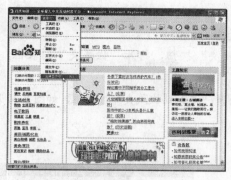

图 8-32　选择"查看" | "全屏"命令

图 8-33　全屏浏览网页

8.3.4　设置 IE 浏览器主页

主页就是每次打开 IE 浏览器时自动显示的页面。用户可以选择一个经常浏览的网页或者自己喜欢的网站主页，并将其设置成 IE 浏览器的主页，这样每次打开 IE 时可以直接进入相关网站的主页。下面以将 www.baidu.com 设置为 IE 浏览器主页为例，介绍设置 IE 浏览器主页的方法。

【练习 8-5】将 http://www.baidu.com 设置为 IE 浏览器的主页。

(1) 右击桌面上的浏览器图标，从弹出的快捷菜单中选择"属性"命令，打开"Internet 属性"对话框。

(2) 在"主页"选项组中的"地址"文本框中输入需要设置为主页的网站地址 http://www.baidu.com，如图 8-34 所示。

(3) 单击"确定"按钮，完成设置。

(4) 重新启动 IE 浏览器，将自动打开百度网站，如图 8-35 所示。

图 8-34　输入主页地址

图 8-35　打开 IE 浏览器主页

8.3.5　使用收藏夹

使用收藏夹，不仅可以保存网页信息，还可以方便用户在脱机状态下浏览网页。这样既省钱又省时间。当收藏的网页不断增加时，用户可以将它们组织到一个新的文件项目中或对文件夹重命名，也可以删除不再使用的网页站点。

用户在浏览网页时，可以在菜单栏上选择"收藏" | "添加到文件夹"命令，将网页加

入收藏夹中，以便以后快速地打开。

【练习 8-6】将新浪的主页收藏在 IE 浏览器的收藏夹中。

(1) 打开新浪主页，单击工具栏上的"收藏夹"按钮，打开"收藏夹"列表框，如图 8-36 所示。

(2) 单击"收藏夹"栏上的"添加"按钮，打开"添加到收藏夹"对话框，如图 8-37 所示。

图 8-36　"收藏夹"列表框　　　　　　　图 8-37　"添加到收藏夹"对话框

(3) 在"名称"文本框中显示了当前网页的名称"新浪首页"。在"创建到"选项组中选择一个收藏网页的文件夹，然后单击"确定"按钮，即可将该网页添加到收藏夹中。

当收藏夹中网页较多时，用户可以在收藏夹的根目录下创建分类文件夹，分别存放不同的网页，以便于管理和查询。这时只需在图 8-37 所示的对话框中单击"新建文件夹"按钮，打开"新建文件夹"对话框，然后输入文件夹名称即可，如图 8-38 所示。

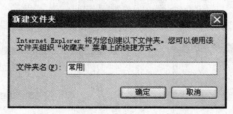

图 8-38　"新建文件夹"对话框

8.3.6　查看历史记录

所谓历史记录，是指 IE 将用户以前访问过的网页资料按时间顺序组织起来，保存在硬盘中。

用户在浏览网页时，不小心将刚才打开的网页关闭了，而还没来得及收藏该网页时，就可以通过"历史记录"列表进行查看，在"历史记录"列表中可以查找在过去几分钟、几小时或几天内曾经浏览过的网页和网站。

重新启动 IE 浏览器，选择菜单栏上的"查看"|"历史记录"命令，如图 8-39 所示，或者单击"历史"按钮，系统自动弹出"历史记录"列表框，如图 8-40 所示。

图 8-39 选择"查看"|"历史记录"命令

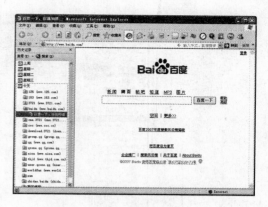

图 8-40 "历史记录"列表框

在图 8-40 所示的"历史记录"列表框中，列出了近 20 天内保存在历史记录中的网页，并且"历史记录"列表中的网页按日期列出，按星期组合。单击星期名称，即可将其展开，其中的网页站点按访问时间顺序排列。这里用户可以单击"今天"访问过的网页中的"网易 126 免费邮"链接，打开如图 8-41 所示的网页。

"历史记录"保存了以前使用 IE 浏览器访问过的网页资料，用户在打开这些网页时，IE 会自动从网上下载新的网页。所以如果要查看过去的资料，必须使 IE 处于脱机工作状态。

用户还可以对"历史记录"列表进行排序，单击历史记录标题栏中的"查看"按钮，即可弹出如图 8-42 所示的快捷菜单。其中列出了"按时期"、"按站点"、"按访问次数"、"按今天的访问顺序"4 个命令。执行某个命令，即可按其相应的排序方法进行排序。

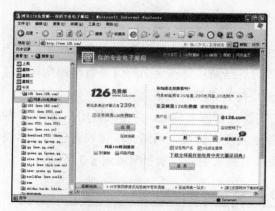

图 8-41 使用历史记录打开网页

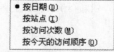

图 8-42 快捷菜单

如果历史记录太多，布满整个"历史记录"列表，用户可以选择删除历史记录，方法很简单，右击需要删除的历史记录，从弹出的快捷菜单中选择"删除"命令即可，如图 8-43 所示。

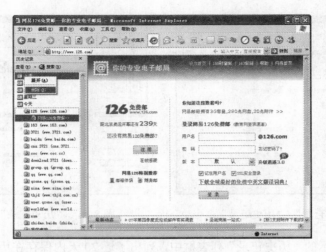

图 8-43　删除历史记录

8.4　使用搜索引擎

随着 Internet 的高速发展，网上的 Web 站点也越来越多，与此同时各种各样的搜索引擎也相应地现身。它们在提供搜索工具的同时，也为用户提供不同的分类主题目录，以方便广大用户在 Internet 上快速查找需要的信息。本节将主要介绍 Google 搜索引擎和百度搜索引擎的使用方法。

8.4.1　认识搜索引擎

搜索引擎是专门帮助用户查询信息的站点，通过这些具有强大查找能力的站点，用户能够方便、快捷地查找到所需信息。因为这些站点提供全面的信息查询和良好的速度，就像发动机一样强劲有力，所以把这些站点称为"搜索引擎"。

搜索引擎是一个能够对 Internet 中资源进行搜索整理，并提供给用户查询的网站系统，它可以在一个简单的网站页面中帮助用户实现对网页、网站、图像和音乐等众多资源的搜索和定位。目前 Internet 上搜索引擎众多，最常用的搜索引擎如表 8-3 所示。

表 8-3　常用的搜索引擎

网　站　名　称	网　　址
百度	www.baidu.com
Google	www.google.cn
搜狗	www.sogou.com
新浪	www.sina.com

虽然各个搜索引擎在技术上各有特色和优势。但总的来讲，作为一个广受欢迎的搜索引擎，一般都具有以下几个功能：

1. 有丰富的索引数据库

一个丰富的索引数据库是确保用户找到所需信息的必要保证。

2. 具有全文搜索功能

目前搜索引擎的一个发展方向是全文搜索引擎，它是针对全部文本进行检索，这表明用户可以搜索每一个网页中的每一个词。只要用户给出的关键字在网页中出现，这个网页就将作为匹配的结果出现在检索结果中。

3. 具有目录式分类结构

分类搜索引擎是指将 Internet 上的信息资源汇总整理，形成树型结构目录，用户通过逐级浏览这些目录来查找所需要的信息。

4. 查询速度快、性能稳定可靠，可维护性好

查询速度是搜索引擎的另一个重要指标。另外，可维护、可更新、稳定可靠、可容错及迅速修复的机制也是重要的因素。

8.4.2　使用 Google 搜索引擎

Google 搜索引擎是一个目前世界上最大最全的搜索引擎之一，是面向全球范围的中文搜索引擎，以使用方便、快捷的特性深受广大用户的喜爱。Google 搜索引擎的 Web 地址是 http://www.google.cn/，在地址栏中输入该地址并按 Enter 键，即可进入 Google 搜索页面，如图 8-44 所示。Google 的搜索功能分为 6 个类别，根据需要用户可以在 Google 主页中，选择搜索"网页"、"图片"、"视频"、"资讯"、"地图"和"更多"等内容。

1. 搜索关键字

关键字的搜索过程是很重要的，如果要对特定主题进行搜索，可以在 Google 搜索引擎的文本框中输入关键字。

【练习 8-7】使用 Google 搜索引擎搜索关键字"嫦娥"。

(1) 打开 IE 浏览器，在地址栏中输入 http://www.google.cn/，并按 Enter 键，打开 Google 主页。

(2) 在搜索文本框中输入关键字"嫦娥"，单击"Google 搜索"按钮，系统将查找符合查询条件的内容目录，如图 8-45 所示。

如果用户希望搜索引擎查找的信息更为精确，可以在如图 8-45 所示的网页中，单击"高级搜索"链接，在打开的"Google 高级搜索"网页中进行更为详细的条件设置，如图 8-46 所示。然后单击"Google 搜索"按钮，即可打开如图 8-47 所示的网页。

图 8-44　Google 搜索引擎

图 8-45　显示查询结果

图 8-46　Google 高级搜索

图 8-47　显示详细查询结果

2. 搜索新闻

随着技术的不断更新，如今几乎所有的搜索引擎都提供新闻搜索功能。用户可以使用搜索引擎快速查找近期所发生的新闻事件，从而使自己能够更好地认识社会、关注社会。下面以 Google 搜索引擎为例介绍搜索新闻的方法。

【练习 8-8】使用 Google 搜索引擎搜索新闻——见证历史。

(1) 打开 IE 浏览器，在地址栏中输入 http://www.google.cn/，并按 Enter 键，打开 Google 主页。

(2) 单击"资讯"链接，打开 Google 资讯搜索页面，如图 8-48 所示。

图 8-48　Google 资讯搜索页面

（3）在搜索文本框中输入文字"见证历史"，单击"搜索资讯"按钮，即可进行搜索，搜索结果如图 8-49 所示。

（4）在资讯搜索结果页面的最左侧列表中，列出了"过去一小时"、"过去一天"、"过去一周"、"过去一个月"链接列表，单击"过去一天"链接，即可显示过去一天内所有的新闻信息，如图 8-50 所示。

图 8-49　显示资讯搜索结果　　　　　图 8-50　显示过去一天内的新闻信息

8.5　收发电子邮件

Internet 的出现使人们的通信和交流方式发生了巨大变化，电子邮件(E-mail)的使用便是其中之一。电子邮件是一种快捷、简便、廉价的现代通信手段，也是目前 Internet 上使用最频繁的服务之一。

8.5.1　电子邮件概述

在 Internet 上收发电子邮件时，信件并不是直接发送到对方的计算机上，而是先发送到相应 ISP 的邮件服务器上(有时收发信的服务器是两台计算机，一般情况下是同一台计算机)。在接收邮件时，需要先和邮件服务器联系上，然后服务器再把信件传送到计算机上。

收发电子邮件要使用 SMTP(简单邮件传送协议)和 POP3(邮局协议)。用户的计算机上运行电子邮件的客户程序(如 Outlook)，Internet 服务提供商的邮件服务器上运行 SMTP 服务程序和 POP3 服务程序，用户通过建立客户程序与服务程序之间的连接来收发电子邮件。用户通过 SMTP 服务器发送电子邮件，通过 POP3 服务器接受邮件。整个工作过程就像平时发送普通邮件一样，发电子邮件时只须将邮件投递到 SMTP 服务器上(类似邮局的邮筒)，剩下的工作由互联网的电子邮件系统完成；收信的时候只需要检查 POP3 服务器上的用户邮箱(类似家门口的信箱)中有没有新的邮件到达，有就把它取出来。这个邮箱不同于普通邮箱的是，无论用户身处何地，只要能从 Internet 上连接到邮箱所在的 POP3 服务器，就可以收信。

使用电子邮件要有一个电子邮件信箱，用户可向 Internet 服务提供商(简称 ISP)申请。邮件信箱实际上是在邮件服务器上为用户分配的一块存储空间，每个电子信箱对应着一个信箱地址或叫做邮件地址，其格式形如：

用户名@域名

其中，用户名是用户申请电子信箱时与 ISP 协商的一个字母与(或)数字的组合。域名是 ISP 的邮件服务器。例如，xinfeng@268.net 和 zhmh@sina.com 就是两个 E-mail 地址。

8.5.2　申请免费电子邮箱

使用电子邮箱的第一步是申请自己的邮箱。目前，国内的很多网站都提供了各具特色的免费邮箱服务。它们的共同特点是免费的，并能够提供一定容量的存储空间。对于不同的站点而言，申请免费电子邮箱的步骤基本上是一致的。

【练习 8-9】在新浪网站(http://www.sina.com)上申请免费邮箱 njqinghuawenkang@sina.com。

(1) 打开 IE 浏览器，在地址栏中输入 http://www.sina.com，打开"新浪"首页，如图 8-51 所示。

(2) 单击"免费邮箱"连接，打开"新浪邮箱"页面，如图 8-52 所示。

图 8-51　"新浪"首页　　　　　　　　图 8-52　"新浪邮箱"页面

(3) 单击"注册免费邮箱"按钮，打开"注册您的免费邮箱"页面，如图 8-53 所示。

(4) 在"用户名"文本框中输入 njqinghuawenkang 后，单击"下一步"按钮，打开"设置用户信息"页面，如图 8-54 所示。

图 8-53　输入用户名　　　　　　　　图 8-54　"设置用户信息"页面

（5）在"填写用户信息"页面中，用户必须按照要求填写个人信息，其中带*的项目必须填写，阅读"服务条款"信息完毕，并选中"我已经看过并同意"复选框。

（6）单击"提交注册信息"按钮，打开如图 8-55 所示的"注册成功"页面。

（7）5 秒钟后，系统自动进入用户的电子邮箱界面，如图 8-56 所示。

图 8-55　"注册成功"页面

图 8-56　电子邮箱界面

8.5.3　撰写并发送电子邮件

成功申请电子邮箱后，用户就可以使用电子邮箱撰写信件，然后发送电子邮件，与亲朋好友进行交流和联系了。

【练习 8-10】使用申请的新浪邮箱 njqinghuawenkang@sina.com 撰写邮件，并发送到 caoxzhen@126.com，同时随邮件发送一个附件"我的音乐.mp3"。

（1）打开 IE 浏览器，在地址栏输入 http://mail.sina.com.cn/，打开"新浪邮箱"页面。

（2）在"用户名"和"密码"文本框中输入用户名和密码，单击"登录"按钮，进入邮箱页面。

（3）在页面左侧单击"写信"按钮，打开撰写邮件页面，如图 8-57 所示。

（4）在"收件人"文本框中输入收件人的邮箱地址，如 caoxzhen@126.com；在"主题"文本框中输入邮件主题，收件人收到邮件时可以在收件箱中看到该主题，方便预览；在正文区中输入邮件正文，如图 8-58 所示。

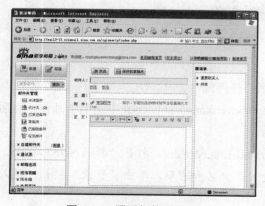
图 8-57　撰写邮件页面

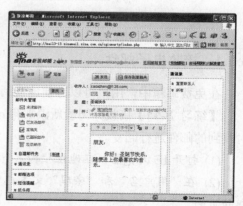
图 8-58　撰写邮件

(5) 通过"添加附件"功能可以在邮件中插入附件。单击"增加附件"链接，然后单击"浏览"按钮，打开如图 8-59 所示的"选择文件"对话框，从中选中附件"我的音乐.mp3"，单击"打开"按钮，该附件将被成功地添加到邮件中，如图 8-60 所示。

图 8-59　"选择文件"对话框

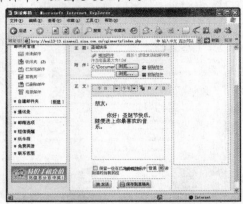

图 8-60　添加附件

(6) 单击"发送"按钮，发送邮件。当打开如图 8-61 所示的页面后，表示邮件发送完毕。

图 8-61　成功发送邮件

8.5.4　接收电子邮件

在免费邮箱中，用户可以方便地查阅收到的任何邮件。

【练习 8-11】接收并阅读新浪邮箱 njqinghuawenkang@sina.com 中的电子邮件，然后对收到的邮件进行回复。

(1) 打开 IE 浏览器，在地址栏输入 http://mail.sina.com.cn/，打开"新浪邮箱"页面。

(2) 在"用户名"和"密码"文本框中输入用户名和密码，单击"登录"按钮，进入邮箱页面。

(3) 单击页面中的"收件箱"链接，打开收件箱列表，如图 8-62 所示。

(4) 单击邮件主题即可阅读，如图 8-63 所示。

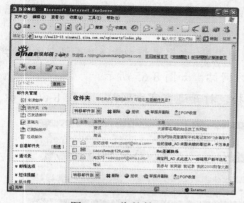
图 8-62　收件箱页面

图 8-63　阅读邮件

(5) 阅读完邮件后，单击"回复"按钮，撰写邮件后单击"发送"按钮，即可将回信寄给对方，如图 8-64 所示。

图 8-64　回复邮件

收件箱的功能还有很多，例如"删除"、"转发"和"移动"等，由于篇幅的限制，这里不再全部举例，用户可以联机进行测试。

8.6　下载网络资源

Internet 不仅为用户提供了各种各样的信息和资料，也提供了大量的资源供访问者任意下载，用户可以直接在网上下载自己所需的网络资源。常用的下载方式有使用浏览器下载和使用软件下载。

8.6.1　使用浏览器下载网上资源

使用浏览器在 Internet 中找到所需的资源后，可以直接利用浏览器的下载功能下载这些网上资源，包括软件、图片、文档、音乐、电影等。

【练习 8-12】　使用 Internet Explorer 浏览器下载迅雷软件，并将下载的软件保存在 C
盘根目录下。

(1) 在 Internet Explorer 浏览器中打开谷歌搜索引擎，在文本框中输入"迅雷官方网站"，
单击"Google 搜索"按钮，查找迅雷软件的官方网站，如图 8-65 所示。

(2) 在搜索结果中单击"迅雷官方网站"链接，打开迅雷官方网站，如图 8-66 所示。

图 8-65　搜索迅雷官方网站

图 8-66　打开迅雷官方网站

(3) 单击右上角的"迅雷 5"链接，进入相应的软件下载页面，如图 8-67 所示。

(4) 单击下载页面中间的"官方下载"按钮，打开"文件下载-安全警告"对话框，如
图 8-68 所示。

图 8-67　软件下载页面

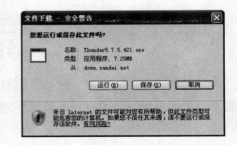
图 8-68　"文件下载-安全警告"对话框

(5) 单击"保存"按钮，打开"另存为"对话框，在其中选择保存迅雷软件的位置为 C
盘根目录，如图 8-69 所示。

(6) 单击"保存"按钮，即可开始下载迅雷软件，在下载过程中会显示相应的进度条，
如图 8-70 所示。

(7) 下载完成后，打开"我的电脑"窗口并进入 C 盘根目录，在其中即可看到已经下
载好的迅雷软件。

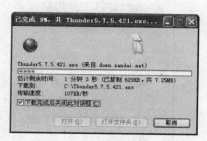

图 8-69　选择保存软件的位置　　　　　　　图 8-70　下载进度

8.6.2　使用下载软件下载网上资源

使用 Internet Explorer 浏览器下载网上资源有许多限制，例如只能进行单线程下载，不支持断点续传，下载中断后必须重新下载。而使用专门的下载软件下载网上资源时，则没有这些限制，并且可以有效地提高下载速度。

本节主要介绍如何使用迅雷软件下载网上资源，迅雷是一款新型的基于 P2SP 技术的专业下载软件，具有下载稳定、速度快等优点，使用它可以轻松快速地下载 Internet 中提供的免费资源。

【练习 8-13】使用迅雷软件下载 Windows Live Messenger(即以前的 MSN)聊天软件，并将其保存在 C 盘根目录下。

(1) 在 Internet Explorer 浏览器中打开谷歌搜索引擎，在文本框中输入 Windows Live Messenger，单击“Google 搜索”按钮，查找 Windows Live Messenger 的官方网站，如图 8-71 所示。

(2) 单击“Windows Live Messenger 中国首页”链接，打开其官方网站，如图 8-72 所示。

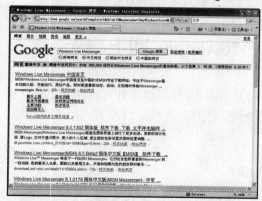

图 8-71　搜索 Windows Live Messenger　　　图 8-72　Windows Live Messenger 官方网站

(3) 右击该网站右侧的“立即下载”链接，在弹出的列表中选择“使用迅雷下载”选项，将会调用迅雷软件，同时打开“建立新的下载任务”对话框，如图 8-73 所示。

(4) 单击“浏览”按钮，在打开的“浏览文件夹”对话框中选择 C 盘根目录作为保存目录，如图 8-74 所示。

图 8-73　"建立新的下载任务"对话框　　　图 8-74　选择 C 盘根目录作为保存目录

(5) 单击"确定"按钮，返回到"建立新的下载任务"对话框。再次单击"确定"按钮，即可开始下载 Windows Live Messenger，同时显示下载进度，如图 8-75 所示。

(6) 下载完成后，打开"我的电脑"窗口并进入 C 盘根目录，在其中即可看到已经下载好的 Windows Live Messenger 聊天软件，如图 8-76 所示。

图 8-75　下载 Windows Live Messenger　　　图 8-76　下载好的程序

8.7　使用 Windows Live Messenger 网上聊天

Windows Live Messenger 是 MSN 聊天软件的最新版本，使用该软件可以在网上与其他用户进行文字聊天、语音对话、视频会议等即时交流，让办公人员可以在不同的地点快捷、便利地交流。

8.7.1　申请和注册 Windows Live Messenger

Windows Live Messenger 即 MSN 的最新版本，要申请 Windows Live Messenger 可首先打开 MSN 的主页面，其网址是 http://im.live.cn/，如图 8-77 所示。单击该页面右侧的"立即下载"超链接，可下载该软件；单击"获取 Live ID"超链接，可打开如图 8-78 所示的页面，在该页面中单击"立即注册"按钮，随即打开"注册"页面，然后按照提示即可注册 Windows Live Messenger 账号，具体步骤在此不再阐述。

图 8-77 MSN 的主页面

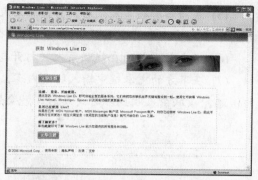

图 8-78 注册页面

8.7.2 使用 Windows Live Messenger

在使用 Windows Live Messenger 进行网上聊天之前, 用户应该先登录并添加相应的联系人。

【练习 8-14】登录 Windows Live Messenger, 添加联系人并和联系人聊天。

(1) 单击"开始"按钮, 在弹出的"开始"菜单中选择"所有程序"| Windows Live| Windows Live Messenger, 打开 Windows Live Messenger 的登录界面, 如图 8-79(a)所示。

(2) 在"电子邮件地址"文本框中输入用户已经注册的 Windows Live ID, 例如: lithorse1979@live.cn; 在"密码"文本框中输入相应的密码, 然后单击下方的"登录"按钮, 即可登录 Windows Live Messenger, 登录后的界面如图 8-79(b)所示。

(3) 此时在界面中没有任何联系人, 接下来添加联系人。单击"添加联系人"按钮, 打开"添加联系人"窗口, 如图 8-79(c)所示。

(4) 在"即时消息地址"文本框中输入对方的电子邮件地址, 然后单击"添加联系人"按钮, 即可添加新的联系人, 并且该联系人会显示在如图 8-79(a)所示的界面中, 如图 8-79(d)所示。按照相同的方法, 用户可以添加更多的联系人。

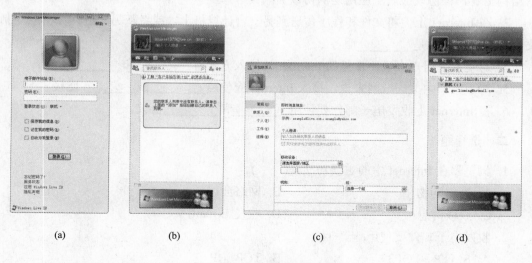

| (a) | (b) | (c) | (d) |

图 8-79 登录并添加联系人

(5) 成功添加联系人之后，当该联系人在线时，就可以在 Windows Live Messenger 的界面中看到其头像为高亮显示，这时即可向其发送即时消息。

(6) 双击新添加的在线联系人，打开与该联系人的聊天窗口，如图 8-80 所示。

(7) 在下方的文本框中输入聊天内容，单击"发送"按钮或按下 Enter 键，即可发送即时消息。该联系人收到即时消息后，就会进行回复，如图 8-81 所示。

图 8-80　聊天窗口　　　　　　　　　　图 8-81　进行即时聊天

8.8 习　题

一、填空题

1. Internet 是通过各种通信设备和_____协议，将分布在世界各地的计算机网络和用户连接在一起的全球性网络。

2. WWW 服务中，客户机和服务器之间采用_____协议进行通信。从网络协议的层次结构上看，该协议应属于应用层的协议。

3. 在 Internet 上，将文件和程序传送到另一台计算机上，或者从另一台计算机上复制文件和程序的服务是_____服务。

4. 对于家庭用户来说，常见的 Internet 的接入方式有_____和_____。

5. 对于大、中型局域网来说，接入 Internet 应使用_____或_____连接。

6. 在 Internet 上收发电子邮件要使用_____和_____协议。

二、选择题

1. 浏览器在 Internet 中的主要功能是(　　)。

    A. 网络购物　　　　　　　　　　B. 网络会议

    C. 获取信息　　　　　　　　　　D. 收发 E-mail

2. 收发电子邮件要使用(　　)和(　　)。

    A. SMTP　POP3　　　　　　　　B. TCP　IP

    C. SMTP　TCP　　　　　　　　D. POP3　IP

3. 电子信箱地址是由用户名和主机域名两部分组成，中间用一个特殊的符号(　　)来连接。

　　A. #　　　　　　　　B. $　　　　　C. &　　　　D. @

4. 使用电话线建立拨号连接时，用户必须有一个由 ISP 提供商提供的(　　)。

　　A. 拨号号码　　　　　　　　　　B. 网卡

　　C. ADSL Modem　　　　　　　　D. 分接器

5. 对于需要经常访问的网页，用户可以将它添加到 Internet Explorer 的(　　)中，以实现快速访问。

　　A. 工具栏　　　　　　　　　　　B. 收藏夹

　　C. 历史记录　　　　　　　　　　D. 主页

三、操作题

1. 在网易(http://www.163.com)网站中申请自己的免费邮箱。

2. 访问 http://www.xtbook.com.cn/网站，并将该网站主页收藏在 Internet Explorer 浏览器的收藏夹中。

3. 尝试使用迅雷在 Internet 上下载所需的一些工具软件。

第9章　计算机安全与维护

随着计算机的普及和深入，计算机病毒的危害越来越大。尤其是计算机网络的发展与普遍应用，盗取计算机中的数据信息、蓄意攻击他人计算机的黑客也越来越多。因此，防治计算机病毒，保证计算机中信息的安全、网络的正常运行，已成为一个非常重要的任务。此外，为使计算机能够高效、稳定地运行，对计算机进行日常维护是非常重要的。

本章要点：

- 网络安全概述
- 计算机病毒
- 防火墙
- 计算机的使用和保养
- 计算机的常见故障处理

9.1　网络安全概述

计算机系统维护是指使计算机的软件和硬件处于良好工作状态的活动，包括对系统的软硬件进行检查、测试、调整、优化、更换和修理等工作。

Internet 的迅速发展给现代人的生产和生活都带来了前所未有的飞跃，大大提高了工作效率，丰富了人们的生活，弥补了人们的精神空缺；而与此同时也给人们带来了一个日益严峻的问题——网络安全。

1. 网络安全的概念

网络安全是指网络系统的硬件、软件及其系统中的数据受到保护，不会由于偶然或恶意的原因而遭到破坏、更改、泄露，使系统能连续、可靠和正常地运行，网络服务不中断。网络安全涉及计算机科学、网络技术、通信技术、密码技术、信息安全技术、应用数学、数论和信息论等多种边缘学科。

2. 网络安全的构成

网络安全包含物理安全、本地安全和远程安全 3 层含义，主要分为系统安全和数据安全两部分。

物理安全主要从外部方面考虑，包括如何防护计算机系统，使之免受外来者的侵入与破坏，避免各种灾害性事故。因此，物理安全主要是指采取安装报警系统，设置门卫等安全保卫措施。

(1) 系统安全

系统安全主要是指计算机网络操作系统的安全性。系统安全的主要防护措施有：口令保护；制定规章制度，对系统内部数据和用户进行分级管理；使用日志等方法记录用户使用计算机的情况和使用安全性较高的操作系统。

(2) 数据安全

Internet 上的数据安全主要包括以下两方面。

- 正确传输公共信息。例如，若要将信息传输到新闻组、BBS 等，就需要保证信息在免受干扰和不被破坏的情况下正确传递。
- 保护私人信息。例如，对于信用卡号码、家庭住址、银行账号信息、电话号码或保密文件等，必须采取某些防范措施以保证信息的安全。

(3) 其他注意事项

在了解系统安全和数据安全后，用户还应该了解一些与网络安全相关的注意事项，以维护 Internet 的安全性。

- 用户应该安装病毒防御软件来防范网络病毒。
- 用户需要对使用最为广泛的 Internet Explorer 浏览器进行安全设置。这里所说的安全设置主要包括：对不同区域进行不同等级的安全设置；对色情、暴力等内容进行分级审查；为高级用户提供高级设置。
- 用户还应重视电子邮件的安全性，例如用户可以通过申请和配置数字标识来发送保密的电子邮件。

3. 安全管理

由于网络安全的脆弱性，除了在网络设计上增加安全服务功能，完善系统的安全保密措施外，还必须花大力气加强网络的安全管理。许多不安全因素恰恰反映在组织管理和人员录用等方面，而这又是计算机网络安全必须考虑的基本问题，所以应引起各计算机网络应用部门领导的重视。

(1) 安全管理原则

网络信息系统的安全管理主要基于 3 个原则。

- 人负责原则：每一项与安全有关的活动，都必须有多人在场。这些人应是系统主要领导指派的，必须忠诚可靠，能胜任该项工作；必须签署工作情况记录以证明安全工作已得到保障。与安全有关的活动有：访问控制使用证件的发放与回收；信息处理系统使用媒介的发放与回收；处理保密信息；硬件和软件的维护；系统软件的设计、实现和修改；重要程序和数据的删除与销毁等。
- 任期有限原则：一般情况下，任何人最好不要长期担任与安全有关的职务。为遵循任期有限原则，工作人员应不定期地循环任职，强制实行休假制度，并规定对工作人员进行轮流培训，以使任期有限制度切实可行。

- 职责分离原则：除非经系统主要领导批准，在信息处理系统工作的人员不能打听、了解或参与职责以外的任何与安全有关的事情。出于对安全的考虑，下面每组内的两项信息处理工作应该分开：计算机操作与计算机编程；机密资料的接收和发送；安全管理和系统管理；应用程序和系统程序的编制；访问证件的管理与其他工作；计算机操作与信息处理系统使用媒介的保管等。

(2) 安全管理的实现

信息系统的安全管理部门应根据管理原则和该系统处理数据的保密性，制订相应的管理制度或采用相应的规范。具体工作如下。

- 根据工作的重要程度，确定该系统的安全等级。
- 根据确定的安全等级，确定安全管理的范围。
- 制订相应的机房出入管理制度。对于安全等级较高的系统，要实行分区控制，限制工作人员出入与己无关的区域。出入管理可采用证件识别或安装自动识别登记系统，采用磁卡、身份卡等手段，对人员进行识别和登记管理。
- 制订严格的操作规程。操作规程要根据职责分离和多人负责的原则，各负其责，不超越各自的管理范围。
- 制订完备的系统维护制度。对系统进行维护时，应采取数据保护措施，如数据备份等。维护时要首先经主管部门批准，并有安全管理人员在场，对故障的原因、维护内容和维护前后的情况要详细记录。

4. 网络安全的发展趋势

随着网络的不断发展，网络产品的不断丰富，网络安全问题也在不断复杂化。今后网络安全的发展趋势，其实也就是为迎合网络上不断变化的潜在危害而自我更新自我保护，尽量做到及早预防。

面对网络越来越快的发展速度，以及人们越来越人性化的要求，网络安全方面的软件也必须迎合这种趋势的要求。今后几年的安全产品，会在以下几大方面有所发展。

(1) 安全硬件产品

网络安全问题可以通过重新安装原先硬件来解决，不过这类措施开销比较大，所以很难被用户接受。但随着科技的发展，硬件产品价格的降低，安全硬件产品也肯定会有其广阔的市场。

(2) 入侵检测产品

这类产品和网络防火墙有点类似，但也有独特之处。这类产品是防火墙的延伸，它应该能防范不经由防火墙的各种攻击，防止感染了病毒的软件或文件的传输。随着网络攻击工具与手法的日趋复杂，单纯地依靠防火墙已经无法满足对安全高度敏感的部门的需要，网络防卫必须采用一种更加全面的手段。与此同时，当今的网络环境也越来越复杂，各式各样的复杂设备需要不断升级，这使得网络管理员的工作不断加重，一些不经意的疏忽便有可能造成重大的安全隐患。在这种情况下，入侵检测系统成为了安全市场上的新热点，不仅越来越受到人们的关注，而且已经开始在各种不同的环境中发挥作用。

(3) 无线技术产品

无线类的网络安全产品本质上要归结到硬件方面，但是作为时尚的、方便用户的无线技术网络的安全支持，的确有其重要地位。英特尔迅驰技术已经成为现在市场上最热门的焦点之一，针对无线网络展开的周边网络安全产品，需要引起足够的重视。相对于有线网络，无线网络安全更为全面可靠。

9.2　计算机病毒

从技术上而言，所谓的计算机病毒，是一种会自我复制的可执行程序。当病毒发病时，很可能会破坏硬盘中的重要资料，有些病毒则会重新格式化(Format)用户的硬盘。此外，病毒还可能会占据一些系统的记忆空间，并寻找机会自行繁殖复制，导致计算机性能降低。因此，如今的很多计算机都装置了复杂的防火墙、侵入追踪系统、防病毒软件和杀毒软件等来保护系统。即便如此，仍然会不断出现一些安全问题和漏洞，安全问题只能变得更为复杂。

9.2.1　计算机病毒概述

计算机病毒就是能够通过某种途径潜伏在计算机存储介质(或程序)里，当达到某种条件时即被激活的具有对计算机资源进行破坏作用的一组程序或指令集合。

下面将具体介绍计算机病毒的相关知识。

1. 计算机病毒的产生

计算机病毒不是来源于突发或偶然的原因。一次突发的停电和偶然的错误，会在计算机的磁盘和内存中产生一些乱码和随机指令，但这些代码是无序和混乱的。计算机病毒则是一种精巧严谨的代码，该代码有严格的秩序，与所在的系统网络环境相适应。

计算机病毒是人为的特制程序，多数病毒可以找到作者信息和产地信息。通过大量的资料分析统计来看，病毒编写者目的不外乎这几种情况：为了表现自己和证明自己的能力，对上司的不满，为了好奇、报复、祝贺和求爱、得到控制口令或软件，拿不到报酬预留的陷阱等，当然也有政治和军事等方面的原因。

2. 计算机病毒的分类

恶性程序码的类别中，计算机病毒和蠕虫较具破坏力，因为它们有复制的能力，从而能够感染远方的系统。计算机病毒一般可以分为以下几类。

- 引导区计算机病毒：是 20 世纪 90 年代中期最为流行的计算机病毒，主要通过软盘在 16 位元磁盘操作系统(DOS)环境下传播。引导区病毒会感染软盘内的引导区及硬盘，而且也能够感染用户硬盘内的主引导区(MBR)。一旦计算机中毒，每一个经受感染计算机读取过的软盘都会受到感染。

- 文件型计算机病毒：又称寄生病毒，通常感染执行文件(.exe)，但是也有些会感染其他可执行文件，如 DLL、SCR 等。每次执行受感染的文件时，病毒便会发作：计算机病毒会将自己复制到其他可执行文件，并且继续执行原有的程序，以免被用户察觉。
- 宏病毒：与其他计算机病毒类型的区别是其攻击数据文件而不是程序文件。宏病毒专门针对特定的应用软件，可感染依附于某些应用软件内的宏指令，通过电子邮件附件、软盘、文件下载和群组软件等多种方式进行传播，如 Microsoft Word 和 Excel。宏病毒采用程序语言撰写，例如 Visual Basic 或 CorelDraw，而这些又是易于掌握的程序语言。宏病毒最先在 1995 年被发现，在不久后已成为最普遍的计算机病毒。
- 特洛伊/特洛伊木马：是一个看似正当的程序，但事实上当执行时会进行一些不正当的活动。特洛伊可用作黑客工具去窃取用户的密码资料或破坏硬盘内的程序或数据。与计算机病毒的区别是特洛伊不会复制自己，其传播伎俩通常是诱骗计算机用户把特洛伊木马植入计算机内，例如通过电子邮件上的游戏附件等。
- 蠕虫：是另一种能自行复制和经由网络扩散的程序。该程序与计算机病毒有些不同，计算机病毒通常专注于感染其他程序，但蠕虫则专注于利用网络去扩散。从定义上，计算机病毒和蠕虫是不可并存的。随着互联网的普及，蠕虫利用电子邮件系统去复制，例如把自己隐藏于附件并于短时间内通过电子邮件传播给多个用户。有些蠕虫(如 CodeRed)，会利用软件上的漏洞扩散和进行破坏。

3. 计算机病毒的特点

计算机病毒对系统构成很大的威胁，主要具有以下特点。

- 破坏性：主要表现在占用系统资源、破坏数据、干扰运行或造成系统瘫痪等，有些病毒甚至会破坏硬件。
- 传染性：主要表现在当用户对文件读写操作时，计算机病毒便会自身复制到被读写的文件中。
- 潜伏期：很多计算机病毒都有一定的潜伏期，感染该类病毒后并不会立刻发作，直到当满足一些条件时才会表现出来，例如特定时间等。
- 隐藏性：计算机病毒文件很小，很多仅为 1KB 左右，并且会隐藏于正常文件中，如果用户不熟悉操作系统的结构、运行和管理机制，将很难判断计算机是否已经感染了病毒。

9.2.2　初识瑞星杀毒软件

瑞星杀毒软件 2008 版是针对目前的操作系统专门研制开发的全新产品。全新的模块化智能反病毒引擎，对未知病毒、变种病毒、黑客木马、恶意网页程序、间谍程序快速杀灭的能力大大增强。软件采用全新的体系结构，并且软件还自带有及时便捷的升级服务。

启动瑞星 2008 后，程序界面如图 9-1 所示。主界面主要分为菜单栏、查杀目录栏、瑞星工具栏、信息栏和查看状态栏。

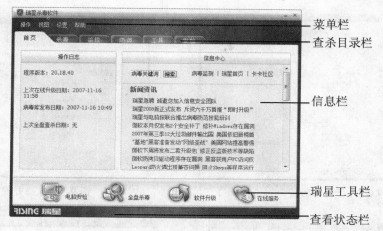

图 9-1　瑞星 2008 程序界面

瑞星程序主界面中 5 个部分的功能如下。

- 菜单栏：用于进行菜单操作的窗口，包括"操作"、"视图"、"设置"和"帮助" 4 个菜单选项。
- 查杀目录栏：用于选择查杀目录或者显示上次查杀的信息。
- 信息栏：显示瑞星杀毒软件和病毒的新闻资讯。
- 瑞星工具栏：单击"全盘杀毒"按钮，即可进行杀毒；单击"软件升级"按钮，即可自动升级。
- 查看状态栏：在该状态栏中显示了当前查杀的文件名、所在文件夹、病毒名称和状态。

9.2.3　定制瑞星自动杀毒任务

在瑞星杀毒中可以设置定制杀毒任务，可以指定瑞星定期自动查杀计算机中可能存在的病毒，从而免除用户在平时维护计算机安全时需要频繁手动杀毒的麻烦，如可根据需要选择"不扫描"、"每天一次"、"每周一次"或者"每月一次"等不同的扫描频率等。

【练习 9-2】定制瑞星自动杀毒任务。

(1) 启动瑞星杀毒软件，切换至"杀毒"视图，单击"查杀设置"按钮，或者在菜单栏中选择"设置"|"详细设置"命令，打开"详细设置"对话框，如图 9-2 所示。

(2) 在"定制任务"目录中，选择"定时查杀"选项，切换至"处理方式"选项卡，选择处理病毒的方式，如图 9-3 所示。

(3) 单击"查杀文件类型"标签，打开"查杀文件类型"选项卡，设置查杀的文件类型，如图 9-4 所示。

(4) 单击"查杀频率"标签，打开"查杀频率"选项卡，设置扫描的时间和频率，如图 9-5 所示。

图 9-2　"详细设置"对话框

图 9-3　选择处理方式

图 9-4　设置查杀的文件类型

图 9-5　设置扫描的时间和频率

(5) 单击"检测对象"标签，打开"检测对象"选项卡，设置检测的内容，如图 9-6 所示。

(6) 选择"屏保查杀"选项，在"处理方式"选项卡中，设置并选择处理病毒的方式，如图 9-7 所示。

图 9-6　设置检测的内容

图 9-7　设置屏保查杀的处理方式

(7) 单击"查杀文件类型"标签，打开"查杀文件类型"选项卡，设置查杀的文件类型，如图 9-8 所示。

(8) 单击"检测对象"标签，打开"检测对象"选项卡，设置检测的内容，如图 9-9 所示。

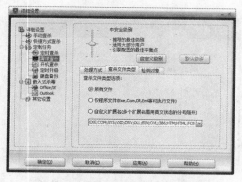

　　图 9-8　设置屏保查杀的文件类型　　　　　　　图 9-9　设置屏保查杀检测的内容

　　(9) 选择"开机查杀"选项，在"开机查杀"选项组中设置开机查杀的对象，如图 9-10 所示。

　　(10) 选择"定时升级"选项，在"定时升级"选项组中设置升级的时间和频率，如图 9-11 所示。

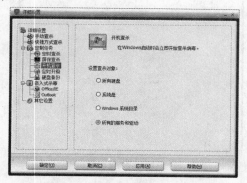

　　图 9-10　设置开机查杀的对象　　　　　　　图 9-11　设置定时升级的时间和频率

　　(11) 设置完毕后，单击"确定"按钮，完成病毒查杀的定制。当系统到达所设定的杀毒时间时，瑞星杀毒软件将会自动在计算机中运行，并执行对预先指定的计算机磁盘、文件夹、内存、邮件或引导区的病毒检查。

9.2.4　配置瑞星监控中心

　　瑞星监控中心包括网页监控、文件监控、邮件监控等功能。用户可以通过配置瑞星监控中心有效地监控计算机系统打开的任何一个陌生文件，邮箱发送或接收到的邮件或者浏览器打开的网页，从而全面保护计算机不受病毒的侵害。本节以设置瑞星文件监控功能为例介绍配置瑞星监控中心的方法。

　　【练习 9-3】设置瑞星文件监控功能。

　　(1) 启动瑞星杀毒软件，单击"监控"按钮，切换至"监控"选项卡，如图 9-12 所示。

　　(2) 单击"文件监控"按钮，在右侧打开"设置"界面，如图 9-13 所示。

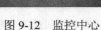

图 9-12　监控中心　　　　　　　　　　　图 9-13　文件监控

(3) 单击"详细设置"按钮，打开"监控设置"对话框，如图 9-14 所示。

(4) 切换至"常规设置"对话框，在"发现病毒时"下拉列表中选择"清除病毒"选项，如图 9-15 所示。

图 9-14　"监控设置"对话框　　　　　　　图 9-15　常规设置

(5) 单击"高级设置"按钮，切换至"高级设置"对话框，选中"文件创建时监控"复选框，如图 9-16 所示。

(6) 设置完毕后，单击"确定"按钮即可。

图 9-16　高级设置

注意：

邮件接受监控是指在用户接收电子邮件时，先截获用户接收的邮件并查杀病毒之后再转给用户。邮件接收监控不需要对用户的电子邮件程序做出任何修改。

9.2.5　使用瑞星的主动防御功能

主动防御指在使用者打开软件或上网时主动提前对对象进行病毒扫描，是一种较新的反病毒方式，打破了传统的"先中毒，再杀毒"的方式。本节将以设置瑞星"应用程序保护"主动防御功能为例，介绍使用瑞星主动防御功能的方法。

【练习 9-4】设置启动瑞星杀毒软件的同时，启动瑞星"应用程序保护"主动防御功能。

(1) 启动瑞星杀毒软件，单击"防御"按钮，切换至"防御"选项卡，如图 9-17 所示。

(2) 选择"应用程序保护"选项，如图 9-18 所示，然后单击"设置"按钮。

图 9-17　瑞星防御功能

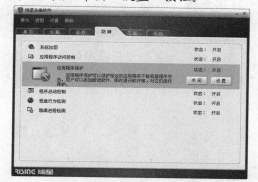

图 9-18　应用程序保护

(3) 在打开的"主动防御设置"对话框中，显示已受保护的应用程序，如图 9-19 所示。

(4) 单击"添加"按钮，打开"选择规则应用对象"对话框，在当前活动进程列表中选择该选项，如图 9-20 所示。

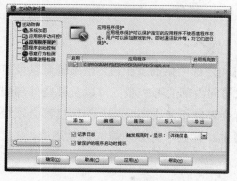

图 9-19　"主动防御设置"对话框

图 9-20　"选择规则应用对象"对话框

(5) 单击"确定"按钮，打开"添加规则"对话框，设置应用程序的保护规则，如图 9-21 所示。

(6) 单击"确定"按钮，受保护的应用程序则被添加到"应用程序保护"列表中，如图 9-22 所示。

图 9-21　"添加规则"对话框　　　　图 9-22　显示添加的首保护应用程序

(7) 单击"确定"按钮，即将启动"应用程序保护"主动防御功能。

注意：

当需要修改某个应用程序的保护规则时，在应用程序列表中选择某个对象，然后单击"编辑"按钮，在打开的对话框中重新进行设置即可。

9.3　防　火　墙

重要单位的门卫一般要求来访者填上自己的姓名、来访目的、来访事件和拜访何人等。虽然手续繁琐，但却必不可少。防火墙也一样，是保证企业内部网络安全的第一道关卡。

为了保障网络安全，防止外部网对内部网的侵犯，多在内部网络与外部公共网络之间设置防火墙。一方面最大限度地让内部用户方便地访问 Internet，另一方面尽可能地防止外部网对内部网的非法入侵。

9.3.1　防火墙概述

Internet 防火墙是一个或一组系统，能够增强机构内部网络的安全性。该系统可以设定哪些内部服务可以被外界访问，外界的哪些人可以访问内部的哪些服务，以及哪些外部服务可以被内部人员访问。要使一个防火墙有效，所有来自和去往 Internet 的信息都必须经过防火墙的检查。防火墙必须只允许授权的数据通过，并且本身必须能够避免渗透。

1. 防火墙的定义

防火墙是指设置在不同网络(如可信任的企业内部网络和不可信任的外部公共网络)或网络安全域之间的一系列部件的组合。可以通过监测、限制、更改跨越防火墙的数据流，尽可能地对外部屏蔽网络内部的信息、结构和运行状况，以此来实现网络的安全保护。

在逻辑上，防火墙是一个分离器和限制器，可以有效地监控内部网和 Internet 之间的任何活动，保证了内部网络的安全，如图 9-23 所示。

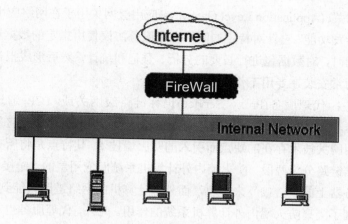

图 9-23 防火墙逻辑位置示意图

防火墙基本上是一个独立的进程或一组紧密结合的进程，该进程控制经过防火墙的网络应用程序的通信流量。一般来说，防火墙置于公共网络(如 Internet)入口处，确保一个单位内的网络与 Internet 之间所有的通信均符合该单位的安全策略。

2. 防火墙的功能

防火墙能有效地防止外来的入侵，在网络系统中具有如下功能。

● 防火墙定义了唯一的瓶颈，可以把未授权用户排除到受保护的网络之外，禁止脆弱的服务进入或离开网络，防止各种 IP 盗用和路由攻击。使用唯一的瓶颈可以简化管理，因此安全功能都集中在单个系统或一个系统群中。

● 通过防火墙可以监视与安全有关的事件，在防火墙系统中可以采用监听和报警技术。

● 防火墙可以为几种与安全有关的 Internet 服务提供方便的平台，包括网络地址翻译程序和网络管理功能部件。前者把本地地址映射成 Internet 地址，后者用来监听或者记录 Internet 使用情况。

● 防火墙可以作为诸如 IPSec 的平台。通过使用隧道模式功能实现虚拟专用网。

3. 防火墙的分类

防火墙分为包过滤、应用级网关和代理服务器等几大类型。

● 数据包过滤：数据包过滤(Packet Filtering)技术是在网络层对数据包进行选择，选择的依据是系统内设置的过滤逻辑，称为访问控制表(Access Control Table)。通过检查数据流中每个数据包的源地址、目的地址、所用的端口号、协议状态等因素，或由它们的组合来确定是否允许该数据包通过。数据包过滤防火墙逻辑简单，价格便宜，易于安装和使用，网络性能和透明性好，通常安装在路由器上。路由器是内部网络与 Internet 连接必不可少的设备，因此在原有网络上增加这样的防火墙几乎不需要任何额外的费用。

- 应用级网关：(Application Level Gateways)应用级网关用于在网络应用层上建立协议过滤和转发功能。它针对特定的网络应用服务协议使用指定的数据过滤逻辑，并在过滤的同时，对数据包进行必要的分析、登记和统计，然后形成报告。实际中的应用网关通常安装在专用工作站系统上。

- 代理服务：代理服务(Proxy Service)也称链路级网关或 TCP 通道(Circuit Level Gateways，或 TCP Tunnels)，也有人将它归于应用级网关一类。它是针对数据包过滤和应用网关技术存在的缺点而引入的防火墙技术，其特点是将所有跨越防火墙的网络通信链路分为两段。防火墙内外计算机系统间应用层的"链接"，由两个终止代理服务器上的"链接"来实现，而外部计算机的网络链路只能到达代理服务器，从而起到了隔离防火墙内外计算机系统的作用。此外，代理服务也对过往的数据包进行分析、注册登记，然后形成报告，同时当发现被攻击迹象时，会向网络管理员发出警报，并保留攻击痕迹。

4. 防火墙的特点

防火墙作为计算机的保护屏障，一般都具备以下特点。

- 广泛的服务支持：通过将动态的、应用层的过滤能力和认证相结合，可实现 WWW 浏览器、HTTP 服务器和 FTP 等。

- 对私有数据的加密支持：保证通过 Internet 进行的虚拟私人网络和商务活动不受损坏。

- 客户端认证只允许指定的用户访问内部网络或选择服务：主要指企业本地网与分支机构、商业伙伴和移动用户间安全通信的附加部分。

- 反欺骗：欺骗是从外部获取网络访问权的常用手段，它使数据包好似来自网络内部。防火墙能监视这样的数据包并能扔掉它们。

- C/S 模式和跨平台支持：能使运行在一平台的管理模块控制运行在另一平台的监视模块。

9.3.2　使用 Windows XP 防火墙

由于 Windows XP 操作系统自带一个简单的防火墙，所以这一节将介绍自带防火墙的配置和使用方法。

1. 启用防火墙

选择"开始"|"控制面板"命令，打开"控制面板"窗口，如图 9-24 所示。双击"Windows 防火墙"图标，打开"Windows 防火墙"对话框，如图 9-25 所示，可以看到用户已经启用了 Windows 防火墙。如果用户还没有启用 Windows 防火墙，在该对话框中选中"启用"单选按钮即可。

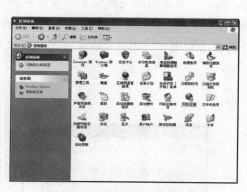

图 9-24　"控制面板"窗口　　　　图 9-25　"Windows 防火墙"对话框

注意：

如果用户不想关闭 Windows 防火墙，而使用其他防火墙，可以选中"关闭"复选框，但是这样的操作一般不推荐使用。

2. 高级设置

Windows 防火墙提供了网络连接设置、安全日志记录设置、ICMP 设置及默认设置等高级设置功能，用户可以根据自己的安全需要对 Windows 防火墙进行设置。下面以网络连接设置中的服务设置为例，介绍高级设置的方法。

【练习 9-8】Windows 防火墙的服务设置。

(1) 在打开的"控制面板"窗口中，双击"Windows 防火墙"图标，打开"Windows 防火墙"对话框。

(2) 单击"高级"标签，打开"高级"选项卡，如图 9-26 所示。

(3) 在"网络连接设置"列表框中，选中"本地连接"选项后，单击"设置"按钮，打开"高级设置"对话框，如图 9-27 所示。

图 9-26　"高级"选项卡　　　　图 9-27　"高级设置"对话框

(4) 在"服务"选项卡的"服务"列表框中，列出了各种服务，如 FTP 服务器、邮件服务、Telnet 服务等，选中相关服务前的复选框，即可开启相关的服务，如图 9-28 所示。

　　(5) 如果用户需要自定义一些访问端口，可以单击"添加"按钮，打开"服务设置"对话框，用户可以根据自己的需要添加服务的描述和地址、端口号以及使用的协议等，如图 9-29 所示。

图 9-28　开启服务　　　　　　　　图 9-29　添加服务

　　(6) 设置完毕后，单击"确定"按钮即可。

注意：

　　至于安全日志记录设置、ICMP 设置，在此不做具体介绍。在"Windows 防火墙"对话框中，单击"设置"按钮即可打开相应的设置对话框进行相关设置。单击"还原默认设置"按钮，即可将所有的 Windows 防火墙设置还原为默认状态。

9.4　计算机的使用和保养

　　计算机硬件还是各种软件运行的基础，硬件一旦出现故障便会影响正常的工作。只要我们在日常使用中爱护自己的计算机，定期进行全方位的维护，就可以大大降低故障的发生。因此，平时需要注意保养，以防患于未然。

9.4.1　CPU 的使用和保养

　　CPU 是计算机的大脑，对 CPU 进行保养和维护可以让其发挥 100%的性能，在保养 CPU 时要注意释放人体自带的静电。

　　【练习 9-9】对 CPU 进行维护和保养。

　　(1) 从主板上拔下风扇电源线，如图 9-30 所示。

　　(2) 打开散热片的扣杆，取下散热片，如图 9-31 所示。

图 9-30 拔下风扇电源线

图 9-31 打开散热片的扣杆

(3) 准备好用于 CPU 导热的硅胶，如图 9-32 所示。在 CPU 和散热片之间均匀涂抹导热硅胶，如图 9-33 所示。散热硅胶和散热硅脂都是白色的液体。散热硅胶比较粘稠，而散热硅脂比较稀。将它们涂在散热片与 CPU 之间，可以较好地将 CPU 的热量传给散热片。

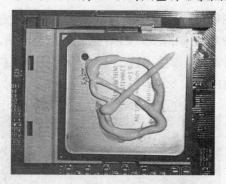

图 9-32 准备好用于 CPU 导热的硅胶　　图 9-33 在 CPU 和散热片之间均匀涂抹导热硅胶

(4) CPU 使用一段时间后，风扇和散热片上会有灰尘。灰尘不利于散热，需要及时清扫。这时，可以拧开固定风扇的 4 颗螺钉，将散热片上的风扇拆卸下来，如图 9-34 所示。然后使用毛刷清除风扇扇页上的灰尘，如图 9-35 所示。

(5) 把风扇安装回散热片，再重新插回 CPU 插槽即可。

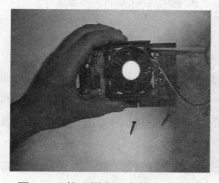

图 9-34 拧开固定风扇的 4 颗螺钉　　图 9-35 用毛刷清除风扇扇页上的灰尘

9.4.2　硬盘的使用和保养

现在的硬盘容量越来越大(主流在 80G 以上)，转速也越来越快(主流在 7200r/min 以上)，这使许多软件爱好者和游戏迷们欢呼雀跃，但由此也带来了一个新的问题：如果硬盘一旦出现问题，存储在硬盘上的各种数据就有可能会付之东流了。因此做好硬盘的日常维护工作对于延长其使用寿命，提高使用效率是非常重要的，是使用计算机过程中的一个重要环节。

在移动硬盘时应用手捏住硬盘的两侧，尽量避免手与硬盘背面的电路板直接接触，如图 9-36 所示。而且要轻拿轻放，尽量不要磕碰或者与其他坚硬物体相撞。

在硬盘的使用过程中，电压不稳定会对硬盘造成很大伤害，如果用户所在地区的电源电压不太稳定，则最好为计算机配一个 UPS 电源。

很多 DIY 爱好者喜欢对计算机的 CPU 进行超频使用，但有时提高了 CPU 外频后，硬盘却出了问题，频繁死机或硬盘发热严重，甚至出现逻辑或物理坏道。实际上 IDE 接口的硬盘要接受 PCI 总线频率的驱动，按照 PCI 总线的设计规范来讲其标准的工作速度不得超过 33MHz，CPU 的外频被提高后，PCI 总线的频率也会随之提高，这时就会为硬盘带来不稳定的因素。因此当用户对 CPU 进行超频时，就一定要把 PCI 的频率设置为33MHz。

由于硬盘内部的物理构造比较脆弱，因此用户切莫擅自拆卸硬盘外壳，如图 9-37 所示。

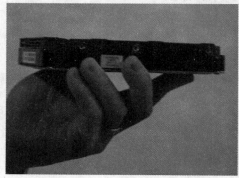　　

　　　　图 9-36　移动硬盘时的方法　　　　　　图 9-37　不要擅自拆卸硬盘外壳

9.4.3　显示器的使用和保养

保养显示器主要有两个方面：一是显示器表面的保养，还有就是显示器内部的除尘。

彩显屏幕为了防眩光、防静电，表面涂了一层极薄的化学物质涂层，不要用酒精一类的化学溶液擦拭，也不要用粗糙的布、纸之类的物品和湿抹布用力擦，清洁屏幕表面应用脱脂棉或镜头纸。

擦拭显示器屏幕时，应从屏幕内圈向外呈放射状轻轻擦拭，如图 9-38 所示。如果屏幕表面较脏，可以用少量的水湿润脱脂棉或镜头纸擦拭。

对于显示器外壳，也要经常性地进行除尘工作。要经常性地使用毛刷清理显示器外壳灰尘，如图 9-39 所示。

图 9-38　擦拭显示器屏幕

图 9-39　使用毛刷清理显示器外壳灰尘

9.4.4　键盘保养

键盘是最常用的输入设备之一，即使只有一个键失灵，使用起来也会很不方便。由于键盘是一种机电设备，使用频繁，加之键盘底座和各按键之间有较大的间隙，灰尘容易侵入，因此定期对键盘做清洁维护也是十分必要的。

对键盘做清洁维护时，可以将键盘反过来轻轻拍打，让其内的灰尘落出，如图 9-40 所示。

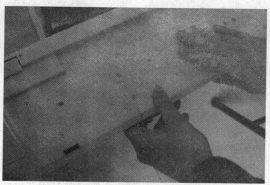

图 9-40　清洁键盘

使用时间较长的键盘需要拆开进行维护。拆卸键盘比较简单，拧下底板上的螺钉，即可取下键盘后盖板。

根据键盘种类的不同，其内部清洁方法也略有不同：对于机械式按键键盘，使用毛刷扫除电路板和键盘按键上的灰尘即可；对于电触点键盘，将其橡胶垫、前面板和嵌在前面板上的按键用水清洗即可。

9.5　计算机常见故障处理

当一台计算机出现故障时，首先要对发生的故障进行分析，例如回忆一下出故障以前曾经进行过哪些操作，出故障的表现是什么；然后以此来判断计算机故障发生的原因，是硬件故障还是软件故障，然后根据自己的判断来一步一步地解决。

分析故障原因对于计算机初学者来说比较困难。那些所谓排障高手之所以能快速判断故障原因并解决故障，不仅凭借着其扎实的硬件和软件知识，更多的是依靠其实际经验，这也是初学者最缺少的。

9.5.1　计算机无法正常启动

当计算机无法正常启动时，用户可以查看开机自检时的英文提示，根据提示信息可以方便地查看和处理计算机启动故障。常见的自检提示如下。

1. CMOS battery failed

出现该自检提示，表示 CMOS 电池已经快没电了，更换一块新的 CMOS 电池即可，如图 9-41 所示。

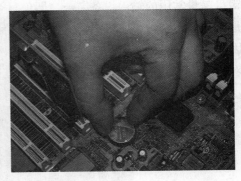

图 9-41　更换新的 CMOS 电池

2. Keyboard error or no keyboard present

出现该自检提示，表示键盘错误，或没有连接键盘，用户可以检查键盘连线是否松动，如图 9-42 所示。如果还是出现该错误，则检查键盘接头引针是否弯曲或折断，如图 9-43 所示。

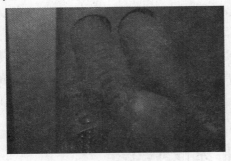

图 9-42　检查连线是否松动　　　　图 9-43　检查接头引针是否弯曲或折断

3. Hard disk install failure

出现该自检提示，表示硬盘安装错误。造成这种故障的原因很可能是硬盘电源线或数据线没有连接好，用户可以首先检查硬盘数据线和电源线是否正确连接，如图 9-44 和图 9-45 所示。

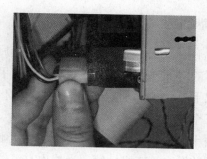

图 9-44　检查硬盘数据线　　　　　　图 9-45　检查硬盘电源线

如果用户计算机上有两块硬盘，还可检查同一根数据线上的两块硬盘的跳线设置是否一样，如果一样，只要将两块硬盘的跳线设置成不一样即可。如果还不能正常启动，则可以将硬盘安装到其他计算机上检查是否为硬盘故障。

4. Memory test fail

出现该自检提示，表示检测内存失败，可将内存条拔下，清洁一下内存金手指，如图 9-46 所示。

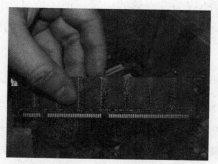

图 9-46　拔下内存条并清洁内存金手指

清洁完毕后，重新将内存条插到主板上即可。如果用户的计算机使用两根内存条，还可能是由于内存条之间互相不兼容所造成的，用户计算机在同时使用多条内存的时候，应尽量选择同品牌同型号的内存条。

9.5.2　鼠标失灵

鼠标失灵的原因有很多，例如接触不良，灰尘在里面，鼠标驱动错误或是设置有问题等。以下就是几种解决鼠标失灵的方法。

1. 接口接触不良

由于鼠标是外置设备，接口接触不良最有可能导致鼠标失灵，遇到此类情况，可以轻轻插拔一下鼠标的接口。如果鼠标脱离了计算机接口，建议先关闭计算机，插入鼠标，然后再开机使用。

2. 清除灰尘或更换零件

鼠标有时候表现出定位不准、反应滞后等症状，这是因为鼠标使用时间长了，灰尘集中到鼠标的内部，这时候需要对它进行"手术"。所谓的手术很简单，只需先将鼠标底部的圆环取下，再将小球取出，然后用一个牙签将聚在鼠标内滚轴上的污垢清除干净(一般的鼠标有三个滚轴)，最后再将鼠标小球放回，拧上圆环，一般鼠标就能恢复正常了。

而对于光电鼠标来说，出现上述症状则可能是发光管或光敏元件老化，此时只能更换型号相同的发光管或光敏管。当然也有可能是光电接收系统偏移，焦距没有对准。光电鼠标是利用内部两对互相垂直的光电检测器，配合光电板进行工作的。从发光二极管上发出的光线照射在光电板上，反射后的光线经聚焦后经反光镜再次反射，调整其传输路径，被光敏管接收，形成脉冲信号，脉冲信号的数量及相位决定了鼠标移动的速度及方向。光电鼠标的发射及透镜系统组件是组合在一体的，固定在鼠标的外壳上，而光敏三极管是固定在电路板上的，二者的位置必须相当精确，厂家是在校准了位置后，用热熔胶把发光管固定在透镜组件上的，如果在使用过程中，鼠标被摔碰过或震动过大，就有可能使热熔胶脱落、发光二极管移位。如果发光二极管偏离了校准位置，从光电板反射来的光线就可能到达不了光敏管。此时，要耐心调节发光管的位置，使之恢复原位，直到向水平与垂直方向移动时，指针最灵敏为止，再用少量的 502 胶水固定发光管的位置，合上盖板即可。

注意:

工作过程中如果鼠标突然失灵，正在进行的工作又没有保存，怎么办?别急，利用键盘的快捷键可以方便地进行一些常用操作。有效的几种快捷键是: Ctrl+V 组合键保存，方向键移动，Tab 键切换，Enter 键相当于鼠标双击，Esc 键相当于取消，Shift+F10 组合键相当于右击，Windows+E 组合键可以打开资源管理器，Alt+F4 组合键可以关闭程序或者关机。

综上所述，如果遇到鼠标失灵的情况，可以综合考虑以上几种解决方法。当然，注意鼠标的保养，减少误操作是减少鼠标失灵的最佳方法。

9.5.3　显示器无法点亮

开机后显示器无法点亮，此类故障一般是因为显卡与主板接触不良或主板插槽有问题造成的。对于一些集成显卡的主板，如果显存使用的是主内存，则需要注意内存条的位置，一般在第一个内存条插槽上应插有内存条。由于显卡原因造成的开机无显示故障，开机后一般会发出一长两短的蜂鸣声(对于 AWARD BIOS 显卡而言)。

9.6 习　　题

一、填空题

1. 网络安全涉及_____、_____、_____、_____、_____、_____和_____等多种边缘学科。

2. 网络安全包含物理安全、本地安全和远程安全 3 层含义，主要分为_____和_____两部分。

3. 网络信息系统的安全管理主要基于_____、_____、_____ 3 个原则。

4. 计算机病毒是一种精巧严谨的_____，该代码有严格的_____，与所在的系统_____相适应。

5. 瑞星主界面主要分为_____、_____、_____、_____和_____ 5 个部分。

6. Internet 防火墙是一个或一组_____，能够增强_____的_____。

二、选择题

1. 下面(　　)软件不可以完成清除计算机病毒的工作。

    A. 诺顿杀毒　　B. 金山毒霸　　　　C. Outlook　　　D. KVW3000

2. 下列(　　)不属于计算机病毒的特征。

    A. 传染性　　　B. 不可预见性　　C. 破坏性　　　D. 暴露性

3. 在防范计算机病毒的措施中，下列方式中(　　)不适用。

    A. 给计算机加防病毒卡

    B. 定期使用最新版本杀病毒软件对计算机进行检查

    C. 对硬盘上重要文件，要经常进行备份保存

    D. 直接删除已被病毒感染的系统文件

4. 保养显示器时，可以使用(　　)擦拭显示器屏幕。

    A. 酒精　　　　　　　　　　　C. 纸

    B. 湿抹布　　　　　　　　　　D. 脱脂棉

5. 查看和处理计算机启动故障时，如果看到自检提示：Memory test fail，则表明故障可能存在于(　　)。

    A. 硬盘　　　　　　　　　　　C. 键盘

    B. 内存　　　　　　　　　　　D. 电源

三、操作题

1. 使用瑞星杀毒软件，对计算机进行全盘杀毒。

2. 启用 Windows XP 防火墙，并对其进行配置。

实 验 指 导

实验 1　计算机外设的连接

【实验目的】

- 了解计算机硬件组成以及常用外设的功能。
- 掌握常用外设的连接方法。

【实验内容】

独立完成显示器、鼠标、键盘、音箱、网线与主机箱的连接。

【实验环境】

没有连接外设的计算机。

【操作指导】

(1) 主机与外设之间连线的方法思路是：辨清接头，对准插上。

(2) 首先连接键盘，键盘接口在主板的后部，是一个紫色圆形的接口。键盘插头上有向上的标记，连接时按照这个方向插好就行了，如图 A-1 所示。

图 A-1　连接键盘

(3) 接着连接鼠标，当前鼠标分为 PS/2 和 USB 这两种接口。PS/2 鼠标就插在键盘旁边的鼠标插孔中，如图 A-2 左图所示；如果用户购买的是 USB 接口的鼠标或者键盘，则可以直接插入任意的 USB 接口中，如图 A-2 右图所示。

图 A-2　连接鼠标

(4) 然后接显示器的信号线，15 针的信号线接在显卡上，插好后别忘记拧紧接头两侧的螺丝，如图 A-3 所示。显示器的电源一般都是单独连接电源插座的。

（5）找到音箱的音源线接头，并将其连接到主机声卡的插口中。根据 PC99 规范，第一声音输出口为绿色，第二输出口为黑色，MIC 口为红色，如图 A-4 所示。

图 A-3　连接显示器信号线

图 A-4　连接音频输出线

（6）如果安装有网卡，将 RJ45 网线按如图 A-5 的方式插入到网卡接口中即可。

（7）最后，将主机电源线插上，如图 A-6 所示。

图 A-5　连接网线

图 A-6　连接机箱电源线

（8）第一次开机激活新计算机前，重新检查所有的连接。最后将电源插头插到插座上，即可完成电脑的外部设备连接操作。

（9）按电脑电源开关，即可打开电脑。若用户已经安装了 Windows 操作系统，则开机后会自动进入系统。

（10）进入系统后，用户可以测试键盘、鼠标和音箱是否能正常使用。

（11）测试完成后，若无需使用计算机，可以在 Windows 操作系统的桌面上选择"开始"|"关闭计算机"|"关闭"命令，关闭计算机。

实验2　硬盘的分区与格式化

【实验目的】
- 掌握硬盘分区方法。
- 掌握硬盘格式化方法。

【实验内容】
对硬盘进行正确的分区格式化操作。

【实验环境】
(1) 没有内容的空硬盘。
(2) 家用计算机或更高配置的计算机。

【操作指导】

1. 创建主 DOS 分区

(1) 使用启动盘，将计算机启动到 DOS 状态，在 A:\>提示符后输入 fdisk 命令，如图 A-7 所示。

(2) 按 Enter 键，打开 Fdisk 程序的欢迎界面，如图 A-8 所示。

图 A-7　输入 fdisk 命令　　　　　图 A-8　Fdisk 程序的欢迎界面

(3) 输入 Y，按 Enter 键确认，打开 Fdisk 程序的主界面，如图 A-9 所示。

(4) 输入 1，按 Enter 键确认，打开创建分区主界面，如图 A-10 所示。

图 A-9　Fdisk 程序的主界面　　　　　图 A-10　创建分区主界面

(5) 输入 1，按 Enter 键确认，开始自动检测当前硬盘，如图 A-11 所示。

(6) 自动检测完成后，提示是否将整个硬盘作为一个分区，输入 N，如图 A-12 所示。

图 A-11　自动检测当前硬盘　　　　　图 A-12　不将整个硬盘作为一个分区

(7) 按 Enter 键确认，将自动检测硬盘的容量，如图 A-13 所示。

(8) 检测完成后，提示输入分配给主分区的硬盘空间，输入 40%，如图 A-14 所示。

图 A-13　自动检测硬盘的容量　　　　　图 A-14　分配主分区的硬盘空间

(9) Fdisk 程序自动分配 40%的硬盘空间给主 DOS 分区，并显示分区已经创建成功，如图 A-15 所示。

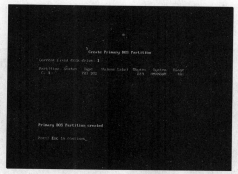

图 A-15　显示分区已经创建成功

2. 创建扩展 DOS 分区

(1) 在如图 A-15 所示的界面中按 Esc 键返回创建分区主界面，输入 2，如图 A-16 所示。

(2) 按 Enter 键，再次进行硬盘检测，如图 A-17 所示。

 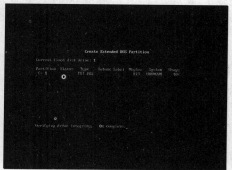

图 A-16　返回创建分区主界面　　　　　图 A-17　再次进行硬盘检测

(3) 检测完成后，显示当前硬盘的剩余容量，如图 A-18 所示。

(4) 直接按 Enter 键，使用全部剩余空间创建扩展 DOS 分区，如图 A-19 所示。

 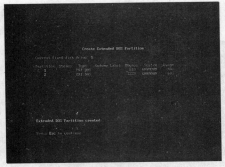

图 A-18　显示当前硬盘的剩余容量　　　图 A-19　完成创建扩展 DOS 分区

3．创建逻辑分区

(1) 在如图 A-19 所示的界面中按 Esc 键，提示尚未创建逻辑分区，并开始自动检测硬盘，如图 A-20 所示。

(2) 检测完成后，显示扩展分区的大小，输入 50%，使用分配给扩展分区的 50%的硬盘空间创建第一个逻辑分区，如图 A-21 所示。

图 A-20　提示尚未创建逻辑分区　　　图 A-21　创建第一个逻辑分区

(3) 创建完成第一个逻辑分区后，开始检测扩展分区的剩余空间，如图 A-22 所示。

(4) 检测完成后，显示扩展分区的剩余空间大小，如图 A-23 所示。

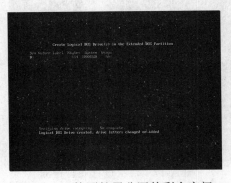 

图 A-22　检测扩展分区的剩余空间　　　图 A-23　显示扩展分区的剩余空间大小

(5) 直接按 Enter 键，将全部的扩展分区剩余空间创建成第 2 个逻辑分区，如图 A-24 所示。

4. 创建活动分区

(1) 在如图 A-24 所示的界面中，按 Esc 键，返回 Fdisk 的主界面，提示尚未设置活动分区，输入 2，如图 A-25 所示。

图 A-24　创建第 2 个逻辑分区

图 A-25　提示尚未设置活动分区

(2) 按 Enter 键，提示选择要激活的分区，输入 1，如图 A-26 所示。

(3) 按 Enter 键，提示激活主分区成功，按 Esc 键返回 Fdisk 的主界面，再次按 Esc 键退出 Fdisk 程序，如图 A-27 所示。

图 A-26　提示选择要激活的分区

图 A-27　提示激活主分区成功

5. 使用 Format 命令格式化硬盘

(1) 使用启动盘将计算机启动到 DOS 状态，在 A:\> 提示符后输入 format c: 命令，如图 A-28 所示。

(2) 按 Enter 键，提示是否确认对 C 盘进行格式化操作，默认选择 y，如图 A-29 所示。

图 A-28　输入 format c: 命令

图 A-29　确认对 C 盘进行格式化操作

(3) 按 Enter 键，显示格式化 C 盘的进度，如图 A-30 所示。

(4) 格式化完成后要求输入卷标，如图 A-31 所示。

图 A-30　显示格式化 C 盘的进度　　　　　图 A-31　要求输入卷标

(5) 直接按 Enter 键为设置空白卷标，并给出分区的详细信息，完成分区的格式化操作，如图 A-32 所示。

图 A-32　完成分区的格式化操作

(6) 使用同样的方法，对其他分区进行格式化操作。

实验 3　安装 Windows XP 操作系统

【实验目的】

掌握安装 Windows XP 操作系统的方法。

【实验内容】

从光盘中安装 Windows XP。在安装过程中，根据提示设置 Windows XP。

【实验环境】

(1) Windows XP 安装光盘。

(2) 家用计算机或更高配置的计算机。

【操作指导】

(1) 首先启动计算机并按住 Del 键进入 BIOS 设置程序，在 Advanced BIOS Feature 选项中将 First Boot Device 选项设置为 CD-ROM。

(2) 将 Windows XP Professional 安装光盘放入光驱，然后保存并退出 BIOS 设置程序，此时重新启动计算机后将自动运行光盘中的安装程序。

(3) 启动后程序将进入 Windows XP Professional 的安装界面，此时系统开始检测电脑中的硬件设备，如图 A-33 所示。

(4) 检测完毕后，将出现"Windows XP Professional 安装程序"界面，这里提供三个选项，按 R 键修复安装，按 F3 键则退出安装，这里按 Enter 键继续安装，效果如图 A-34 所示。

图 A-33　检测硬件设备

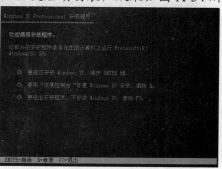
图 A-34　选择安装方式

(5) 接下来在打开的"Windows XP 许可协议"界面中直接按 F8 键，如图 A-35 所示。

(6) 这时安装程序提示用户选择安装分区。如果用户的磁盘没有进行分区，在该界面的下方将显示为"未划分的空间"。此时按下 C 键，然后根据界面提示进行划分即可，如图 A-36 所示。

图 A-35　"Windows XP 许可协议"界面

图 A-36　选择安装分区

(7) 在进入的界面中选择需要的文件系统的格式并进行格式化操作，这里选择"用 NTFS 文件系统格式化磁盘分区"选项，之后按 Enter 键，如图 A-37 所示。

(8) 此时系统进入格式化磁盘的界面，这里可以看到硬盘的总容量、分区的磁盘容量以及格式化的进度等信息，如图 A-38 所示。

图 A-37　选择文件系统格式

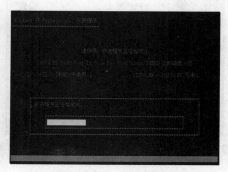
图 A-38　格式化磁盘分区

(9) 格式化完成后，安装程序开始自动复制系统文件，用户需耐心等待，如图 A-39 所示。

(10) 文件复制完成后，系统提示重新启动计算机，按 Enter 键可立即重新启动，如图 A-40 所示。

图 A-39　复制安装文件　　　　　　　图 A-40　重启电脑

(11) 重新启动计算机后进入 Windows XP 安装界面，如图 A-41 所示。

(12) 此时安装程序将打开"自定义软件"的对话框，在"姓名"和"单位"文本框中输入名称后，单击"下一步"按钮，如图 A-42 所示。

图 A-41　安装 Windows 界面　　　　图 A-42　"自定义软件"对话框

(13) 此时打开的"计算机名和系统管理员密码"对话框，用户可根据需要设置密码，这里不输入密码，单击"下一步"按钮，如图 A-43 所示。

(14) 此时返回之前的安装界面，安装系统提示用户安装完成所剩时间，并显示安装网络的进度，如图 A-44 所示。

图 A-43　"计算机名和系统管理员密码"对话框　　图 A-44　安装网络

(15) 接下来在打开的"网络设置"对话框中选择"典型设置"单选按钮，单击"下一步"

按钮，如图 A-45 所示。

(16) 在打开的"工作组或计算机域"对话框中选择第 1 个单选按钮，并输入所在的工作组，这里使用默认值，单击"下一步"按钮，如图 A-46 所示。

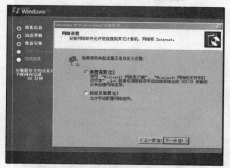

图 A-45 "网络设置"对话框　　　　图 A-46 "工作组或计算机域"对话框

(17) 网络设置完毕后，将进入复制文件的界面，此时用户需耐心等待。复制文件就是将 Windows XP 安装光盘中的信息复制到格式化后的磁盘中，如图 A-47 所示。

(18) 安装完成后，系统将进入欢迎界面，单击 ❓ 按钮可以了解 Windows XP 的相关信息，这里单击"下一步"按钮，如图 A-48 所示。

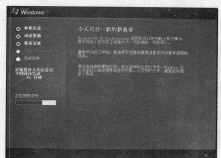

图 A-47 继续安装　　　　图 A-48 Windows XP 欢迎界面

(19) 在打开的界面中，选择"现在通过启用自动更新帮助保护我的电脑"单选按钮，然后单击"下一步"按钮，如图 A-49 所示。

(20) 打开设置 Internet 连接的界面，如果用户希望登录 Windows XP 后就可以畅游 Internet，此时可以进行相关的网络设置。此外用户也可以在安装完系统后设置，这里单击"跳过"按钮，如图 A-50 所示。

图 A-49 启用自动更新功能　　　　图 A-50 设置 Internet 连接

(21) 在打开的界面中，选择"否，现在不注册"单选按钮，然后单击"下一步"按钮略过注册，如图 A-51 所示。

(22) 在打开的界面中，可以设置管理用户的名称，Windows XP 一共提供了 5 个用户设置，用户设置的越多占用的资源也就越多，这里建议设置一个用户名称，然后单击"下一步"按钮，如图 A-52 所示。

 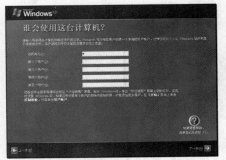

图 A-51　注册 Microsoft　　　　　　　图 A-52　设置用户名

(23) 完成以上设置后在打开的界面中单击"完成"按钮，即可进入 Windows XP 的桌面系统，如图 A-53 所示。

图 A-53　Windows XP 的桌面

实验 4　在 Windows XP 中备份和还原文件

【实验目的】

● 掌握备份文件的方法。

● 掌握还原文件的方法。

【实验内容】

通过操作系统提供的数据备份向导备份重要数据，以及将备份数据进行恢复。

【实验环境】

(1) Windows XP 操作系统。

(2) 家用计算机或更高配置的计算机。

【操作指导】

1. 备份文件

使用 Windows XP 操作系统中的备份功能备份文档和设置，将备份文件命名为"backup1"，并且保存在 C 盘根目录下。

(1) 双击桌面上的"我的电脑"图标,打开"我的电脑"窗口。右击任意一个磁盘图标,在弹出的快捷菜单中选择"属性"命令,打开"本地磁盘 属性"对话框,然后切换到"工具"选项卡,如图 A-54 所示。

(2) 单击"备份"选项组中的"开始备份"按钮,打开"备份或还原向导"对话框,如图 A-55 所示。

图 A-54 "工具"选项卡

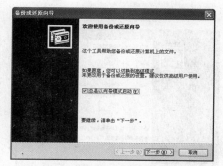
图 A-55 "备份或还原向导"对话框

(3) 单击"下一步"按钮,在打开的对话框中选择进行备份操作还是还原操作。此处选择"备份文件和设置"单选按钮,表示进行备份操作,如图 A-56 所示。

(4) 单击"下一步"按钮,在打开的对话框中选择要备份的内容,此处选择"我的文档和设置"单选按钮,表示备份文档和设置,如图 A-57 所示。

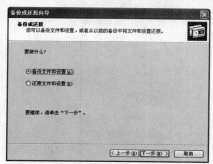
图 A-56 选择进行备份操作

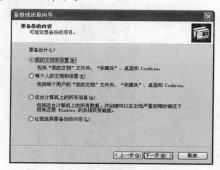
图 A-57 选择备份内容

(5) 单击"下一步"按钮,在打开的对话框中选择备份文件的名称和所在的位置,如图 A-58 所示。

(6) 在"键入这个备份的名称"文本框中输入 backup1,然后单击"浏览"按钮,打开"另存为"对话框,如图 A-59 所示。

图 A-58 选择备份文件的名称和位置

图 A-59 "另存为"对话框

(7) 在"保存在"下拉列表框中选择 C 盘根目录作为保存目录，然后单击"保存"按钮，关闭该对话框，返回到如图 A-58 所示的对话框。

(8) 单击"下一步"按钮，在打开的对话框中显示了设置的备份选项，如图 A-60 所示。

(9) 单击"完成"按钮，打开"备份进度"对话框，其中显示了当前备份的进度，如图 A-61 所示。

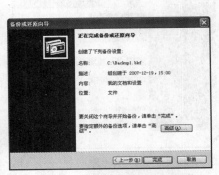

图 A-60　显示设置的备份选项

图 A-61　"备份进度"对话框

(10) 完成备份后，单击"关闭"按钮即可关闭该对话框。打开"我的电脑"窗口，即可在 C 盘根目录下看到创建的备份文件，如图 A-62 所示。

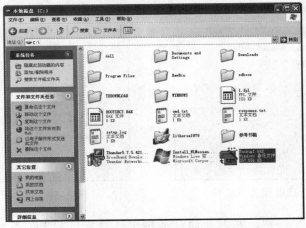

图 A-62　创建的备份文件

2. 还原文件

使用 Windows XP 操作系统中的还原功能，通过在前面创建的备份文件 backup1.bkf 进行还原操作。

(1) 按照上面操作中的步骤(1)和(2)，打开"备份或还原向导"对话框，如图 A-55 所示。

(2) 单击"下一步"按钮，在打开的对话框中选择"还原文件和设置"单选按钮，表示进行还原操作，如图 A-63 所示。

(3) 单击"下一步"按钮，在打开的对话框中选择备份文件，如图 A-64 所示。

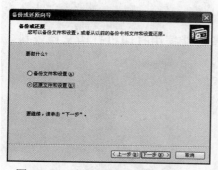

图 A-63 选择还原文件和设置

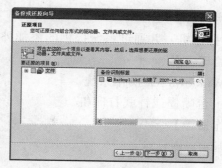

图 A-64 选择备份的文件

(4) 双击左边列表框中的"文件"项目，在展开的列表中选择需要还原的内容，此处选择还原备份的所有文档和设置，如图 A-65 所示。

(5) 单击"下一步"按钮，在打开的对话框中显示了设置的还原选项，如图 A-66 所示。

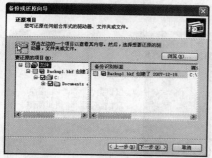

图 A-65 选择还原所有文件和设置

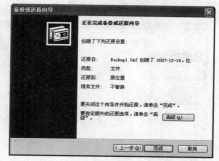

图 A-66 显示设置的还原选项

(6) 单击"完成"按钮，即可开始进行还原操作，同时打开如图 A-67 所示的"还原进度"对话框，其中显示了当前的还原进度。

图 A-67 "还原进度"对话框

(7) 还原操作完成后，单击"关闭"按钮，关闭"还原进度"对话框。

实验 5 安装和使用打印机

【实验目的】

- 熟练安装网络打印机。
- 能够使用打印机打印文档。

【实验内容】

安装打印机，并通过系统提供的添加外部设备功能使用打印机打印文档资料。

【实验环境】

(1) Windows XP 操作系统。

(2) 一台喷墨或针式打印机。

【操作指导】

1. 安装打印机

安装打印机的方法可以分为安装本地打印机与安装网络打印机两种，下面练习如何在电脑上安装局域网内共享的网络打印机。

(1) 单击桌面上的"开始"按钮，在弹出的"开始"菜单中选择"打印机和传真"命令，打开"打印机和传真"窗口，如图 A-68 所示。

(2) 选择"文件"|"添加打印机"命令，打开"添加打印机向导"对话框，如图 A-69 所示。

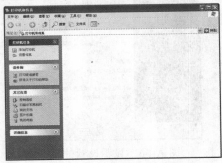
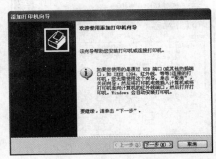

图 A-68　"打印机和传真"窗口　　　　图 A-69　"添加打印机向导"对话框

(3) 单击"下一步"按钮，在打开的对话框中选择"网络打印机或连接到其他计算机的打印机"单选按钮，表示将要添加的是网络打印机，如图 A-70 所示。

(4) 单击"下一步"按钮，在打开的对话框中选择"浏览打印机"单选按钮，表示通过浏览局域网来指定打印机，如图 A-71 所示。

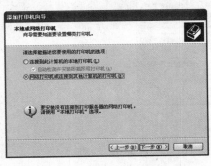
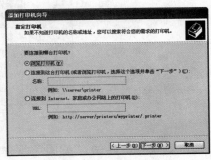

图 A-70　选择添加网络打印机　　　　图 A-71　通过浏览局域网指定打印机

(5) 单击"下一步"按钮，在打开的对话框中将会自动搜索局域网内共享的打印机，并将搜索到的结果显示在"共享打印机"列表框中，如图 A-72 所示。

(6) 单击"下一步"按钮，弹出一个对话框，提示用户将会安装打印机的驱动程序。

（7）单击"是"按钮，开始安装打印机的驱动程序。安装完成后，在打开的对话框中将显示已经成功添加了网络打印机，如图 A-73 所示。

（8）单击"完成"按钮，完成网络打印机的添加操作。

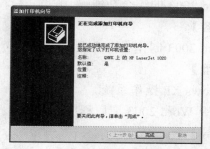

图 A-72　显示局域网内共享的打印机　　　图 A-73　完成添加网络打印机

2. 使用打印机

在 Word 2003 中使用添加的网络打印机打印文档，设置只打印第 2 页，并打印两份副本。

（1）启动 Word 2003 并打开一篇文档，如图 A-74 所示。

（2）选择"文件"|"打印"命令，打开"打印"对话框，如图 A-75 所示。

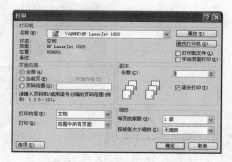

图 A-74　打开的文档　　　　　图 A-75　"打印"对话框

（3）在"名称"下拉列表框中选择添加的网络打印机；在"页面范围"选项组中选择"页码范围"单选按钮，然后在后面的文本框中输入 2，表示只打印第 2 页；在"副本"选项组的"份数"文本框中输入 2，表示打印两份副本，如图 A-76 所示。

（4）单击"确定"按钮，即可开始打印文档。

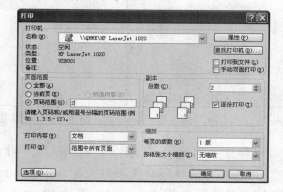

图 A-76　选择打印机并设置打印参数

实验 6　制作商业广告(Word 2003)

【实验目的】

掌握 Word 2003 的综合功能。

【实验内容】

使用 Word 2003 制作一个商业广告。

【实验环境】

(1) Windows XP 操作系统。

(2) 中文版 Word 2003 应用程序。

【操作指导】

(1) 启动 Word 2003,将其以"商业广告"为名保存下来。在"常用"工具栏上的"显示比例"下拉列表框中选择"整页"选项,文档将以整页的形式显示,如图 A-77 所示。

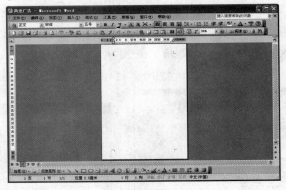

图 A-77　整页显示

(2) 选择"格式"|"主题"命令,打开"主题"对话框,在"请选择主题"列表框中选择"运动型"选项,如图 A-78 所示。

(3) 单击"确定"按钮,给页面应用主题样式,如图 A-79 所示。

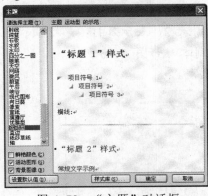

图 A-78　"主题"对话框

图 A-79　应用主题样式

(4) 选择"格式"|"边框和底纹"命令,打开"边框和底纹"对话框,选择"页面设置"选项卡,在"艺术型"下拉列表框中选择一种页面样式,如图 A-80 所示。

(5) 单击"确定"按钮,此时设置好的页面边框如图 A-81 所示。

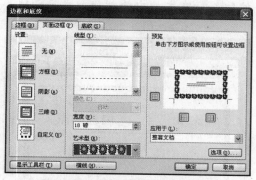

图 A-80　"页面设置"选项卡

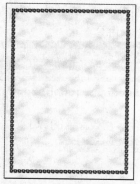

图 A-81　添加页面边框

(6) 选择"插入"|"图片"|"艺术字"命令，打开"艺术字库"对话框，在其中选择一种样式，如图 A-82 所示。

(7) 单击"确定"按钮，打开"编辑'艺术字'文字"对话框，在"字体"下拉列表框中选择"方正黑体简体"选项，单击"加粗"按钮，并在"文字"列表框中输入"天水住宅，您温馨的家！"，如图 A-83 所示。

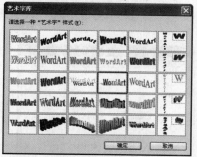

图 A-82　"艺术字库"对话框

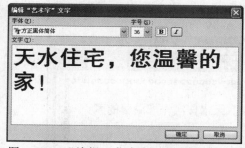

图 A-83　"编辑'艺术字'文字"对话框

(8) 单击"确定"按钮，即可在文档中插入艺术字。

(9) 选中所插入的艺术字，单击"艺术字"工具栏上的"文字环绕"按钮，从打开的菜单中选择"浮于文字上方"命令，如图 A-84 所示。

(10) 单击"艺术字"工具栏上的"设置艺术字格式"按钮，打开"设置艺术字格式"对话框，选择"颜色与线条"选项卡，设置线条的颜色为白色，如图 A-85 所示。

图 A-84　设置艺术字的环绕方式

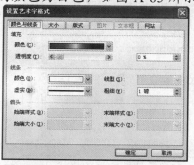

图 A-85　"颜色与线条"选项卡

(11) 单击"确定"按钮，此时标题艺术字制作完毕，拖动艺术字到适当的位置，并调整其大小，效果如图 A-86 所示。

(12) 单击"绘图"工具栏上的"文本框"按钮，在文档中绘制一个文字区域，并输入如图 A-87 所示的文本内容。

图 A-86　标题艺术字效果　　　　　　　　图 A-87　绘制文本框并输入文字

(13) 选择所输入的文字，设置字体为"隶书"，字号为"二号"，颜色为"红色"，且居中对齐，如图 A-88 所示。

(14) 右击文本框，从弹出的快捷菜单中选择"设置文本框格式"命令，打开"设置文本框格式"对话框，选择"颜色与线条"选项卡，在"填充"选项组的"颜色"下拉列表框中选择"无填充颜色"选项，在"线条"选项组的"颜色"下拉列表框中选择"无填充颜色"选项，如图 A-89 所示。

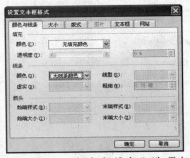

图 A-88　设置字体　　　　　　　　　图 A-89　"颜色与线条"选项卡

(15) 单击"确定"按钮，完成文本框格式的设置，效果如图 A-90 所示。

(16) 选择"插入"|"图片"|"艺术字"命令，打开"艺术字库"对话框，在其中选择一种样式，如图 A-91 所示。

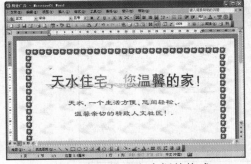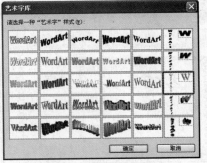

图 A-90　设置文本框的格式　　　　　　图 A-91　选择艺术字样式

(17) 单击"确定"按钮，打开"编辑'艺术字'文字"对话框，在"文字"列表框中输入"样板房现已推出，欢迎品鉴"，如图 A-92 所示。

(18) 单击"确定"按钮，就可以在文档中插入艺术字，如图 A-93 所示。

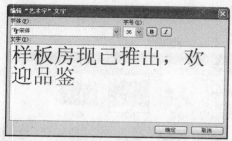

图 A-92 "编辑'艺术字'文字"对话框

图 A-93 插入的艺术字

(19) 选中所插入的艺术字，单击"艺术字"工具栏上的"文字环绕"按钮，从打开的菜单中选择"浮于文字上方"命令，设置其版式。

(20) 单击"艺术字"工具栏上的"艺术字竖排文字"按钮，将插入的艺术字改成横排，并且适当调整其位置，效果如图 A-94 所示。

(21) 选择"插入"|"图片"|"剪贴画"命令，打开"剪贴画"任务窗格，在"搜索文字"文本框中输入"房子"，然后单击"搜索"按钮，在列表框中就可以显示搜索结果，如图 A-95 所示。

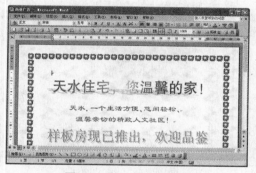

图 A-94 设置艺术字格式

图 A-95 "剪贴画"任务窗格

(22) 在列表框中单击要插入的剪贴画，即可在文档中插入剪贴画，如图 A-96 所示。

(23) 选中图片，在"图片"工具栏上单击"文字环绕"按钮，从打开的菜单中选择"衬于文字下方"命令，设置剪贴画的版式。

(24) 在"图片"工具栏上单击"颜色"按钮，从打开的菜单中选择"冲蚀"命令，并且适当调整它的位置，效果如图 A-97 所示。

图 A-96 插入剪贴画

图 A-97 设置冲蚀效果

(25) 拖动剪贴画上的绿色控制点，旋转图形，效果如图 A-98 所示。

(26) 选择"插入"|"图片"|"来自文件"命令，打开"插入图片"对话框，在其中选择一幅图片，如图 A-99 所示。

图 A-98　旋转图形

图 A-99　"插入图片"对话框

(27) 单击"插入"按钮，就可以在文档中插入图片。在"图片"工具栏上单击"文字环绕"按钮，从打开的菜单中选择"浮于文字上方"命令，设置图片的版式，并且将其调整到适当的位置，效果如图 A-100 所示。

(28) 使用同样的方法，插入另一幅图片，效果如图 A-101 所示。

图 A-100　设置图片版式

图 A-101　插入图片

(29) 单击"绘图"工具栏上的"文本框"按钮，在文档中绘制一个文字区域，输入文本内容，设置字体为小三号，并设置一种字体颜色，如图 A-102 所示。

(30) 使用前面的方法将文本框的填充色和线条颜色都设为无色。然后选中所有的文本，选择"格式"|"项目符号和编号"命令，打开"项目符号和编号"对话框，在其中选择一种样式，如图 A-103 所示。

图 A-102　绘制文本框并输入内容

图 A-103　"项目符号和编号"对话框

（31）单击"自定义"按钮，打开"自定义项目符号列表"对话框，如图 A-104 所示。

（32）单击"图片"按钮，打开"图片项目符号"对话框，从中选择一种合适的符号类型，如图 A-105 所示。

图 A-104 "自定义项目符号列表"对话框 图 A-105 "图片项目符号"对话框

（33）单击"确定"按钮，即可给选定的文本使用项目符号，效果如图 A-106 所示。

（34）使用同样的方法，绘制另一个文本框，并设置格式，效果如图 A-107 所示。

图 A-106 设置项目符号 图 A-107 绘制另一个文本框

（35）单击"绘图"工具栏上的"自选图形"按钮，从打开的菜单中选择"基本形状"｜"圆角矩形"命令，在文档中绘制圆角矩形，并且右击圆角矩形，从弹出的快捷菜单中选择"设置自选图形格式"命令，打开"设置自选图形格式"对话框。

（36）选择"颜色与线条"选项卡，在"填充"选项区域的"颜色"下拉列表中选择"其他颜色"命令，打开"颜色"对话框，从中选择一种颜色，效果如图 A-108 所示。

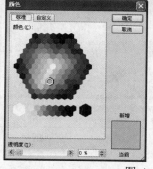

图 A-108 设置圆角矩形的颜色

（37）选中所绘制的圆角矩形，在"绘图"工具栏上单击"三维效果样式"按钮，从打开的菜单中选择一种效果，如图 A-109 所示。

图 A-109　设置三维效果

(38) 右击圆角矩形，从弹出的快捷菜单中选择"添加文字"命令，在其中添加文字，并且设置字体为"华文新魏"，字号为五号，效果如图 A-110 所示。

(39) 单击"绘图"工具栏上的"插入图片"按钮，插入公司标志，并设置环绕方式为"浮于文字上方"，如图 A-111 所示。

图 A-110　添加文字　　　　　　　　　　　　图 A-111　插入公司标志

(40) 单击"绘图"工具栏上的"文本框"工具，输入公司的名称，分别设置字号为小三和小六号，颜色为红色，并且加粗显示，如图 A-112 所示。

(41) 单击"绘图"工具栏上的"自选图形"工具，绘制左小括号和右小括号，如图 A-113 所示。

图 A-112　添加文字　　　　　　　　　　　　图 A-113　绘制括号

(42) 选择图片和自选图形，右击，从弹出的快捷菜单中选择"组合"|"组合"命令，将其组合，并适当调整各个对象的位置，就可以完成商业广告的制作。

实验 7 制作意见调查统计表(Excel 2003)

【实验目的】

掌握 Excel 2003 的综合功能。

【实验内容】

使用 Excel 2003 制作一个意见调查统计表。

【实验环境】

(1) Windows XP 操作系统。

(2) 中文版 Excel 2003 应用程序。

【操作指导】

(1) 启动 Excel 2003 中新建名称为"活动项目意见调查表"的工作簿,将其中的 Sheet1 工作表命名为"意见调查表",并在其中输入如图 A-114 所示。

(2) 在"意见调查表"工作表中选定 B2:D2 单元格区域,然后在"格式"工具栏中单击"合并及居中"按钮,完成后效果如图 A-115 所示。

图 A-114 "意见调查表"工作表

图 A-115 合并居中单元格

(3) 选定 B4:D19 单元格区域,在"格式"工具栏中单击"居中"按钮,设置居中对齐,如图 A-116 所示。

(4) 同时选定 B2:D2 单元格区域与 B4:D4 单元格区域,然后在菜单栏中选择"格式"|"单元格"命令,打开"单元格格式"对话框,然后打开"字体"选项卡,如图 A-117 所示。在"字形"列表框中选择"加粗"选项,在"颜色"下拉列表框中选择"白色"选项。

图 A-116 居中对齐

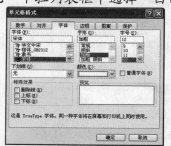

图 A-117 "字体"选项卡

(5) 单击"图案"标签,打开"图案"选项卡,如图 A-118 所示。在"颜色"选项组中选择一个深色底纹颜色。

(6) 单击"确定"按钮即可完成设置，效果如图 A-119 所示。

图 A-118　"图案"选项卡

图 A-119　设置单元格格式

(7) 下面合并 B3:D3 单元格区域，并在其中输入公告文本"各位同事大家好：公司一年一度的冬季活动即将来临，借此活动放松身心，加深同事交流。本次冬季活动提供 5 个项目供大家选择，请各位在本周五前挑选出最想参与的项目，以供参考！谢谢大家合作"，如图 A-120 所示。

(8) 调整输入公告文本的格式，并增大第 3 行的行高，完成后如图 A-121 所示。

图 A-120　输入公告文本

图 A-121　设置文本格式并调整行高

(9) 在菜单栏中选择"插入"|"图片"|"艺术字"命令，打开"艺术字库"对话框，如图 A-122 所示，在对话框中选择一个艺术字样式。

(10) 单击"确定"按钮，打开"编辑'艺术字'文字"对话框，如图 A-123 所示。在"字体"下拉列表框中选择"幼圆"选项，然后在"文字"文本框中输入"公司冬季活动"。

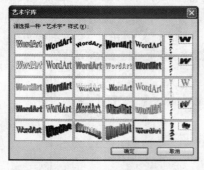

图 A-122　"艺术字库"对话框

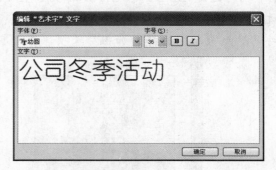

图 A-123　"编辑'艺术字'文字"对话框

(11) 单击"确定"按钮，即可在当前活动工作表中插入艺术字，如图 A-124 所示。

(12) 增大第 1 行的行高，然后调整艺术字大小并将其拖动至第 1 行，完成后如图 A-125 所示。

图 A-124　插入艺术字

图 A-125　调整艺术字的大小与位置

（13）选定 B2:D19 单元格区域，在"格式"工具栏中单击"边框"按钮▦▾旁的倒三角按钮，在弹出的菜单中选择"所有边框"命令，为选定单元格区域添加边框，如图 A-126 所示。

（14）在菜单中选择"工具"|"选项"命令，打开"选项"对话框的"视图"选项卡，如图 A-127 所示。

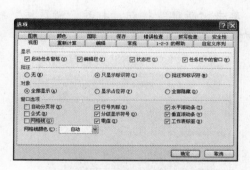

图 A-126　添加边框　　　　　　图 A-127　"视图"选项卡

（15）在"窗口选项"选项组中，取消选择"网格线"复选框，然后单击"确定"按钮，即可隐藏工作表中的网格线，如图 A-128 所示。

（16）选定 D5:D19 单元格区域，然后在菜单中选择"数据"|"有效性"命令，打开"数据有效性"对话框，如图 A-129 所示。在"设置"选项卡的"允许"下拉列表框中选择"序列"选项，然后在"来源"文本框中输入"羽毛球，篮球，足球，长跑，游泳"。

图 A-128　隐藏网格线　　　　　　图 A-129　"数据有效性"对话框

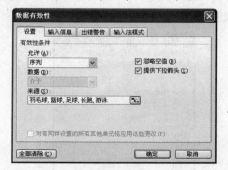

（17）单击"输入信息"标签，打开"输入信息"选项卡，如图 A-130 所示。在"输入信息"文本框中输入"请选择最想参加的活动项目"。

(18) 单击"确定"按钮返回工作表，此时选定 D5:D19 单元格区域中的单元格时，会出现淡黄色的注意标签，在标签中会显示设置的输入信息，如图 A-131 所示。

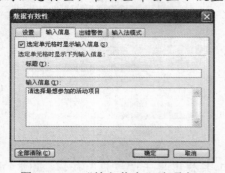

图 A-130　　"输入信息"选项卡

图 A-131　　显示输入信息

(19) 在菜单栏中选择"工具"|"保护"|"允许用户编辑区域"命令，打开"允许用户编辑区域"对话框，如图 A-132 所示。

(20) 单击"新建"按钮，打开"新区域"对话框，如图 A-133 所示。在"引用单元格"文本框中输入"=D5:D19"。

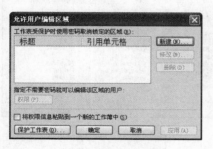

图 A-132　　"允许用户编辑区域"对话框

图 A-133　　"新区域"对话框

(21) 单击"确定"按钮返回"允许用户编辑区域"对话框，单击"保护工作表"按钮，打开"保护工作表"对话框，如图 A-134 所示。在"取消工作表保护时使用的密码"文本框中输入密码。

(22) 单击"确定"按钮，打开"确认密码"对话框，如图 A-135 所示。在"重新输入密码"文本框中再次输入密码。

图 A-134　　"保护工作表"对话框

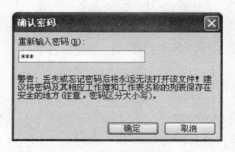

图 A-135　　"确认密码"对话框

(23) 单击"确定"按钮即可完成保护工作表的操作。

（24）下面在局域网中共享工作簿，让员工进行填选。在菜单栏中选择"工具"|"共享工作簿"命令，打开"共享工作簿"对话框，如图 A-136 所示。在"编辑"选项卡中选择"允许多用户同时编辑，同时允许工作簿合并"复选框。

（25）单击"确定"按钮，在打开的对话框中单击"确定"按钮即可共享工作簿。此时在工作簿标题栏上会显示"共享"字样，如图 A-137 所示。

图 A-136　"共享工作簿"对话框

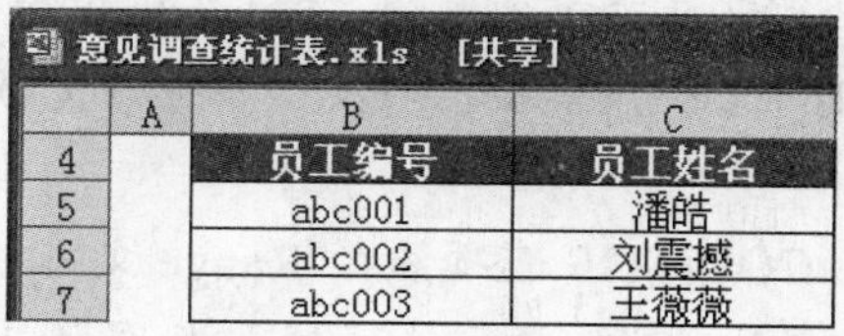

图 A-137　共享工作簿

（26）员工可以通过局域网在工作簿中填写想参与的运动项目，并且只允许填写选定的 5 个项目，也可以单击单元格后的倒三角按钮，在弹出的菜单中选择要参与的项目，如图 A-138 所示。如填写了预设 5 个项目以外的新项目，则 Excel 2003 会做无效处理。

（27）当所有员工填写完毕后，在菜单栏中选择"工具"|"共享工作簿"命令，打开"共享工作簿"对话框，取消选择"允许多用户同时编辑，同时允许工作簿合并"复选框，取消共享工作簿。

（28）在菜单栏中选择"工具"|"保护"|"撤销工作表保护"命令，打开"撤销工作表保护"对话框，如图 A-139 所示。在"密码"文本框中输入取消工作表保护时使用的密码，然后单击"确定"按钮即可取消工作表保护。

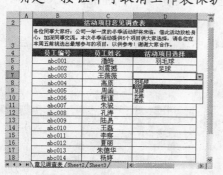

图 A-138　选择运动项目

图 A-139　"撤销工作表保护"对话框

（29）下面统计意见调查结果。在"意见调查与报名表"工作簿中命名 Sheet 2 工作表为"调查结果统计"，并在其中创建以下表格，如图 A-140 所示。

（30）在"调查结果统计"工作表中选定 C3 单元格，然后在菜单栏中选择"插入"|"函数"命令，打开"插入函数"对话框，如图 A-141 所示。

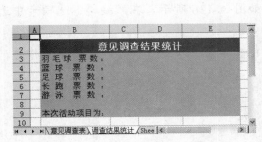

图 A-140　"调查结果统计"工作表

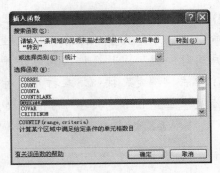

图 A-141　"插入函数"对话框

(31) 在"或选择类别"下拉列表框中选择"统计"选项，在"选择函数"列表框中选择 COUNTIF 选项。单击"确定"按钮，COUNTIF 函数的"函数参数"对话框如图 A-142 所示。

(32) 在 COUNTIF 选项组的 Range 文本框后单击按钮，并切换到"意见调查表"工作表，然后选定 D5:D19 单元格区域，如图 A-143 所示。

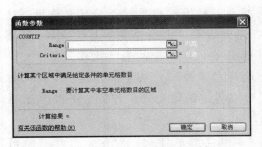

图 A-142　"函数参数"对话框

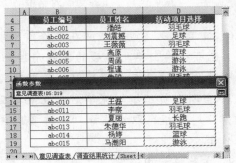

图 A-143　选定函数参数范围

(33) 单击按钮，返回"函数参数"对话框，并按 F4 键将 Range 文本框中的 D24 转换为绝对地址，如图 A-144 所示。

(34) 在"函数参数"对话框的 Criteria 文本框中输入"羽毛球"，然后单击"确定"按钮即可统计"羽毛球"的票数，如图 A-145 所示。

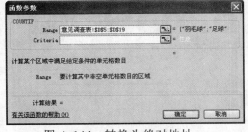

图 A-144　转换为绝对地址

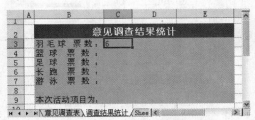

图 A-145　统计羽毛球票数

(35) 在"调查结果统计"工作表中，将 C3 单元格中的函数相对引用至 C4:C7 单元格区域，如图 A-146 所示。

(36) 选定 C4 单元格，然后在菜单栏中选择"插入"|"函数"命令，打开 COUNTIF 函数的"函数参数"对话框，并修改其 Criteria 文本框中的数据为"篮球"，如图 A-147 所示。

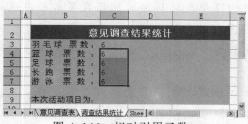

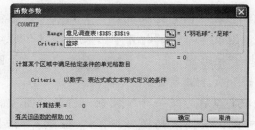

图 A-146　相对引用函数　　　　　　图 A-147　修改函数参数

(37) 单击"确定"按钮，即可在 C4 单元格中统计"篮球"的得票数，如图 A-148 所示。

(38) 用同样的方法修改 C5:C7 单元格区域中的公式，设置其分别统计"足球"、"长跑"与"游泳"的得票数，完成后如图 A-149 所示。

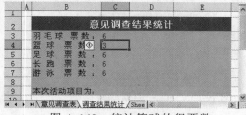

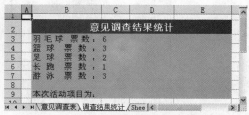

图 A-148　统计篮球的得票数　　　　图 A-149　统计所有项目的得票数

(39) 在 C8 单元格中输入得票数最高的项目"羽毛球"即可，如图 A-150 所示。

(40) 为了使表格美观，还可以在表格中插入图片。在菜单栏中选择"插入"|"图片"|"剪贴画"命令，打开"剪贴画"任务窗格，如图 A-151 所示。在"搜索文字"文本框中输入"羽毛球"，然后单击"搜索"按钮即可查找相关的剪贴画。

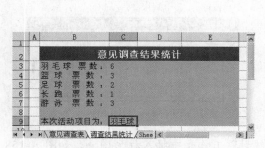

图 A-150　确定运动项目　　　　　　图 A-151　"剪贴画"任务窗格

(41) 在搜索结果中单击剪贴画，即可将其插入当前活动工作表中。在工作表中调整剪贴画的大小与位置，完成后如图 A-152 所示。

(42) 用同样的方法插入其他项目相关的剪贴画，完成后如图 A-153 所示。

图 A-152　插入剪贴画　　　　　　　图 A-153　插入多张剪贴画

(43) 下面在"调查结果统计"工作表中插入图表，以图形的方式显示意见调查结果。

(44) 在"调查结果统计"工作表中，选定 B3:C7 单元格区域，然后在菜单栏中选择"插入"|"图表"命令，打开"图表向导-4 步骤之 1-图表类型"对话框。在"图表类型"列表框中选择"柱形图"选项，然后在右边的"子图表类型"选项组中选择"三维簇状柱形图"选项，如图 A-154 所示。

(45) 单击"下一步"按钮，打开"图表向导-4 步骤之 2-图表源数据"对话框。在该对话框中可以设置图表的源数据，这里保持对话框中的默认设置即可，如图 A-155 所示。

图 A-154　选择图表类型

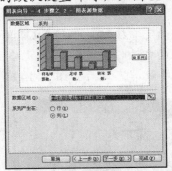

图 A-155　设置数据源数据

(46) 单击"下一步"按钮，打开"图表向导-4 步骤之 3-图表选项"对话框。在"图例"选项卡中取消选择"显示图例"复选框，如图 A-156 所示。

(47) 单击"下一步"按钮，打开"图表向导-4 步骤之 4-图表位置"对话框。选择"作为其中的对象插入"单选按钮，在后面的下拉列表框中选择"调查结果统计"选项，如图 A-157 所示。

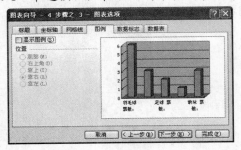

图 A-156　设置图表选项

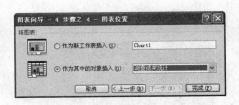

图 A-157　设置图表的插入位置

(48) 单击"完成"按钮，即可在"调查结果统计"工作表中插入柱形图表，如图 A-158 所示。

(49) 调整图表的大小，并修改图表中文本的格式，使图表显示得更加美观，如图 A-159 所示。至此完成本实例的所有操作。

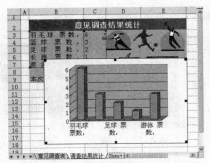

图 A-158　插入图表

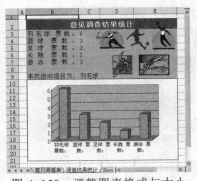

图 A-159　调整图表格式与大小

实验 8　制作旅游说明演示文稿(PowerPoint 2003)

【实验目的】

掌握 PowerPoint 2003 的综合功能。

【实验内容】

使用 PowerPoint 2003 制作一个旅游说明演示文稿。

【实验环境】

(1) Windows XP 操作系统。

(2) 中文版 PowerPoint 2003 应用程序。

【操作指导】

(1) 启动 PowerPoint 2003，系统自动新建一个名为"演示文稿 1"的文档，将其以"旅游说明会"为名保存。

(2) 在任务窗格的"开始工作"下拉列表框中选择"幻灯片设计"命令，打开"幻灯片设计"任务窗格，在"应用设计模板"列表中选择 Radial 选项，应用模板，如图 A-160 所示。

(3) 在标题占位符中输入文本"圣诞大礼"，并在"格式"工具栏的"字体"下拉列表框中选择"汉仪彩云简体"，在"字号"下拉列表框中选择 66，单击"加粗"按钮 B 和"阴影"按钮 S，效果如图 A-161 所示。

图 A-160　应用模板

图 A-161　设置标题文字

(4) 在副标题占位符中输入文本"上海休闲两日游"，设置字体为"华文隶书"，字号为 60，并且设置字体的颜色，效果如图 A-162 所示。

(5) 选择"插入"|"图片"|"艺术字"命令，打开"艺术字库"对话框，在其中选择一种样式，如图 A-163 所示。

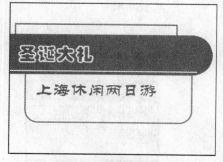
图 A-162　设置副标题

图 A-163　"艺术字库"对话框

(6) 单击"确定"按钮，打开"编辑'艺术字'文字"对话框，在"字体"下拉列表框中选择"方正舒体"选项，在"文字"文本框中输入"天天旅行社欢迎您！"，如图 A-164 所示。

(7) 单击"确定"按钮，就可以在文档中插入艺术字，并且适当调整其大小和位置，如图 A-165 所示。

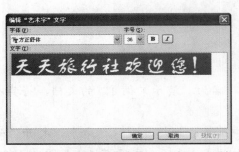

图 A-164 "编辑'艺术字'文字"对话框

图 A-165 插入艺术字

(8) 选择"插入"|"新幻灯片"命令，插入一张新的幻灯片，并且选择"视图"|"母版"|"幻灯片母版"命令，将当前演示文稿切换到幻灯片母版视图，如图 A-166 所示。

(9) 选择标题占位符，设置字体为"隶书"，字号为 54，字形为加粗；选择文本占位符，设置字体为"楷体"，效果如图 A-167 所示。

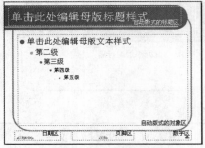

图 A-166 母版编辑状态

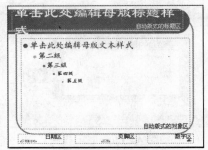

图 A-167 编辑母版

(10) 在"幻灯片母版视图"工具栏上单击"关闭母版视图"按钮，返回到普通视图模式下，在幻灯片标题占位符中输入文字时，就会自动应用格式，如图 A-168 所示。

(11) 将鼠标指针定位在文本占位符中，选择"插入"|"表格"命令，打开"插入表格"对话框，在"列数"和"行数"微调框中均输入 4，如图 A-169 所示。

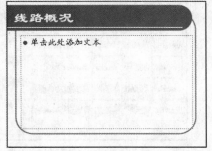

图 A-168 输入第二张幻灯片的标题

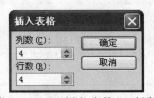

图 A-169 "插入表格"对话框

(12) 单击"确定"按钮,就可以在文档中插入表格。

(13) 在表格中输入文本,设置字体大小为 18,并拖拽表格线调整单元格的大小,如图 A-170 所示。

(14) 选择"插入"|"图片"|"来自文件"命令,打开"插入图片"对话框,从中选择一张图片,如图 A-171 所示。

图 A-170　插入表格

图 A-171　"插入图片"对话框

(15) 单击"插入"按钮,就可以在文档中插入图片,并且可适当调整其大小和位置,如图 A-172 所示。

(16) 选中图片,拖动绿色的控制点,旋转一定的角度,如图 A-173 所示。

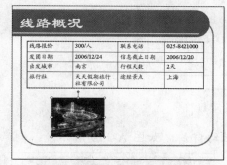
图 A-172　插入图片

图 A-173　旋转图片

(17) 使用同样的方法,在幻灯片中插入另一张图片,效果如图 A-174 所示。

(18) 选择"插入"|"新幻灯片"命令,插入一张新的幻灯片,并且输入文本,效果如图 A-175 所示。

图 A-174　插入另一张图片

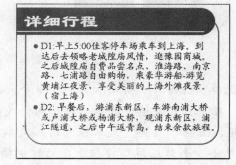
图 A-175　插入新的幻灯片

(19) 选取文本占位符中的两段文本，选择"格式"|"项目符号和编号"命令，打开"项目符号和编号"对话框，如图 A-176 所示。

(20) 单击"自定义"按钮，打开"符号"对话框，在其中选择一种符号，如图 A-177 所示。

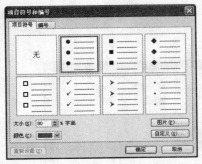
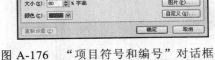

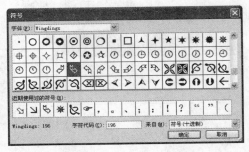

图 A-176　"项目符号和编号"对话框　　　　图 A-177　"符号"对话框

(21) 单击"确定"按钮，就可以在幻灯片中重新插入项目符号，如图 A-178 所示。

图 A-178　设置项目符号

(22) 使用同样的方法，制作第 4 张和第 5 张幻灯片，如图 A-179 所示。

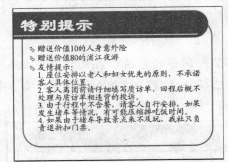

图 A-179　制作第 4 和第 5 张幻灯片

(23) 选择"视图"|"页眉和页脚"命令，打开"页眉和页脚"对话框，选择"自动更新"单选按钮，在下拉列表框中选择一种时间样式，选择"幻灯片编号"和"标题幻灯片中不显示"复选框，且在"页脚"文本框中输入文本，如图 A-180 所示。

(24) 单击"全部应用"按钮，在幻灯中插入页眉和页脚，如图 A-181 所示。

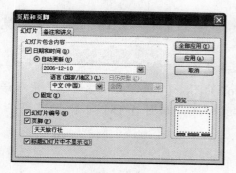

图 A-180 "页眉和页脚"对话框

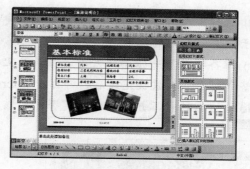

图 A-181 插入页眉和页脚

(25) 选择"幻灯片放映"|"设置放映方式"命令，打开"设置放映方式"对话框，在"放映类型"选项组中选择"演讲者放映(全屏幕)"单选按钮，在"放映幻灯片"选项组中选择"全部"单选按钮，在"换片方式"选项组中选择"手动"单选按钮，如图 A-182 所示。

(26) 选择"视图"|"幻灯片浏览"命令，进入幻灯片浏览视图模式，如图 A-183 所示。

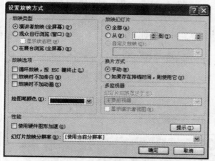

图 A-182 "设置放映方式"对话框

图 A-183 幻灯片浏览视图模式

(27) 选择第一张幻灯片，在"幻灯片浏览"工具栏中单击"切换"按钮，打开"幻灯片切换"任务窗格。

(28) 在"应用于所选幻灯片"列表框中选择"向右下插入"选项，在"速度"下拉列表框中选择"中速"选项，在"声音"下拉列表框中选择"风铃"选项，如图 A-184 所示。

(29) 使用同样的方法，为所有的幻灯片设置切换效果，此时在幻灯片的左下角将显示动画标志☆，如图 A-185 所示。

图 A-184 "幻灯片切换"任务窗格

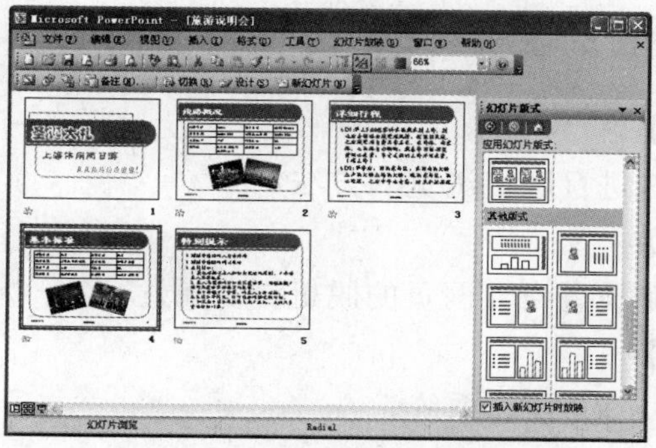

图 A-185 设置幻灯片切换效果

(30) 选择"幻灯片放映"|"排练计时"命令，此时演示文稿左上角会显示"预览"工具栏，用于设置幻灯片的播放时间，如图 A-186 所示。

(31) 准备播放下一张幻灯片时，在屏幕上单击或单击"预演"工具栏上的"下一项"按钮 ➡️。整个演示文稿放映完成后，将打开 Microsoft Office PowerPoint 对话框，该对话框显示幻灯片播放的总时间，并询问用户是否保留该排练时间，如图 A-187 所示。

图 A-186　显示"预览"工具栏

图 A-187　提示信息对话框

(32) 单击"是"按钮，此时演示文稿将切换到幻灯片浏览视图，从幻灯片浏览视图中可以看到：每张幻灯片下方均显示各自的排练时间，如图 A-188 所示。

(33) 选择"幻灯片放映"|"观看放映"命令，或按 F5 键，观看放映效果，如图 A-189 所示。

(34) 在"常用"工具栏上单击"保存"按钮，保存演示文稿。

图 A-188　排练计时

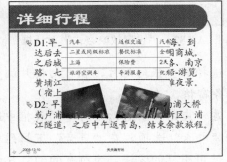

图 A-189　放映幻灯片

实验 9　设置 IE 的脱机浏览属性

【实验目的】

掌握使用 IE 进行脱机浏览的方法。

【实验内容】

在 IE 中正确设置设置网页的脱机浏览属性。

【实验环境】

(1) Windows XP 操作系统。

(2) IE 浏览器。

【操作指导】

（1）启动 IE 浏览器，在菜单栏上选择"收藏"|"添加到收藏夹"命令，打开"添加到收藏夹"对话框，在该对话框中选中"允许脱机使用"复选框，如图 A-190 所示。

（2）单击"自定义"按钮，打开"脱机收藏夹向导"对话框，如图 A-191 所示。使用该向导可以确定脱机浏览网页的数量以及指定执行计划。

图 A-190　选中"允许脱机使用"复选框

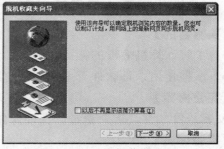

图 A-191　脱机收藏向导

（3）单击"下一步"按钮，打开"设置下面的网页"对话框，选中"是"单选按钮，在"下载与该页链接的层网页"文本框中输入 2，如图 A-192 所示。

（4）单击"下一步"按钮，打开"如何同步该页"对话框。在该对话框中可以设置在联网的任何时候通过选择"工具"菜单的"同步"命令来同步指定的网页，也可以指定计划来同步该网页。这里采用系统默认设置，如图 A-193 所示。

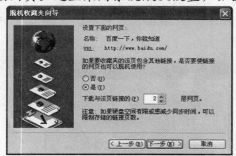

图 A-192　设置网页

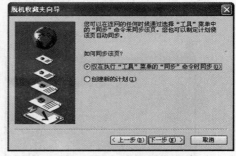

图 A-193　设置同步方式

（5）单击"下一步"按钮，打开"该站点是否需要密码"对话框，该对话框询问用户要下载的网页是否有密码，如果有密码，就在指定的文本框中输入用户名和口令，但绝大多数站点是不使用访问密码的。这里选中"否"单选按钮，如图 A-194 所示。

（6）单击"完成"按钮，关闭向导对话框，返回至"添加到收藏夹"对话框。

（7）单击"确定"按钮完成设置。浏览器立即开始下载或更新该网页，如图 A-195 所示。

图 A-194　选择"否"单选按钮

图 A-195　同步网页

（8）连接到 Internet，打开某个网页，选择"工具"|"同步"命令，这时 IE 浏览器即可

自动开始下载指定的网页。待下载过程完成后，就可以开始脱机工作了。

(9) 断开与 Internet 的连接，在 IE 浏览器的菜单栏上选择"开始"|"脱机工作"命令，即可在脱机状态下浏览网页。

实验 10　使用瑞星工具手动杀毒

【实验目的】

● 了解计算机病毒的特征。

● 掌握使用杀毒软件查杀病毒的方法。

【实验内容】

安装杀毒软件，定期杀毒，保证操作系统的正常运行。

【实验环境】

(1) Windows XP 操作系统。

(2) 瑞星 2008 或其他杀毒软件。

【操作指导】

(1) 选择"开始"|"所有程序"|"瑞星杀毒软件"|"瑞星杀毒软件"命令，启动瑞星杀毒软件。

(2) 单击"杀毒"按钮，切换至"杀毒"选项卡，如图 A-196 所示。

(3) 在"查杀目录栏"中，选择查杀的目录，单击"开始杀毒"按钮，此时瑞星开始查杀病毒，如图 A-197 所示。

图 A-196　"杀毒"视图

图 A-197　开始查杀病毒

(4) 在杀毒的过程中，如果查出病毒将会打开"发现病毒"对话框，在"病毒名"文本框中显示该病毒，如图 A-198 所示。

(5) 单击"清除病毒"按钮，返回至如图 A-199 所示的瑞星杀毒界面，在"信息"栏中显示病毒数，并继续进行杀毒。

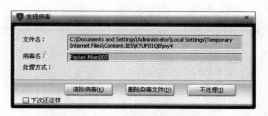

图 A-198　"发现病毒"对话框

图 A-199　显示病毒数

(6) 杀毒完毕后，系统自动打开"杀毒结果"对话框，显示查杀的文件数目、发现的病毒数目、查杀所用的时间数，如图 A-200 所示。

(7) 单击"确定"按钮，查杀工作彻底结束。

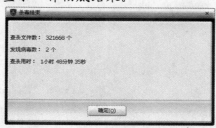

图 A-200 "杀毒结果"对话框

读者意见反馈卡

亲爱的读者:

感谢您购买了本书,希望它能为您的工作和学习带来帮助。为了今后能为您提供更优秀的图书,请您抽出宝贵的时间填写这份调查表,然后剪下寄到:北京清华大学出版社第五事业部(邮编100084);您也可以把意见反馈到 wkservice@vip.163.com。邮购咨询电话:010-62786544,客服电话:010-62776969。我们将充分考虑您的意见和建议,并尽可能地给您满意的答复。谢谢!

本 书 名:＿＿＿＿＿＿＿＿＿＿＿＿＿＿＿＿＿＿＿＿＿

个人资料:＿＿＿＿＿＿＿＿＿＿＿＿＿＿＿＿＿＿＿＿＿

姓 名:＿＿＿＿＿＿＿＿＿＿ 性 别:□男 □女 出生年月(或年龄):＿＿＿＿＿＿＿＿

文化程度:＿＿＿＿＿＿＿＿＿ 职 业:＿＿＿＿＿ 通讯地址:＿＿＿＿＿＿＿＿＿＿

电话(或手机):＿＿＿＿＿＿ 传 真:＿＿＿＿＿ 电子信箱(E-mail):＿＿＿＿＿＿

您是如何得知本书的:＿＿＿＿＿＿＿＿＿＿＿＿＿＿＿＿＿＿

□别人推荐 □出版社图书目录 □网上信息 □书店

□杂志、报纸等的介绍(请指明)＿＿＿＿＿＿＿ □其他(请指明)＿＿＿＿＿＿＿

您从何处购得本书:□书店 □电脑商店 □软件销售处 □邮购 □商场 □其他

影响您购买本书的因素(可复选):

□封面封底 □装帧设计 □价格 □内容提要、前言或目录 □书评广告

□出版社名声 □作者名声 □责任编辑

□其他:＿＿＿＿＿＿＿＿＿＿＿＿＿＿＿＿＿＿

您对本书封面设计的满意度:□很满意 □比较满意 □一般 □较不满意 □不满意 □改进建议＿＿＿＿＿＿

您对本书印刷质量的满意度:□很满意 □比较满意 □一般 □较不满意 □不满意 □改进建议＿＿＿＿＿＿

您对本书的总体满意度:

从文字角度:□很满意 □比较满意 □一般 □较不满意 □不满意

从技术角度:□很满意 □比较满意 □一般 □较不满意 □不满意

本书最令您满意的是:

□讲解浅显易懂 □内容充实详尽 □示例丰富到位 □指导明确合理 □其他:＿＿＿＿＿＿＿＿＿

您希望本书在哪些方面进行改进?＿＿＿＿＿＿＿＿＿＿＿＿＿＿＿＿＿＿＿＿＿

您希望增加什么系列或软件的图书:＿＿＿＿＿＿＿＿＿＿＿＿＿＿＿＿＿＿＿＿

您最希望学习的其他软件:1.＿＿＿＿＿＿ 2.＿＿＿＿＿＿ 3.＿＿＿＿＿＿ 4.＿＿＿＿＿＿

您对使用中文版软件或外文版软件介意吗?更喜欢使用哪一种版本?

□介意 □无所谓 □中文版 □外文版

您对图书所用软件版本是否很介意?是否要求用最新版本?

□是,要求是最新版本 □无所谓 □不,因为硬件或软件跟不上要求

您是如何学习最新软件的?

□看计算机书 □看多媒体教学光盘 □自己摸索或查看软件的帮助信息 □参加培训班 □向其他人请教

□其他:＿＿＿＿＿＿＿＿＿＿＿＿＿＿＿＿＿

您的其他要求:＿＿＿＿＿＿＿＿＿＿＿＿＿＿＿